石油工程现场作业岗位标准化建设丛书

石油工程现场作业
岗位标准化建设

钻井液、定向、固井分册

甘振维 何龙 范希连 主编

中国石化出版社
HTTP://WWW.SINOPEC-PRESS.COM

图书在版编目（CIP）数据

石油工程现场作业岗位标准化建设．钻井液、定向、固井分册／甘振维，何龙，范希连主编．—北京：中国石化出版社，2019.12

ISBN 978-7-5114-5611-3

Ⅰ．①石…　Ⅱ．①甘…　②何…　③范…　Ⅲ．①石油工程—标准化管理　Ⅳ．① TE-65

中国版本图书馆 CIP 数据核字（2019）第 268206 号

中国石化出版社出版发行

地址：北京市东城区安定门外大街58号

邮编：100011　电话：（010）57512500

发行部电话：（010）57512575

http：//www. sinopec-press. com

E-mail：press@ sinopec. com

北京科信印刷有限公司印刷

全国各地新华书店经销

*

787×1092 毫米　16 开本　15 印张　409 千字

2020 年 6 月第 1 版　2020 年 6 月第 1 次印刷

定价：108.00 元

《石油工程现场作业岗位标准化建设丛书》
编 委 会

《射孔、修井分册》参编人员：

黎　洪　詹　斌　陈　波　徐晓峰　杜　林　赵禹鑫

蒲　杨　程志强　支　林　冯成军　黄国光　谭　猛

刘殿清　李阳兵　范小波　李国成　肖　锋　彭　磊

周　同　王云贵　王艳霞　张　琪　黄洪波　张红兵

《试油（气）、酸化压裂分册》参编人员：

赵祚培　詹　斌　蒋龙军　钟　森　胡钟琴　宋爱军

蒋　斌　郑　平　傅　玉　王智君　徐连春　鲜举阳

蒋　勇　陈　超　张智强　杨棚铄　王绍红　谭福吉

范　青　张小峰　朱　铭　牟小青　左　敏　周　宇

序 PREFACE

能源产业作为国民经济发展的重要支撑，肩负着保障国家能源安全和改善民生的重要使命。2018年，习近平总书记做出大力提升勘探开发力度，保障国家能源安全的重要指示批示。为贯彻落实习总书记的指示批示精神，中国石化积极发展上游板块，全力实施“七年行动计划”，加大油气勘探开发投资力度，加快油气增储上产步伐，高度重视石油工程在勘探开发领域的重要支撑作用，自觉在新时代石油工业的跨越式发展中，担负起保障国家能源安全的重要使命。

随着勘探开发逐渐向深层、非常规领域、深海推进，石油工程也面临新的挑战，以创新驱动发展，以标准化提升管理，是石油工程适应新时代高效勘探、效益开发的内在需求，也是推动中国石化高质量发展，打造具有国际竞争力的世界一流能源化工企业的必然要求。

科技创新是使企业不断进步的驱动力，而标准化作业则是防止现场管理水平下滑的制动力。标准化作业是综合性技术的基础，是科学的管理手段，是强化安全管理、增强员工素质、实现高效益的必经之路。做好现场岗位标准化工作对提高施工质量、减少工程事故、保障人员安全、实现科学管理，都具有重要意义。

中国石化历来重视现场作业岗位标准化工作，在石油工程现场作业岗位标准化建设方面，2006 年就制作了钻井工、钻井液工等工种的岗位标准化操作视频，并全面推广应用，后又组织开展了“两册”编写工作。这些工作有效推动了现场作业岗位标准化水平的提升。但是随着新技术的发展、工艺流程的改进，标准化作业同样需要进一步细化和完善，以更好地适应当前安全管理需求。

在对标准化作业深刻认识的前提下，依据信息化发展需要，中国石化西南油气分公司联合西南石油工程公司、胜利石油工程公司等多家单位，组织大批专家、现场技术骨干及技能操作能手，结合标准作业程序（SOP）思想和现场作业安全分析（JSA）方法，从石油工程关键环节——现场作业入手，建立了涵盖石油工程全专业的标准化操作规程，为石油工程现场作业标准化岗位配置、标准化流程管理、标准化处置措施提供了管理规范。在该标准化操作规程的基础上，西南油气分公司利用信息平台，根据当天作业内容将作业标准推送给岗位员工，使岗位员工快速明确当天“干什么、怎么干、有什么风险、出了问题怎么办”，从而短期内提升员工技能及安全意识，实现连续多年零伤亡管理目标，同时培养了一批新时代的操作技能大师，为西南油气分公司近年来天然气大发展做出了重要的贡献。

《石油工程现场作业岗位标准化建设丛书》是西南油气分公司组织对这套标准化操作规程进行提炼、总结的最新成果。该套丛书包括石油工程现场作业各岗位的岗位描述、岗位标准化操作规程、岗位风险提示、应急处置等内容，具有较强的系统性。同时，该套丛书把“学习知识、了解流程、掌握标准、应急处置”的内容切实落实到操作岗位，可有效强化岗位责任制，加强现场“三基”培训，迅速提升岗位人员的职业技能素养，具有很强的实用性。并且，丛书以岗位为单元定量描述作业规范，为现场作业岗位标准化操作的定量价值考核、石油工程信息化提升、智能化管理奠定了基础，具有非常强的可操作性和推广性。

希望通过此套《石油工程现场作业岗位标准化建设丛书》的出版，融合信息技术的新思路、新模式，探索全新的管理培训方式，为我国油气勘探开发培养更多技能人才，为石油工程的快速发展、保障国家能源安全做出更大贡献。特将该丛书推荐给石油工程生产战线的岗位工作人员、工程技术人员和管理干部。

马永生

2020年3月31日

前言 FOREWORD

石油工程具有投资大、风险高、技术密集、作业工序繁多、不可预见因素多等特点，需要多学科、多专业、多层次的施工人员分工明确、紧密配合，因此，标准化作业是提高施工质量和实施安全管理的关键抓手。为全面提升石油工程全专业、全流程的标准化操作水平，由西南油气分公司组织，西南石油工程公司和胜利石油工程公司共同参与，两百余名石油工程管理专家、现场技术骨干和技能操作能手历时三年，编制完成本套丛书。

《石油工程现场作业岗位标准化建设丛书》的编写以SOP（Standard Operation Procedure，标准作业程序）理念为指导，融合JSA（Job Safety Analysis，工作安全分析）方法，在充分考虑当前设备水平和工艺现状的基础上，整理了石油工程各专业标准化作业流程，将具体操作细化到每一个基层岗位上。同时，对每一个作业节点进行风险分析，将安全的标准体系和要求融入生产环节中。全书以作业流程为主线，以基层岗位为落脚点，强化全作业流程的风险分析，共建立了钻井、钻井液、定向、固井、录井、测井、射孔、试气、压裂及修井等全专业的石油工程现场作业岗位标准化操作规程体系，为各专业岗位编制了岗位职责、岗位说明书、工作流程图、管理（操作）规范、应急处置方案，并提供了风险提示及防范措施。

参与丛书编写的人员均是从事多年基层单位管理工作的专家或技能操作大师，也是实战型石油工程现场作业岗位标准化建设的先行者，本着“写我所干、干我所写、统一标准、量化操作”的理念，对石油工程现场操作进行了系统性的整理。除丛书编委外，编写过程中也得到了众多其他石油工程界的专家、工程技术人员的大力支持和帮助，中国石化出版社为丛书的编写和出版工作也给予了很多指导，在此一并表示感谢。

由于本套丛书涵盖内容较多，不同油田企业的设备和工艺流程也存在差别，而标准化操作与设备和工艺是息息相关的，因此难以建立完全统一的标准化操作模式。限于篇幅原因，编委会只能根据当前条件下多数企业的设备和工艺现状，进行标准化操作流程建设，难免有考虑不周之处，敬请各使用单位及个人提出宝贵意见和建议，以便丛书修订时补充更正。

目录 CONTENTS

上篇 钻井液作业 …… 001

第一章 钻井液概况 …… 002
第一节 钻井液性能参数 …… 002
第二节 钻井液工艺流程 …… 003

第二章 钻井液队长岗位操作标准 …… 004
第一节 岗位描述 …… 004
第二节 岗位标准化操作规程 …… 009
第三节 应急处置 …… 041

第三章 钻井液技术员岗位操作标准 …… 043
第一节 岗位描述 …… 043
第二节 岗位标准化操作规程 …… 048
第三节 应急处置 …… 073

第四章 钻井液工岗位操作标准 …… 075
第一节 岗位描述 …… 075
第二节 岗位标准化操作规程 …… 080
第三节 应急处置 …… 094

中篇 定向作业 …… 097

第五章 定向井技术概况 …… 098
第一节 定向井的分类 …… 098

第二节　定向施工流程 …… 098
第三节　定向队岗位设置 …… 099

第六章　定向队长（工程师）岗位操作标准 …… 100
第一节　岗位描述 …… 100
第二节　岗位标准化操作规程 …… 103
第三节　应急处置 …… 129

第七章　测量工程师岗位操作标准 …… 131
第一节　岗位描述 …… 131
第二节　岗位标准化操作规程 …… 133
第三节　应急处置 …… 142

第八章　定向技术员岗位操作标准 …… 145
第一节　岗位描述 …… 145
第二节　岗位标准化操作规程 …… 148
第三节　应急处置 …… 149

第九章　测量技术员岗位操作标准 …… 151
第一节　岗位描述 …… 151
第二节　岗位标准化操作规程 …… 154
第三节　应急处置 …… 155

下篇　固井作业 …… 157

第十章　固井工程概况 …… 158
第一节　固井工艺 …… 158
第二节　固井工艺流程 …… 158
第三节　岗位设置 …… 160

第十一章　固井队长岗位操作标准 …… 161
第一节　岗位描述 …… 161

第二节　岗位标准化操作规程 …… 163
第三节　应急处置 …… 169

第十二章　固井技术岗岗位操作标准 …… 171
第一节　岗位描述 …… 171
第二节　岗位标准化操作规程 …… 173
第三节　应急处置 …… 185

第十三章　HSSE管理岗岗位操作标准 …… 187
第一节　岗位描述 …… 187
第二节　岗位标准化操作规程 …… 189
第三节　应急处置 …… 192

第十四章　设备管理岗岗位操作标准 …… 194
第一节　岗位描述 …… 194
第二节　岗位标准化操作规程 …… 196
第三节　应急处置 …… 200

第十五章　电工操作岗岗位操作标准 …… 201
第一节　岗位描述 …… 201
第二节　岗位标准化操作规程 …… 203
第三节　应急处置 …… 204

第十六章　驾驶员操作岗岗位操作标准 …… 206
第一节　岗位描述 …… 206
第二节　岗位标准化操作规程 …… 208
第三节　应急处置 …… 209

第十七章　水泥车（泵工）操作岗岗位操作标准 …… 211
第一节　岗位描述 …… 211
第二节　岗位标准化操作规程 …… 213
第三节　应急处置 …… 215

第十八章　压风机操作岗岗位操作标准 …… 217
第一节　岗位描述 …… 217

第二节　岗位标准化操作规程 …… 219
第三节　应急处置 …… 220

第十九章　井口操作岗岗位操作标准 …… 222
第一节　岗位描述 …… 222
第二节　岗位标准化操作规程 …… 224
第三节　应急处置 …… 225

上篇
钻井液作业

第一章　钻井液概况

第二章　钻井液队长岗位操作标准

第三章　钻井液技术员岗位操作标准

第四章　钻井液工岗位操作标准

第一章　钻井液概况

钻井液（Drilling Fluids）是指油气钻井过程中以其多种功能满足钻井工作需要的各种循环流体的总称。钻井液又称钻井钻井液（Drilling Muds），或简称为钻井液（Muds）。钻井液的循环是通过钻井液泵来维持的。钻井液泵从钻井液罐吸入钻井液，然后将钻井液泵入井内，钻井液依次通过地面高压管汇、立管、水龙带、水龙头、方钻杆（或顶驱）、钻杆、钻铤、钻头，随后从钻头喷嘴处喷出，清洗井底并携带岩屑，再沿着钻柱与井壁（或套管）形成的环形空间向上流动。到达地面后从防溢管返回钻井液罐，再经过振动筛、除砂器、除泥器、离心机等固控设备清除有害固相，经净化后钻井液再返回上水罐，再次进入钻井液泵进行循环。

钻井液最基本的功能是清洁井底、携带和悬浮岩屑、稳定井壁和平衡地层压力、冷却和润滑钻头及钻柱、传递水动力等，而实现这些功能主要依靠钻井液的具有特殊的流变性、失水造壁性、抑制防塌性、高温稳定性等性能，钻井液工艺技术就是通过加入单剂加入或混合使用不同浓度、不同成分的钻井液处理剂，让钻井液维持需要的性能，以满足石油、地矿等领域的勘探开发和钻采作业的需要，所以钻井液工艺技术是油气钻井工程的重要组成部分，钻井液也被称为是钻井的“血液”，在钻井作业中起着非常重要的作用。随着钻井难度的逐渐增大，该项技术在确保安全、优质、快速钻井中起着越来越重要的作用。

第一节　钻井液性能参数

按照《GB/T 16783.1石油天然气工业钻井液现场测试第1部分：水基钻井液》的内容，水基钻井液可检测钻井液密度，黏度和切力，滤失量，水、油和固相含量，含砂量，亚甲基蓝容量，pH值，碱度和石灰含量，氯离子含量和以钙离子计算的总硬度等性能指标。

按照《GB/T 16783.2石油天然气工业钻井液现场测试第2部分:油基钻井液》的内容，油基钻井液可检测钻井液密度，黏度和切力，滤失量，水、油和固相含量，监督氯根和钙含量，电稳定性，石灰、氯化钙和氯化钠含量，低密度固相和加重材料含量，静切力，钻屑上的油水含量，钻井液活度，苯胺点，钻屑活度，活性硫化物和非水基钻井液含砂量等指标。

通过检测钻井液以上指标，就能了解钻井液的流变性、失水造壁性、抑制防塌性、高温稳定性等性能指标能否满足勘探开发及石油工程的需要，如不满足，钻井液现场工作人员就要通过化学、物理或“物理+化学”处理钻井液，让钻井液性能指标达到设计要求，或满足工程作业和井下地质的需求。

第二节 钻井液工艺流程

钻井液分队接到工作任务后，经过生产准备、实验室搬迁、设备安装、仪器设备调试、材料入场、配制钻井液、调整性能、储备浆体、开钻验收、钻进过程钻井液性能维护、完井测试过程钻井液配合、设备拆卸及资料整理等工作流程，形成完整的工作程序。

在中石化西南油气分公司工区，通常以钻井液分队作为基层组织，在钻井、测试等现场开展钻井液技术服务。钻井液分队一般由1名分队长，1~2名技术员和2~6名小班组成。钻井液服务队伍浅井、中深井至少配备5名具备相应资质的专业服务人员，深井、超深井应配备不少于7名专业服务人员。浅井、中深钻井液分队长（驻井负责人）应至少具有3年以上服务经历；超深井、高难度水平井等重点井驻井负责人应具有工程师或技师（含以上）职称，并至少具有5年及以上类似井服务经历。钻井液分队长全面负责分队技术和生产管理，钻井液技术员主要分管设备、安全、钻井液维护处理等，钻井液工主要完成常规性能检测、液面监测、钻井液维护处理等工作。

第二章　钻井液队长岗位操作标准

第一节　岗位描述

1. 岗位说明

钻井液队长岗位说明如表2-1所示。

表2-1　钻井液队长岗位说明

项　目		主要内容
工作概述		在上级部门的统一管理下，全面负责钻井液技术管理工作，包括钻井液班组管理、钻井液生产管理、钻井液设备、仪器、材料使用管理及钻井液新技术、新工艺、新产品的推广应用
上岗条件	教育程度	大专及以上文化程度
	从业资格	持有效的井控证（级别B1）、HSSE管理培训证、硫化氢防护证
	技能等级或技术职称（二选一）	技能等级：职业技能鉴定中心颁发的钻井液工高级工及以上职业资格证书； 技术职称：浅井、中深井具备初级及以上技术职称，深井具备中级及以上技术职称
	辅助技能	应达到钻井液高级工技能，能落实技术措施，固控设备维护和简单修理
	工作经历	5年及以上钻井液工工作经历；或3年以上钻井液技术员工作经历
	职业道德要求	具有良好的政治素质和职业道德，工作勤奋，团队建设、沟通能力强
	身体要求	（1）身体健康、精力充沛，视力、听力敏锐； （2）能够屈体、运动、搬运25kg以上，50kg以内的重物； （3）能够在12h值班中站立或行走70%以上的时间
岗位关系	纵向关系	（1）接受上级部门的直接领导； （2）接受上级、甲方相关业务部门的工作指导； （3）指导、监督钻井液技术员、钻井液工的工作
	横向关系	外部关系：钻井、测井、地质录井、固井、定向等作业部门或单位，服从钻井队的统一管理
岗位职责	工作职责	（1）全面负责钻井液的行政管理、技术管理，负责组织、实施井队承担的单井钻井液技术服务任务； （2）贯彻执行钻井公司、钻井液公司和上级部门对安全生产、环境保护及场地设备卫生的指令和要求，全面负责钻井液QHSSE工作；制定钻井液技术措施和应急措施，并向钻井液分队职工和相关协作单位进行技术交底；

续表

项 目		主要内容
岗位职责	工作职责	(3)根据钻井设计，做好钻井液处理剂计划，建立钻井液材料台账，并根据钻井液材料库存情况，向上级部门提交材料计划； (4)严格按照设计钻井液类型配制钻井液，并在设计的钻井液性能参数范围内维护、处理、调控钻井液，严格维护钻井设计的权威性； (5)严格按钻井设计、相关规范、甲方要求记录钻井液井史、钻井液日志、日报等资料，如实填写数据，严禁弄虚作假； (6)详细记录井内复杂情况的处理和重大施工过程中钻井液的原始记录、日志，并分析工作进展状况和下步处理意见，并及时将有关情况向上级部门、钻井公司和甲方驻井监督汇报； (7)对到场材料要认真清点，及时登记，按品种、类别分别堆放，以配合井队现场的标准化管理，做好防水、防潮、防火、防盗工作，如发现运单数量与实收数量不一致时，要留下凭证并及时向上级部门汇报； (8)严把入井材料质量关，并督促钻井液技术员做好现场小型试验和入井效果记录； (9)定期参加现场生产碰头会，与甲方、井队、其他协作单位交换工作意见或进行技术交底，组织现场钻井液人员参加各种演练； (10)完钻后，在甲方规定的期限内，提交钻井液完井资料； (11)积极推广使用新技术、新工艺，负责本队员工的钻井液技术等的岗位操作技能培训工作； (12)服从上级部门的工作安排
	安全职责	(1)严格贯彻落实有关HSSE法律法规、标准和规章制度，严格遵守HSSE禁令，落实安全防范措施； (2)认真学习和遵守安全技术操作规程，严格执行施工设计及工艺技术措施，确保施工安全； (3)负责本井施工过程中安全技术措施的落实，并监督实施； (4)对钻井液质量负责，制定单井工艺规划和各开技术措施，监督钻井液工作严格按设计施工，确保井下安全； (5)严格执行油气保护措施，减少油气污染；认真落实井控管理制度，加强技术的管理，掌握分析井下情况，确保井控安全； (6)全面遵守集团公司行业钻井规范、标准，学习并遵守集团公司《员工守则》、上级单位的各项规章制度，带头学习并执行QHSSE管理制度
工作内容		(1)操作责任清单： ①按照巡回检查路线、项点进行详细检查； ②检查交班钻井液工或钻井液技术员完成工作情况并签字； ③安排接班钻井液工或钻井液技术员需要完成工作内容并签字； ④监督管理循环系统及设备的使用及维护情况； ⑤检查《钻井液班报表》填写并签字； ⑥检查《钻井液处理剂入库、消耗、库存记录》填写并签字； ⑦检查《钻井液现场小型试验记录》填写情况并签字； ⑧检查《钻井液排放记录》填写并签字； ⑨检查每班重浆维护处理记录； ⑩检查《钻井液日志》填写并签字； ⑪检查《钻井液井史》填写并签字； ⑫检查《清水使用记录》和《污水回收、使用记录》填写并签字； ⑬监督钻井液工按要求填写《井控坐岗记录》； ⑭了解工况、地层、井深等信息，根据施工需要维护、处理钻井液； ⑮钻井液特殊作业和发生特殊情况，及时向上级部门汇报，制定相应措施，并组织实施； (2)生产组织责任清单： ①根据设计制定钻井液处理剂计划并提前组织到井； ②配合钻井方进行循环系统、固控设备的维护； ③各易损配件（易耗品）的材料计划； ④依据设计制定钻井液维护、处理方案； ⑤根据小型试验优化钻井液配方；

续表

项 目	主要内容
工作内容	⑥井漏、井涌、卡钻等复杂处理所需处理剂组织及技术措施执行; ⑦配合科研人员做好钻井液新工艺、新技术的推广应用,做好总结; ⑧参加班前和班后会、生产碰头会、周会、井控例会等会议; (3)管理责任清单: ①检查考核钻井液技术员、钻井液工执行规章制度,遵守操作规程,完成当班工作情况; ②贯彻执行上级和上级部门的有关安全生产法律、法规、规章制度、标准和要求,做到守法依规; ③依据钻井工程设计维护、处理钻井液,满足施工需要; ④保养钻井液仪器,保证工作良好,执行安全操作规程确保安全操作; ⑤管理好钻井液处理剂; ⑥管理好危化品,建立台账,使用时做好防护工作; (4)安全责任清单: ①严格遵守上级和钻井队考核管理规定,接受安全生产教育培训和考核,增强自身安全意识和防护能力,做到持证上岗; ②检查监督钻井液技术员和钻井液工穿戴好劳保用品;对人身安全、循环系统的设备安全承担责任; ③按要求进行岗位巡回检查,做好危害识别和风险提示,发现隐患及时整改,保证分管的安全生产设备、设施处于完好状态,并督导钻井液工加强维护,正确使用,对本岗位分管的安全生产工作负责; ④负责固控设备管理工作,对钻井液技术员及钻井液工的各项安全操作固控设备承担责任; ⑤对钻井液技术员及钻井液工进行操作技术与安全生产知识培训,积极参与技术练兵和现场考核; ⑥做好各开次和揭开油气层钻井液技术交底工作; ⑦负责对钻井液新技术、新工艺使用前的安全生产技术交底工作; ⑧严格执行作业许可管理制度,做好安全监护工作
应掌握的相关法律法规和规程规范	《石油钻井液固相控制设备安装、使用、维护和保养》《石油天然气工业钻井液现场测试第一部分:水基钻井液》《钻井液现场工艺技术规程》《石油天然气钻井、开发、储运、防火防爆安全生产管理规定》《常规钻进安全技术规程》《油气井钻井及修井作业职业安全的推荐作法》《钻井井场照明、设备颜色、联络信号安全规范》《石油与天然气钻井井控技术规定》《石油天然气钻井井控安全技术考核管理规则》《陆上石油工业安全术语汇》《石油钻井队安全生产检查规定》《石油天然气生产专用安全标志》《工作场所安全使用化学品的规定》《石油天然气钻井健康、安全与环境管理体系指南》《安全和环境管理计划的推荐作法》《电力设施保护条例》《电气安全工作规程》《用电安全导则》《仓库防火安全管理规则》《文件和资料控制管理程序》《风险评价管理程序》《隐患治理管理程序》《环境保护管理程序》《变更管理程序》《应急管理程序》《检查和监督管理程序》《事故处置和预防管理程序》《堵漏作业规范》《复杂情况作业指导书》《井控规范》《临时用电安全管理》《气瓶安全管理规定》《设备安全管理规定》《生产安全管理规定》《物品搬运及储存管理规定》《压井作业规范》《记录管理规定》《固体废弃物控制程序》《大气水污染控制程序》《水污染控制程序》《噪声污染控制程序》《中华人民共和国消防法》《中华人民共和国职业病防治法》《中华人民共和国安全生产法》《中华人民共和国刑法》《中华人民共和国环境保护法》《中华人民共和国防震减灾法》《中华人民共和国环境噪声污染防治法》《中华人民共和国尘肺病防治条例》《劳动保护用品配备标准(实行)》《事故隐患治理管理工作规定》等
工作权限	(1)对钻井液分队员工有工作分配、考核权; (2)有钻井液技术措施制定权; (3)对违章指挥有拒绝执行权
职业生涯发展规划	(1)在本岗位具有良好的工作业绩,达到高一层次任职条件,可以晋升钻井液技术管理岗位; (2)可以在上级部门内部进行相应岗位流动或轮换

续表

项目		主要内容
工作考核	考核关系	（1）接受人力资源部门、技术、安全部门的工作考核； （2）接受上级部门的业务考核； （3）对钻井液分队人员工作进行考核
	考核依据	上级部门相关考核制度

2. 工艺流程

钻井液队长工作工艺流程如图2-1所示。

图2-1 钻井液队长工作工艺流程

3. 工作流程

钻井液队长岗位工作流程如图2-2所示。

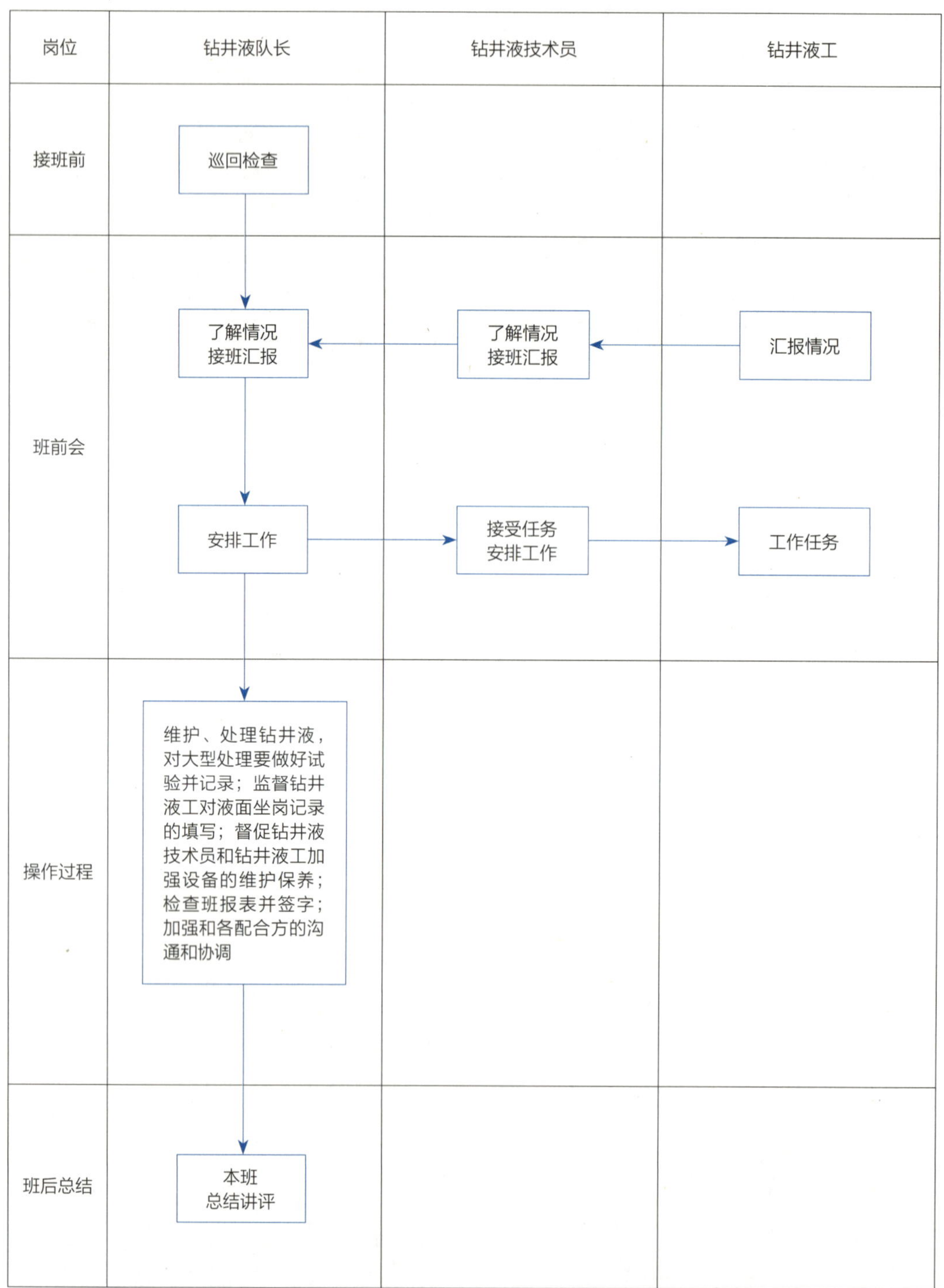

图2-2 钻井液队长岗位工作流程

第二节 岗位标准化操作规程

1. 检查标准化操作规程

1）班前检查标准化操作规程

钻井液队长班前检查标准化操作规程如表2-2所示。

表2-2 钻井液队长班前检查标准化操作规程

工作内容	工作标准	风险提示
班前检查	（1）劳保用品穿戴齐全、规范； （2）材料、设备检查逐点逐项进行检查；循环系统周边检查，防止出现环保问题，判断是否会发生自然灾害； （3）了解钻井液性能、工程工况、井下情况及振动筛返砂情况；根据井下情况及时调整钻井液性能，钻井液性能变化较大时通过小型室内试验评价后进行处理；确保井内安全； （4）询问循环系统各设备及固控设备使用情况；发生设备问题及时整改，如现场无法整改及时反映给井队或上级管理部门	（1）劳保用品穿戴不齐，容易发生人身伤害事故； （2）设备检查遗漏，有问题不能及时发现，可能导致使用过程中发生故障；材料遗漏可能无法处理钻井液，耽误生产；循环系统周边检查不到位可能引起环保事件，或遇到自然灾害险情； （3）出现问题不及时处理，会造成井下复杂或事故； （4）如不及时整改，会导致设备损坏加剧并影响钻井液性能，严重的会造成事故
参加班前会	（1）班前检查完，至值班房参加班前会，参加率100%； （2）介绍目前钻井液性能和下步维护处理方法，对配合方提出要求；按设计或试验结果进行维护处理； （3）根据设备检查结果，要求井队安排人员进行设备维修、保养任务；协助井队维修和更换设备	（1）不参加班前会，对钻井液的处理和维护不能交底，对设备存在的问题和现场其他存在的问题无法通知，容易导致设备事故、环保事件的发生和井下复杂，影响生产； （2）不进行维护处理，易导致井下复杂或事故的发生； （3）不进行维修和更换，易导致设备安全事故的发生

2）班中和班后检查标准化操作规程

钻井液队长班中和班后检查标准化操作规程如表2-3所示。

表2-3 钻井液队长班中和班后检查标准化操作规程

工作内容	操作步骤	工作标准	风险提示
班中检查	（1）了解班组设备运转情况； （2）掌握钻井液维护处理的效果和井下情况，如效果不明显应及时根据室内试验重新调整	（1）及时检查设备、工具的使用状况； （2）保证钻井液性能的稳定和井下安全	（1）不了解设备运转状况，易发生设备故障，耽误生产； （2）如处理无效会造成钻井液性能恶化，引起井下复杂
参加班后会	值班房参加班后会，总结、分析本班钻井液维护处理情况和设备运转情况，以及其他存在问题的解决情况	参加率100%，总结本班钻井液维护处理及设备存在和解决的问题	不参加班后会，本班钻井液性能的维护处理情况无法交底，设备运转或其他存在的问题不能解决

2. 巡回检查标准化操作规程

钻井液队长巡回检查标准化操作线路如图2-3所示。

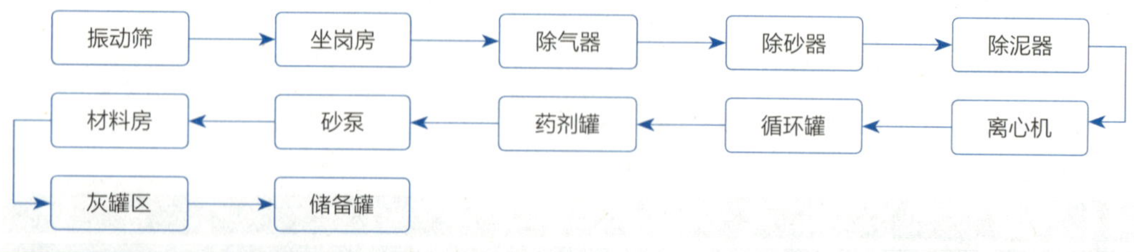

图2-3 钻井液队长巡回检查标准化操作线路

钻井液队长巡回检查标准化操作规程如表2-4所示。

表2-4 钻井液队长巡回检查标准化操作规程

检查路线	检查项点	工作标准	风险提示	风险规避措施
振动筛	(1)筛网; (2)电动机; (3)润滑; (4)固定; (5)清砂; (6)电路; (7)开关	(1)筛网固定牢固，无破损; (2)运转正常，无松动; (3)润滑良好; (4)固定牢固; (5)清砂正常; (6)电路、地线连接牢固无破损老化; (7)各开关灵活好用	(1)筛网固定不牢，易破损，影响钻井液性能; (2)运转不正常影响清砂，松动易损坏; (3)缺油易损坏设备; (4)易损坏设备，伤人; (5)影响钻井液性能; (6)电路、地线损坏;易漏电伤人; (7)若损坏影响运转	(1)及时检查、清理、更换; (2)及时检查、保养、紧固; (3)及时保养; (4)及时检查紧固; (5)及时调整筛面; (6)认真检查，及时更换; (7)及时更换
坐岗房	(1)卫生; (2)电路、开关; (3)照明; (4)报表; (5)液面坐岗记录	(1)卫生清洁; (2)电路开关防爆绝缘良好，无损坏; (3)照明良好; (4)填写齐全准确，及时; (5)填写、校核齐全准确，及时	(1)卫生差，报表资料污损; (2)用电仪器、电路、开关防护不到位易触电; (3)光线不好影响测量性能; (4)钻井液性能测量、记录不及时，易导致井下故障; (5)记录不准确及时，可能发生井控事故	(1)保持清洁; (2)及时检查、更换、保养; (3)及时检修、更换; (4)及时、准确测量并记录; (5)及时、准确测量并记录，发现异常分析原因，及时上报
除砂器	(1)性能; (2)紧固; (3)清洁; (4)筛网	(1)除砂器的正常工作压力应为0.2~0.35MPa，底流钻井液应成伞状喷射排出; (2)各连接紧固，无松动; (3)设备卫生清洁; (4)筛网固定牢固，无破损	(1)压力过大易损坏除砂器，过小影响除砂效果; (2)管线老化，刺漏伤人; (3)外溅钻井液，滑倒伤人; (4)筛网固定不牢易破损;破损影响钻井液性能	(1)调整进液量控制压力在额定范围; (2)定期检查、更换，各螺丝紧固; (3)外溅钻井液、底流及时清理，保持设备清洁; (4)及时检查、清理、更换
除泥器	(1)性能; (2)紧固; (3)清洁; (4)筛网	(1)除泥器的正常压力应为0.2~0.35MPa，底流钻井液应成伞状喷射排出;	(1)压力过大易损坏除砂器，过小影响除砂效果; (2)管线老化，刺漏伤人; (3)外溅钻井液，滑倒伤人;	(1)调整进液量控制压力在正常压力范围; (2)定期检查，各螺丝紧固好;

续表

检查路线	检查项点	工作标准	风险提示	风险规避措施
除泥器		(2)各连接紧固，无松动； (3)设备卫生清洁； (4)筛网固定牢固，无破损	(4)筛网固定不牢易疲劳损坏；破损影响钻井液性能	(3)及时清理，保持设备清洁； (4)及时检查、清理、更换
除气器	(1)性能； (2)紧固； (3)清洁； (4)电动机及地线； (5)电路； (6)开关	(1)除气器的真空度应为0.03~0.045MPa； (2)安装、固定牢固； (3)设备卫生清洁； (4)运转正常，无松动地线连接牢固； (5)电路、无破损老化； (6)各开关灵活好用	(1)影响除气效果； (2)松动易损坏设备，伤人； (3)腐蚀设备，缩短使用寿命； (4)运转不正常影响正常除气，松动漏电伤人； (5)电路、破损老化；易漏电伤人； (6)开关损坏，影响正常运转	(1)控制在额定真空度范围； (2)定期检查，紧固； (3)清洁设备； (4)及时检查、紧固； (5)认真检查，及时更换； (6)及时更换开关
离心机	(1)固定； (2)调整； (3)保养； (4)性能； (5)管路； (6)电动机； (7)电路、地线； (8)卫生； (9)皮带	(1)安装、固定牢固； (2)盘动转鼓，有无摩擦或阻卡，先启动辅电机再启动主电机至运转正常； (3)按时保养，不漏保； (4)运行平稳，排砂正常； (5)管线连接牢固； (6)电动机运转平稳，无异响； (7)电路、地线连接牢固无破损老化； (8)设备卫生清洁； (9)皮带松紧合适	(1)固定螺栓缺失或松动，易造该部件移位或早期损坏； (2)旋转部位易伤人； (3)保养不到位，损坏设备； (4)排砂不畅，堵塞内筒，损坏设备； (5)连接不牢易伤人； (6)旋转部位易伤人； (7)电路、地线防护不到位易触电； (8)滑倒伤人；腐蚀设备； (9)皮带过松易打滑，过紧以发热损坏	(1)配齐紧固螺栓、螺帽； (2)护罩齐全紧固，调整好进液量； (3)检查认真，保养到位； (4)及时检查、调整，清洗内外筒； (5)确保连接牢固安全； (6)平稳操作,护罩齐全； (7)断电后检查、更换； (8)外溅钻井液、及时清理，保持清洁； (9)皮带松紧调整合适
循环罐	(1)钻井液量； (2)连接、密封； (3)搅拌机； (4)电路； (5)清砂； (6)梯子、栏杆、保险绳、踏板及通道； (7)罐连接管线	(1)钻井液量合适，保证生产需要； (2)连接紧密，罐面平整、防滑、无损坏孔洞； (3)运转正常，固定牢固，护罩齐全，检查润滑油； (4)电路、无破损老化； (5)固控设备清砂正常； (6)栏杆齐全牢固、梯子坡度合适，踏板水平有护栏，固定可靠，有保险绳； (7)各类管线、闸门布局合理；连接可靠	(1)量少影响生产，量多消耗处理剂； (2)有超过规定尺寸的孔洞易伤人； (3)旋转部位易伤人；润滑油过多或过少易设备损害 (4)电路、破损老化；易漏电伤人； (5)清砂不良，影响钻井液性能； (6)循环罐上栏杆、梯子、安全链等不牢固、不齐全易伤人； (7)连接不牢，易伤人，容易刺漏钻井液，造成环境污染	(1)控制加水、加药量； (2)孔洞、盖板及时维修、盖好； (3)配齐、紧固护罩；保持合理的润滑油量 (4)检查认真，确保安全； (5)及时检查，维护保养； (6)循环罐上栏杆、梯子、安全链等牢固齐全； (7)及时检查、紧固
药品罐	(1)搅拌机； (2)开关； (3)电路、地线； (4)药品种类及性能	(1)搅拌机运转正常； (2)各开关灵活好用； (3)电路、地线连接牢固无破损老化； (4)药品罐内所配药品种类及性能清楚	(1)搅拌机损坏，影响配制药液； (2)开关、损坏；搅拌机不运转影响正常配制胶液； (3)电路、地线损坏；搅拌机无运转影响正常配制药液；易漏电伤人；	(1)检查运转注意有无异常，连接可靠，绝缘良好接地正常； (2)先试运转，检查更换开关； (3)及时更换； (4)清楚药品种类及用

续表

检查路线	检查项点	工作标准	风险提示	风险规避措施
药品罐			(4)不清楚所配药品及性能影响维护处理钻井液	途；穿戴好劳保防护用品，搬放药品轻拿轻放，加药品站在上风口，确保安全；加烧碱时做好个人防护，戴滤尘口罩、橡胶手套，护目镜
砂泵	(1)固定； (2)运转； (3)保养； (4)清洁； (5)护罩； (6)电动机、开关柜、电路及地线	(1)安装、固定牢固； (2)运行平稳，无异响； (3)润滑油箱内机油在游标尺上下限之间，砂泵轴承盘根定期加注黄油； (4)设备卫生清洁； (5)牢固可靠； (6)电动机运转正常，开关柜螺丝紧固，防爆绝缘良好，电路、地线连接牢固无破损老化	(1)固定螺栓缺失或松动，易造该部件移位或早期损坏； (2)上水不好影响使用； (3)保养不到位，损坏设备； (4)腐蚀设备； (5)旋转部位易伤人； (6)电路、开关防护不到位易触电	(1)检查紧固螺栓、螺帽； (2)及时检查、调整； (3)按时保养； (4)及时清理，保持清洁； (5)检查护罩，及时紧固； (6)断电后检修、紧固或更换
材料（药品）房	(1)品种； (2)数量； (3)内外清洁； (4)出入库记录； (5)照明； (6)洗眼器； (7)遮盖防护； (8)MSDS	(1)品种齐全并挂牌； (2)数量准确；并标识 (3)内外清洁； (4)出入库资料齐全，如实填写； (5)照明良好； (6)洗眼台清洁，水质清洁，水量充足； (7)防护严实； (8)挂牌	(1)药品不齐全，影响处理钻井液； (2)数量不清，影响处理维护钻井液； (3)散落药品，污染环境； (4)资料不齐全，导致对当前施工情况了解不清，易发生问题； (5)照明不良易搬错药和意外事故； (6)洗眼用水不卫生引起疾病； (7)遮盖不严密易造成处理剂被浸泡失效； (8)风险识别不到位，可能导致安全风险	(1)根据需要做好计划； (2)检查认真，无遗漏； (3)及时清理； (4)准确、及时填写； (5)照明良好；搬运药品前确认名称，数量准确无误； (6)定期更换洁净淡水； (7)钻井液处理剂做到上盖下垫； (8)熟悉掌握MSDS表中风险提示
灰罐区	(1)灰罐检测报告、压力表、安全阀、泄压阀和气管线、底座； (2)漏斗； (3)加重泵； (4)加重剂储备	(1)压力表、安全阀合格，好用；使用完后，打开泄压阀卸掉罐内余气；管线连接牢固；底座平稳 (2)加重漏斗管线畅通，闸门灵活好用； (3)运转正常，牢固安全； (4)储备量符合设计要求	(1)气压过高、使用完后未泄压、管线连接不牢易伤人；底座不平稳可能导致倾倒； (2)重晶石粉飞溅污染环境； (3)旋转部位易伤人； (4)储备量不足，影响井控	(1)控制合理压力，压力表，安全阀及时校验、检查、更换，使用完及时泄压；钢木基础或混凝土硬化； (2)控制出灰速度； (3)检查细致，无异响、松动； (4)定期检查，确保储备充足

续表

检查路线	检查项点	工作标准	风险提示	风险规避措施
储备罐	（1）性能； （2）闸门； （3）储备量； （4）搅拌机； （5）电路、地线； （6）管线； （7）防水措施	（1）清楚钻井液性能； （2）各闸门灵活； （3）按要求储备； （4）搅拌机运转正常； （5）电路、无破损老化，接地线连接牢固； （6）管线连接正确，密封良好； （7）储备罐不进水	（1）影响钻井液处理； （2）影响储备罐使用； （3）数量少影响井控； （4）搅拌机损坏影响储备重浆的搅拌； （5）电路、地线损坏；搅拌机无运转影响重浆搅拌；易漏电伤人； （6）连接不正确，密封不好，造成漏浆，造成环境污染； （7）储备浆性能破坏	（1）定期测量，搅拌、循环处理，掌握性能； （2）定期检查、更换； （3）按需要储备； （4）检查运转注意有无异常，连接可靠，绝缘良好接地正常； （5）及时更换； （6）紧固螺栓，更换连接胶套； （7）密封罐面或搭建防雨棚

3. 施工作业标准化操作规程

1）施工准备标准化操作规程

钻井液队长施工准备标准化操作规程如表2–5所示。

表2–5 钻井液队长施工准备标准化操作规程

工作内容	操作步骤及标准	风险提示	风险规避措施
钻井液施工设计	对工程设计进行学习，参与制定合理可行的钻井液施工设计	钻井液设计和应急预案不完善	充分评估风险，完善各种应急预案，包括钻井液材料储备等
设备安装试运转	（1）检查无误后方可试运转； （2）发现异常立即停止，整改好后方可再试； （3）试运转时专人负责	（1）转动部位有杂物易飞出伤人； （2）电路，开关绝缘不好易触电； （3）设备反转影响使用	（1）检查清除杂物后运转； （2）由专业人员进行处置，使用绝缘手套等； （3）调整为正确方向
仪器安装	（1）按标准配备测量仪器； （2）按操作规程正确安装； （3）按要求校验，确保准确	（1）氮气瓶固定不牢易伤人； （2）用电仪器、电路、开关防护不到位易触电； （3）仪器校验不及时，测试性能不准，可能导致井下复杂	（1）氮气瓶固定牢固； （2）电路、开关确保绝缘； （3）按要求及时校验，并保证准确
资料准备	按设计和规范要求领取各类报表	报表缺失影响施工进度计划	按设计和规范要求领取各类报表
处理剂计划	根据地层、水型、邻井复杂等情况合理安排处理剂品种、数量，并提前上报	计划不合理影响钻井液的维护处理	根据井上实际情况做好计划和到场处理剂的时间
装卸钻井液材料	（1）装卸材料时检查材料是否拴牢固； （2）钻井液材料下垫上盖； （3）是否分类存放； （4）防晒，防雨措施是否到位；	（1）运输过程中货物掉落，污染环境； （2）下雨将材料淋湿，太阳暴晒，影响材料质量； （3）使用时找材料困难；	（1）用绳子拴牢固； （2）堆放钻井液材料的地方应高出地面10cm，周围排水畅通，钻井液材料分类堆放，要上盖下垫；

续表

工作内容	操作步骤及标准	风险提示	风险规避措施
装卸钻井液材料	(5)装卸工人身体状况是否满足要求; (6)检查包装是否完好，数量是否正确; (7)材料是否摆放整齐; (8)劳保是否穿戴齐全	(4)容易变质，结块，影响材料质量; (5)身体差，影响进度，易造成人员伤害; (6)包装袋损坏，造成钻井液材料损失，污染环境; (7)不整齐，使用不便，易垮塌，造成人员伤害; (8)劳保穿戴不全，易伤害作业人员	(3)雇用民工时，应考虑民工的身体状况避免雇用老、弱、病等身体状况较差的民工而造成人员伤害; (4)穿戴齐全劳保
备水、配浆	(1)储备足够量的清水; (2)按设计和配方配制坂土浆; (3)按照设计配制重浆	(1)清水量不足，导致配制钻井液量不足，影响施工; (2)坂土浆配制不足影响钻井施工; (3)重浆方量、性能不能满足设计要求，影响井控安全	(1)提前计划和储备清水; (2)提前按设计配制足够的坂土浆; (3)重浆方量、性能满足设计要求
配置预水化膨润土浆	(1)物料准备：膨润土、烧碱、纯碱、水; (2)向所配膨润土浆的罐中加入一定的水，膨润土浆浓度一般为5%~10%，开启搅拌机加入纯碱或烧碱，纯碱推荐加量为所需膨润土量的3%~5%; (3)搅拌15min后通过混合漏斗加入所需膨润土粉，加料完毕后搅拌不少于2h，水化不低于48h	(1)坂土浆配制不足影响钻井施工; (2)烧碱伤人; (3)机械伤人	(1)先向水中加入纯碱或者烧碱; (2)烧碱和纯碱不用混合漏斗加入直接从罐上加入; (3)膨润土粉通过混合漏斗加入，不允许不经过混合漏斗加入; (4)穿戴好劳保用品
钻井液钻前验收	按照开钻验收清单逐项进行检查	钻井液工作准备不到位影响开钻	按照设计进行准备

2）各开次施工标准化操作规程

钻井液队长各开次施工标准化操作规程如表2-6所示。

表2-6　钻井液队长各开次施工标准化操作规程

工作内容	操作步骤及标准	风险提示	风险规避措施
开钻准备	(1)循环系统设备安装齐全，密封良好，试运转正常; (2)备足清水，清水泵供水能力达到要求; (3)处理剂种类、数量满足施工要求; (4)加重剂、重浆储备达到设计要求; (5)根据地层特点、设计要求制定好钻井液施工方案;	(1)密封、连接不牢振动后易泄漏，设备运转不正常影响钻井液的处理; (2)水量不足影响钻井施工; (3)处理剂计划不合理影响钻井液维护处理及钻井生产;	(1)经常检查、紧固; (2)确保水源充足，供水能力达到要求; (3)根据设计合理制定计划; (4)储备量达到井控要求; (5)制定好施工方案; (6)调试好仪器

续表

工作内容	操作步骤及标准	风险提示	风险规避措施
开钻准备	（6）测量仪器调试好； （7）制订阶段技术保障措施，并进行交底	（4）储备不足，影响井控； （5）影响正常生产、钻井液维护处理； （6）影响测量钻井液性能的准确性	
钻进	（1）配制胶液； （2）钻井液维护，调整钻井液性能符合设计要求； （3）钻井液性能测定；常规性能、全套性能，并填写好钻井液原始记录； （4）保证振动筛、除砂除泥器、离心机或清洁器等固控设备的使用效果，确保使用率，及时清除钻井液中的劣质固相； （5）观察钻井液，不得站在钻井液泵泄水管泄流方向，不得在泵房长时间逗留； （6）振动塞前观察返出岩屑情况，是否有掉块，岩性	（1）环境污染、药剂粉尘污染、机械伤人； （2）钻井液性能不能满足井下需要，易发生井下复杂情况；钻井液性能幅度大，易引起井下故障； （3）设备故障，易发生机械、触电伤人； （4）不能及时掌握钻井液变化和井下情况； （5）高压危险易伤人	（1）做好环保措施，穿戴好劳保用品，对机械设备做好防护； （2）根据地层通过小型试验数据及时调整钻井液性能；保持钻井液性能稳定；胶液处理维护性能要勤观察，避免性能大的波动； （3）出现故障及时通知机械工程师整改； （4）按规定测量并填写好资料报表； （5）不要在危险区域逗留
短起下钻	（1）观察起下钻阻卡情况，为调整钻井液性能提供依据； （2）测量准确油气上窜速度，确定合理的钻井液密度； （3）督促钻井液技术员或钻井液工加强设备及筛网的检查； （4）掌握短起下钻的井内情况； （5）督促钻井液技术员或钻井液工完成临时工作	（1）不满足起钻要求容易引起井下复杂； （2）对井下情况不掌握，影响下步钻井液的处理； （3）设备和筛网检查不到位，易影响钻井液性能； （4）没有完成临时工作，影响现场生产	（1）钻井液性能满足要求才起钻； （2）及时准确掌握井内情况； （3）督促设备和筛网的检查； （4）监督工作完成情况
起下钻	（1）起钻前循环钻井液调整性能，满足安全起钻、下钻需求；一是按照要求压稳油气层，钻井液进出口密度差小于0.02g/cm^3； （2）起钻过程中密切注意观察井眼的畅通情况，记录清楚遇阻、遇卡井段，为后续作业调整钻井液性能提供依据； （3）安排钻井液工每起3~5柱钻杆记录一次钻井液灌入量，每起一柱钻铤记录一次钻井液灌入量； （4）检查并核对起出钻柱体积与灌入钻井液量是否相符； （5）起下钻安排钻井液工认真观察出口管钻井液返出情况，每隔10min记录一次返出量并及时核对；定期检查并签字； （6）分析起下钻井内异常情况的原因及处理措施； （7）对设备进行检查和保养，清淘沉砂罐或上水罐	（1）起下钻坐岗不认真发生井涌、井漏发现不及时，易引起井涌甚至井喷等事故；起钻拔活塞易井塌； （2）起下钻井内异常不分析原因采取措施，易引起井下复杂或事故； （3）不及时对设备进行保养，设备容易出现损坏影响施工，不清淘沉砂罐或上水罐影响钻井液性能	（1）加强坐岗观察，认真核对灌返浆量，发现异常及时汇报司钻； （2）认真分析井内异常原因，采取相对的应对措施，确保以后井内正常，井眼畅通； （3）对设备进行检查和保养，发现问题及时处理，清淘沉砂罐或上水罐

续表

工作内容	操作步骤及标准	风险提示	风险规避措施
淡水钻井液	（1）根据试验配方将胶液加入同比例的膨润土浆中，加入中搅拌机一直开启，达到所需配比后保持搅拌不低于2h； （2）检测并调整钻井液性能达要求； （3）如需加重，缓慢均匀加入所需加重剂量，达要求后搅拌不少于2h测定并调整钻井液性能达设计要求	（1）环境污染； （2）机械伤人； （3）钻井液性能不符合设计	（1）穿戴好劳保用品； （2）按设计调整好钻井液性能； （3）设备使用前先检查； （4）钻井液加重，计算好加重剂用量，加重中勤测钻井液密度
盐水钻井液	（1）根据盐的加入量选定合理坂含的膨润土浆； （2）根据试验结果按比例和抗盐处理剂胶液混合搅拌不低于2h充分护胶； （3）使用混合漏斗加入盐，加盐结束后搅拌不低于2h，测定性能和氯离子含量，确保性能和氯离子含量达设计要求； （4）加盐过程中黏切上升较快，加大抗盐处理剂胶液的用量进一步降低坂含，同时加大抗盐处理剂的用量，再继续加入盐； （5）加入过程中黏切过低，滤失量增大，可以用混合漏斗加入聚合物抗盐处理剂粉剂提高钻井液黏切和抗盐能力； （6）如要加重钻井液，均匀加入所需加重剂，达设计密度后搅拌不低于2h，检测并调整钻井液在设计范围	（1）环境污染； （2）机械伤人； （3）钻井液性能不符合设计； （4）盐水钻井液配制失败	（1）穿戴好劳保用品； （2）按设计调整好钻井液性能； （3）设备使用前先检查； （4）钻井液加重，计算好加重剂用量，加重中勤测钻井液密度； （5）根据设计氯离子的含量计算所加盐的数量； （6）按试验比例加入抗盐处理剂胶液和烧碱量，pH值保持在9~10。抗盐处理剂加足后加入盐
水包油钻井液	（1）控制水基钻井液的膨润土含量至合理范围； （2）按比例加入处理剂胶液，混合后搅拌2h测定性能； （3）黏度和切力尽量控制在设计低限，加入矿物油后黏度要上涨4~10s； （4）其他性能达要求后加入所需矿物油，加后搅拌不低于2h测定性能，调整钻井液性能至设计范围	（1）环境污染； （2）机械伤人； （3）钻井液性能不符合设计	（1）穿戴好劳保用品； （2）按设计调整好钻井液性能； （3）设备使用前先检查； （4）控制合理的膨润土含量，高密度2.00g/cm^{3}以上钻井液膨润土含量控制在20g/L以内； （5）乳化剂先加入矿物油中使其充分乳化，乳化剂推荐加量为矿物油的3%~5%
水基钻井液性能维护	（1）钻井液性能应符合设计等技术要求，保证安全钻井，各项资料齐全准确、保护油气层；当现场钻井液性能不能满足安全施工要求而变更设计时，应履行变更手续； （2）钻井过程中检测取样要求：钻井液中硫化氢含量检测应在振动筛前取样，入（井）口钻井液密度检测应该在上水罐取样，其他钻井液性能检测应该在振动筛后钻井液槽取样；	（1）环境污染、药剂粉尘污染、机械伤人； （2）钻井液性能不符合设计； （3）发生井下复杂情况； （4）发生井壁失稳，卡钻，埋钻等井下故障	（1）做好环保措施，穿戴好劳保用品，对机械设备做好防护； （2）按设计调整好钻井液性能； （3）维护处理钻井液前做好小型试验；

续表

工作内容	操作步骤及标准	风险提示	风险规避措施
水基钻井液性能维护	（3）钻进过程中，应按相关管理规定做好钻井液性能检测和液面监测，按设计或小型试验结果及时补充所需处理剂和胶液，维持优质钻井液性能； （4）钻井液性能维护处理应遵循稳定、均匀的原则，按循环周处理； （5）需对钻井液进行大型处理时，应提前和钻井工程负责人、录井技术负责人沟通，做好协调和准备工作，如需要起钻处理，将钻具上提至上层套管内或安全井段内，在实际操作中按小型试验结果进行处理； （6）保证振动筛、除砂除泥器、离心机或清洁器等固控设备的使用效果，确保使用率，及时清除钻井液中的劣质固相； （7）按设计和井控要求储备加重钻井液、加重剂、堵漏剂、除硫剂、油气层保护剂和其他应急材料的储备，定期搅拌重浆保持储备钻井液有良好的流变性和沉降稳定性； （8）按设计要求做好储层保护工作； （9）电测、下套管及固井前，应根据设计和实际井下情况调整钻井液性能，对易塌、易漏、摩阻异常井段可注入一定数量的封闭浆进行封闭		（4）保持钻井液性能稳定；胶液处理维护性能要勤观察，避免性能大的波动； （5）按要求做好钻井液性能检测； （6）对复杂地层钻进前提前预处钻井液性能
油基钻井液性能维护	（1）根据钻井液设计要求配制足量的油基钻井液； （2）先注隔离液，再换泵注入油基钻井液，隔离液返出时，单独回收，确认无混浆后，恢复用油基钻井液循环。循环调整性能达到设计要求后，才能进行钻进作业； （3）钻进中使用有机土、提切剂、控制油水比、生石灰水等维护油基钻井液黏切，控制流变性； （4）使用降失水剂、封堵材料等控制滤失量、滤饼质量； （5）通过控制合理的油水比、主辅乳化剂加量等确保破乳电压达到要求； （6）加强钻井液性能测定和滤液分析、做好小型试验，根据实际情况及时调整钻井液的流型，改善泥饼质量，按配方补充处理剂； （7）维护处理钻井液应按循环周进行，或在储备罐配好油基钻井液后均匀混入； （8）控制合理的油基钻井液密度并保持均匀稳定，尽可能实现近平衡钻进；	（1）环境污染、药剂粉尘污染、机械伤人； （2）钻井液性能不符合设计； （3）发生井下复杂情况； （4）发生井壁失稳，卡钻，埋钻等井下故障	（1）做好环保措施，穿戴好劳保用品，对机械设备做好防护； （2）按设计调整好钻井液性能； （3）维护处理钻井液前做好小型试验； （4）保持钻井液性能稳定；胶液处理维护性能要勤观察，避免性能大的波动； （5）按要求做好钻井液性能检测； （6）对复杂地层钻进前提前预处钻井液性能

续表

工作内容	操作步骤及标准	风险提示	风险规避措施
油基钻井液性能维护	(9)注意钻井液变化情况，有异常情况及时处理，防止发生溢流导致井控风险； (10)完钻后充分循环洗井，调整好钻井液性能，确保完井管柱的顺利下入		
胶液配制	(1)将药剂罐加入适量的水，开启搅拌机； (2)烧碱直接在罐上加入； (3)通过剪切泵或者混合漏斗先加入小分子后加入大分子，加入大分子时要缓慢，所有处理剂加完后搅拌不低于2h，使处理剂充分溶解	(1)环境污染； (2)机械伤人； (3)烧碱伤人； (4)药剂未充分溶解影响使用效果	(1)穿戴好劳保用品； (2)设备使用前先检查，注意环境保护； (3)危险化学品，使用台账，废旧口袋回收记录
烧碱使用	(1)检查劳保是否穿戴整齐； (2)检查包装是否完好； (3)两个责任人同时到场，检查烧碱仓库，钥匙是否完好； (4)检查工作场所，通风情况； (5)检查清水、洗眼器情况； (6)检查工作环境光线； (7)使用完后作业场所是否清洁，记录危险化学品台账	(1)劳保穿戴不整齐，造成人员伤害； (2)包装破损，污染环境，烧伤人员，腐蚀设备； (3)钥匙损坏，烧碱遗失； (4)过度暴露，有腐蚀刺激作用； (5)没有或洗眼器内清水不清洁，不能起到防护作用； (6)光线不好、光线太强易眩晕，造成操作不当； (7)污染环境、腐蚀设备	(1)包装破损及时更换； (2)防酸碱的手套、穿好工作服、工作鞋、戴好滤尘口罩和护目镜，皮肤不能有裸露的部位； (3)及时更换钥匙； (4)定期清洗洗眼器，更换清水
降低钻井液密度	(1)可使用除泥器和离心机等； (2)降密度幅度范围不大时使用离心机、除泥器配合加入处理剂胶液或低密度钻井液来处理，如果降密度幅度范围很大除了加入处理剂胶液外还要补充预水化膨润土浆；混入预水化膨润土浆时加入处理剂进行护胶； (3)降密度至设计范围内后循环调整钻井液性能至设计范围内	(1)钻井液密度过高发生井漏； (2)钻井液密度过低存在井控风险，井壁失稳； (3)离心机外筒发生抱死； (4)机械伤人	(1)按设计合理调整钻井液密度； (2)密度较高时离心机进液量控制小些避免内外筒发生抱死现象，影响离心机使用； (3)穿戴好劳保用品
提高密度	(1)提高钻井液密度可采用加入加重材料或者混入一定比例的优质低黏切重浆来提高密度；重浆密度高于井浆密度0.20g/cm^{3}以上； (2)加重的同时补充适当的处理剂胶液，每个循环周密度提高值宜控制在0.02~0.03g/cm^3（井涌和溢流压井除外）； (3)提高密度后应循环调整钻井液性能至设计范围内	(1)钻井液密度上提过快压漏地层； (2)钻井液密度过低存在井控风险，井壁失稳； (3)机械伤人	(1)井涌和溢流压井按井控要求实施； (2)穿戴好劳保用品

续表

工作内容	操作步骤及标准	风险提示	风险规避措施
降低黏切	（1）因钻屑分散或膨润土含量过高造成黏切升高，宜采用更换更高目数的振动筛和除砂除泥器筛网，正确使用离心机，排放或者倒出部分受侵钻井液，加入低浓度的聚合物胶液处理，及时补充抑制性处理剂； （2）因扫水泥塞造成黏切升高，可加入小苏打等处理剂处理； （3）因钻遇膏盐层受钙、镁、盐造成黏切升高，加入纯碱、烧碱和抗膏盐降黏剂和降滤失处理； （5）因高温下抗高温处理剂降解失效或减效造成高温增稠，引起黏切升高，加入抗温能力更强的降黏剂和降滤失剂胶液，或者加入高温稳定剂处理； （6）因二氧化碳或硫化氢造成黏切升高，二氧化碳污染加入石灰水处理，硫化氢污染加入除硫剂处理； （7）油基钻井液降黏可以加入适量油	（1）环境污染； （2）机械伤人； （3）钻井液性能不符合设计； （4）影响机械钻速； （5）发生井下复杂情况	（1）穿戴好劳保用品； （2）按设计调整好钻井液性能； （3）设备使用前先检查； （4）危险化学品，使用台账，废旧口袋回收记录；注意环境保护
提高黏切	（1）如果黏切偏低，可加入增黏剂处理； （2）如果黏切太低，补充预水化膨润土浆和加入增黏剂来处理； （3）因扫水泥塞或者受盐、钙镁污染后期造成黏切很低，先加入纯碱或烧碱清除部分污染离子，再补充适量的膨润土粉或预水化膨润土浆，加入抗膏盐处理剂处理； （4）因高温减稠造成黏切偏低，可补充适量的膨润土粉或预水化膨润土浆； （5）油基钻井液提高黏切可以用有机土和清水或氧化沥青进行调节	（1）环境污染； （2）机械伤人； （3）钻井液性能不符合设计； （4）携带岩屑效果差； （5）发生卡钻、埋钻等井下复杂情况	（1）穿戴好劳保用品； （2）按设计调整好钻井液性能； （3）设备使用前先检查； （4）危险化学品，使用台账，废旧口袋回收记录；注意环境保护
降低滤失量	（1）优选各井段合格的钻井液降滤失处理剂，加入软化点与井温相适应的沥青类封堵材料配合超细钙改善泥饼质量降低滤失量； （2）因岩屑污染或膨润土含量偏低引起钻井液滤失量增大，使用四级固控设备清除无用固相，定期清放沉砂罐、清淘过渡槽和上水罐，加大降滤失处理剂的用量，根据实际情况可补充适当的预水化膨润土浆； （3）因钻遇膏盐层引起钻井液滤失量增大，加入烧碱使pH值不低于9，加大抗膏盐降滤失剂的用量； （4）因高温使降滤失剂失效或减效，选用抗温能力更强的降滤失处理剂处理，或补充适量的预水化膨润土浆； （5）油基钻井液可以用氧化沥青及油基降滤失剂控制滤失量	（1）环境污染、药剂粉尘污染、机械伤人； （2）钻井液性能不符合设计； （3）发生井下复杂情况； （4）发生井壁失稳，卡钻，埋钻等井下故障	（1）穿戴好劳保用品； （2）按设计调整好钻井液性能； （3）设备使用前先检查； （4）危险化学品，使用台账，废旧口袋回收记录；注意环境保护； （5）钻井液滤失量调节也是钻井液性能控制的重要指标，也是井内安全的关键环节； （6）滤失量调节包括中压滤失量调节和高温高压滤失量调节，浅井、中深井以中压滤失量为准，深井和超深井以高温高压滤失量为主

续表

工作内容	操作步骤及标准	风险提示	风险规避措施
pH值调节	（1）一般采用加入烧碱或氢氧化钾等来调节，一般配制水剂循环周加入，也可以在循环罐上循环加入粉剂； （2）如果钻进中pH值过高需要降低，加入处理剂胶液时可以不加或者少加烧碱类处理剂； （3）扫水泥塞时pH值过高，需要降低pH值，可以加入小苏打等处理剂处理	（1）环境污染、药剂粉尘污染、机械伤人； （2）钻井液性能不符合设计； （3）烧碱伤人	（1）穿戴好劳保用品； （2）按设计调整好钻井液性能； （3）钻井液碱度是保持体系稳定的前提，聚合物钻井液体系碱度（pH值）控制在7~9，聚磺钻井液和抗高温钻井液体系碱度（pH值）控制大于9.5
提高润滑性	（1）钻进中提高润滑性，可以加入固体或液体润滑剂，固体润滑剂如石墨、沥青类粉剂，推荐加量为0.5%~2%； （2）液体类润滑剂分为油性剂和极压剂，油性剂主要用于浅井、中深井低负荷下起作用，极压剂主要用于深井、超深井高负荷下起作用，推荐加量2%~4%。密度越高润滑剂加量就相应增加； （3）斜井、水平井润滑剂加量推荐4%~6%； （4）下套管前特别是斜井、水平井等为了降低下套管的摩阻和风险，采用全部或部分裸眼段、斜井段和水平段加入0.2%~0.5%玻璃微珠或塑料小球来降低摩阻	（1）环境污染、药剂粉尘污染、机械伤人； （2）钻井液性能不符合设计； （3）影响钻头、钻具及其他设备的磨损和使用寿命； （4）发生卡钻等井下故障	（1）穿戴好劳保用品； （2）按设计调整好钻井液性能； （3）防止油品泄漏污染； （4）现场评价润滑性是钻井液和泥饼的摩阻系数，使用仪器为滑块式泥饼摩擦测定仪、压持式泥饼摩阻测定仪和钻井液极压润滑仪
钻屑污染	（1）根据振动筛情况更换目数更高的筛网，除砂除泥器更换高目数筛网，加强离心机的使用； （2）加大聚合物FA-367、KPAM、NH_4HPAN等抑制剂和胶液的用量，处理前将钻井液量控制在最少范围； （3）定期清放沉砂罐，清淘过渡槽和上水罐	（1）环境污染、药剂粉尘污染、机械伤人； （2）钻井液性能不符合设计； （3）发生井下复杂情况	（1）穿戴好劳保用品； （2）按设计调整好钻井液性能； （3）钻屑污染后提高固控设备的使用率，加大聚合物等抑制性处理剂的用量，加入润滑剂提高润滑性能
盐及盐水侵污染	（1）发现盐水侵时及时提高密度压稳盐水层； （2）如果盐水污染量大严重，及时排放部分受污染的钻井液和盐水，加大抗盐处理剂用量，可以胶液形式加入或直接通过混合漏斗加入，加入烧碱使pH值在设计范围内，必要时可以补充适量的预水化膨润土浆； （3）如果是盐侵加大抗盐降滤失剂的用量，特别是聚合物抗盐处理剂如CMC、PAC等，加入高碱比抗盐降黏剂如SMT碱液，磺化酚醛树脂、褐煤树脂也是常用的抗盐处理剂；将体系转化为盐水钻井液体系	（1）环境污染、药剂粉尘污染、机械伤人； （2）钻井液性能不符合设计； （3）发生井下复杂情况	（1）穿戴好劳保用品； （2）按设计调整好钻井液性能，预处理； （3）及时提高密度压稳盐水层，加入抗盐处理剂处理受污染钻井液，加入烧碱调节pH值

续表

工作内容	操作步骤及标准	风险提示	风险规避措施
钙、镁离子污染	(1)根据设计进入钙镁离子污染前进行预处理，控制合理的膨润土含量； (2)在遇少量低浓度钙侵可以加入纯碱，配合降黏剂和降滤失剂处理，低浓度镁离子可以加入烧碱将其除去； (3)如果受到大量的钙、镁离子污染，这时根据小型试验用烧碱配合降黏剂和降滤失剂处理； (4)如果水泥污染，可以使用纯碱、碳酸氢钠等处理，加入降黏剂或降滤失剂处理剂维护调整性能	(1)环境污染、药剂粉尘污染、机械伤人； (2)钻井液性能不符合设计； (3)发生井下复杂情况	(1)穿戴好劳保用品； (2)按设计调整好钻井液性能，预处理； (3)发生钙、镁污染可以加入纯碱除钙，加入烧碱可以清除镁离子，或者转化成钙处理钻井液提高抗钙及镁离子污染能力
二氧化碳污染	(1)加入适量的石灰水能有效清除碳酸根和碳酸氢根污染； (2)不溶石灰和残渣倒掉，不加入钻井液中；可以在过渡槽或循环罐加入，也可以和胶液混入加入； (3)依据受二氧化碳污染的程度确定石灰水加量； (4)根据资料显示在受二氧化碳污染地层钙离子始终保持50~75mg/L为宜	(1)环境污染、药剂粉尘污染、机械伤人； (2)钻井液性能不符合设计； (3)发生井下复杂情况	(1)穿戴好劳保用品； (2)按设计调整好钻井液性能，预处理； (3)二氧化碳进入钻井液后生产碳酸根和碳酸氢根，通过化学方法清除
硫化氢污染	(1)加入烧碱使钻井液pH值保持在9.5以上，若pH值降低，生成的硫化物又会重新转变为硫化氢，不利于清除； (2)pH值保持在9.5以上，加入碱式碳酸锌等除硫剂清除； (3)及时适当提高钻井液密度防止硫化氢继续侵入井筒	(1)环境污染； (2)钻井液性能不符合设计； (3)硫化氢中毒，人身伤害； (4)钻具腐蚀，氢脆等钻具事故	(1)穿戴好劳保用品； (2)按设计调整好钻井液性能，加入除硫剂预处理； (3)硫化氢污染后先加入烧碱将pH值提高至10以上，再加入除硫剂清除
氧污染	(1)保持钻井液pH值在10以上，可以抑制氧对钻具的腐蚀； (2)开启除气器进行物理脱氧； (3)加入除氧剂清除，除氧剂常用的有亚硫酸钠、亚硫酸铵等	钻井液性能不符合设计	提高pH值，设备脱氧，加入除氧剂清除
原油污染	(1)发生原油侵时，及时提高钻井液密度压稳原油，使其不继续进入井筒； (2)对原油污染的钻井液加入乳化剂进行处理； (3)对于稠油污染处理难度大，对污染的钻井液和稠油及时进行报废处置	环境污染	提高密度确保原油不能继续进入井筒
旋转喷淋法气液转换	(1)纯油基前置液为最先入井的液体； (2)提原钻具组合至上层套管鞋以上10~30m； (3)注入井筒高度150~200m的纯油基气液转换前置液，排量控制在10~15L/s范围内，开泵的同时开动转盘（或顶驱），转速控制在60~100r/min范围内，泵注完成后静停20~30min；	(1)环境污染、药剂粉尘污染、机械伤人； (2)钻井液性能不符合设计； (3)发生井下复杂情况； (4)发生井壁失稳，卡钻，埋钻等井下故障	(1)穿戴好劳保用品； (2)按设计调整好钻井液性能； (3)设备使用前先检查； (4)建立内循环，将上水管线、大泵及高压管汇内残余的水、钻井液等排除，确保最先入井液体为油基前置液

续表

工作内容	操作步骤及标准	风险提示	风险规避措施
旋转喷淋法气液转换	（4）注入井筒高度600~800m高黏切防漏堵漏钻井液，排量控制在12~20L/s范围内； （5）注入转换用钻井液直至井口返浆；必要时可关闭旋转头，利用排砂管线三通进行循环，确保转换钻井液返至井口； （6）注浆时应观察压力表变化情况，注入转换用钻井液时应观察井口返浆情况，判断有无漏失；若已漏失，做堵漏准备；若已灌满返浆，则直接下原尺寸钻头通井； （7）通井到底后，以高于60L/s的排量循环1周，再注入井筒高度150~250m高密度高黏切携砂浆循环携带掉块，清洁井眼； （8）进行短起下钻作业（15~20柱），若井下无异常情况则气液转换结束； （9）气液转换结束后按设计要求调整钻井液性能		
正替法气液转换	（1）纯油基前置液为最先入井的液体； （2）起钻简化钻具，下光钻杆至井底50~80m，若下钻遇阻则上提钻具至阻卡点20m以上； （3）注入井筒高度150m~200m的纯油基气液转换前置液，排量控制在10~15L/s范围内，泵注完成后静停20~30min； （4）注入井筒高度600~800m高黏切防漏堵漏钻井液，排量控制在12~20L/s范围内； （5）起钻至上一次灌浆液面以下100m，注入井筒高度600~800m转换用钻井液； （6）注浆时应观察压力表变化情况，注入转换用钻井液时应观察井口返浆情况，判断有无漏失；若已漏失，做堵漏准备；若已灌满返浆，则直接下原尺寸钻头通井； （7）通井到底后，以高于60L/s的排量循环1周，再注入井筒高度150~250m高密度高黏切携砂浆循环携带掉块，清洁井眼； （8）进行短起下钻作业（15~20柱），若井下无异常情况则气液转换结束； （9）气液转换结束后按设计要求调整钻井液性能	（1）环境污染、药剂粉尘污染、机械伤人； （2）钻井液性能不符合设计； （3）发生井下复杂情况； （4）发生井壁失稳，卡钻，埋钻等井下故障	（1）穿戴好劳保用品； （2）按设计调整好钻井液性能； （3）设备使用前先检查； （4）建立内循环，将上水管线、大泵及高压管汇内残余的水、钻井液等排除，确保最先入井液体为油基前置液

续表

工作内容	操作步骤及标准	风险提示	风险规避措施
特殊情况下的气液转换	（1）适用气体钻井时，钻遇地层出现严重出水、严重井塌或泥环阻卡等特殊复杂情况时气液转换； （2）出现特殊复杂情况时，立即大排量循环，将钻具倒划眼起出复杂井段300m以上；若不能上提钻具，则直接进行下步作业； （3）注入井筒高度600~800m高黏切防漏堵漏钻井液，排量控制在20~35L/s范围内，泵注完成后起钻，确保钻头在高黏切防漏堵漏浆液面以下100m左右； （4）注入转换用钻井液至井口返浆后，下原尺寸钻头通井； （5）通井到底后，以高于60L/s的排量循环1周，再注入井筒高度150~250m高密度高黏切携砂浆循环携带掉块，清洁井眼； （6）进行短起下钻作业（15~20柱），若井下无异常情况则气液转换结束； （7）气液转换结束后按设计要求调整钻井液性能	（1）环境污染、药剂粉尘污染、机械伤人； （2）钻井液性能不符合设计； （3）发生井下复杂情况； （4）发生井壁失稳，卡钻，埋钻等井下故障	（1）穿戴好劳保用品； （2）按设计调整好钻井液性能； （3）设备使用前先检查； （4）建立内循环，将上水管线、大泵及高压管汇内残余的水、钻井液等排除，确保最先入井液体为油基前置液
重浆维护	（1）粉剂处理， （2）胶液（乳液）处理； （3）定期搅拌重浆； （4）检测重浆性能	维护不当，性能检测不及时，导致重浆不能使用	及时检测重浆性能并搅拌维护，建立重浆搅拌维护记录
资料记录	（1）班报、坐岗记录、固控设备维护记录、重浆维护记录检查签字； （2）日报、井史、EPBP数据录入、小型试验记录、药品使用记录、危险化学品使用记录检查签字； （3）QHSSE资料整理、材料出入库记录	原始资料错误，遗漏影响井下安全	原始资料错误可能导致施工判断错误，应严格各种资料规范填写，及时录入，并保证准确无误

3）钻井液性能测定标准化操作规程

钻井液队长钻井液性能测定标准化操作规程如表2–7所示。

表2–7 钻井液队长钻井液性能测定标准化操作规程

工作内容	操作步骤及标准	风险提示	风险规避措施
马氏漏斗黏度的测定	（1）仪器的校正： 在温度为21℃±3℃时，注入1500mL清水，从漏斗中流出946mL清水的时间为26s±0.5s，其误差不得超过0.5s；	（1）仪器损坏； （2）性能检测误差； （3）引起井下复杂情况	（1）按规范要求穿戴劳保用品； （2）测定时要记录样品温度；

续表

工作内容	操作步骤及标准	风险提示	风险规避措施
马氏漏斗黏度的测定	（2）测量钻井液的温度，用“℃”表示； （3）将新取的钻井液通过筛网注入洁净、干燥直立的漏斗中，直到钻井液面与筛网底部平齐为止； （4）保持漏斗垂直，测量钻井液注满946mL所需要时间； （5）以“s”为单位记录马氏漏斗黏度，并以℃为单位记录钻井液的温度		（3）应避免大颗粒进入漏斗，防止气泡产生，必要时加入消泡剂消泡； （4）钻井液倒入漏斗后立即开始测定； （5）测定过程中尽可能使漏斗保持垂直
密度的测定	（1）仪器的校正； （2）将仪器底座放置在一个水平平面上； （3）测量钻井液的温度并记录在钻井液报表上； （4）记录钻井液密度值，精确到0.01g/cm^3	（1）仪器损坏； （2）性能检测误差	（1）测定时应记录样品温度； （2）测定前应小心搅拌样品，必要时可加入消泡剂； （3）放杯盖时应使钻井液杯保持水平，将杯盖沿杯口平滑推入，使空气全部挤出
流变参数的测定	（1）开机前的检查和校验； （2）将样品注入样品杯内至刻度线处（350mL），立即置于托盘上，上升托盘使杯内液面刚好达到转筒刻度线处； （3）测量并记录钻井液的温度； （4）使转筒在600r/min转速下旋转，待表盘上的读数值恒定（所需时间取决于钻井液的性能）后，读取并记录600r/min时表盘读值；按相同方法分别测定并记录300r/min、200r/min、100r/min、6r/min、3r/min时在表盘上的读值； （5）将钻井液样品在600r/min下搅拌10s；停止搅拌后将钻井液样品静置10s，测定3r/min转速开始旋转后的最大读值，以“Pa”为单位计算初切力（10s切力）； （6）将钻井液样品在600r/min下搅拌10s，而后使其静置10min，测定3r/min转速开始旋转后的最大读值，以“Pa”为单位计算终切力（10min切力）； （7）清洗仪器并擦干，上好内外筒	（1）仪器损坏； （2）性能检测误差； （3）触电伤人	（1）测量时旋转筒的刻线一定刚好被被测钻井液淹完；切力测定是3r/min转动时的最大值； （2）需卸内外筒时，应轻轻卸下，切忌碰撞或用力过猛； （3）测定时必须是从高速到低速依次进行，不能颠倒
中压失水测定	（1）要确保钻井液杯内各部件，尤其是滤网清洁干燥，密封垫圈未变形或损坏； （2）压力达到690kPa±35kPa，放压入钻井液杯内，并保持压力稳定，钻井液杯加压的同时开始计时； （3）当测量时间已到，随即取下量筒，切断中压气源； （4）以“mL”为单位记录API滤失量。当测量时间在7.5min时的失水量大于8mL时，则用7.5min的失水量乘以2，即为该钻井液的失水量；当测量时间在7.5min时的失水量小于	（1）仪器损坏； （2）性能检测误差； （3）人员伤害	（1）ZNS型钻井液失水量测定仪属气压失水仪，定期检测； （2）滤液接收器（量筒）为计量器具，必须按规定送检；

续表

工作内容	操作步骤及标准	风险提示	风险规避措施
中压失水测定	8mL时，就继续测量至30min，由量筒内直接读出该钻井液的失水量； （5）以“mm”为单位，测量并记录滤饼的厚度，精确到0.1mm，注意7.5min测量的滤饼厚度乘以2		（3）穿戴好劳保用品，按操作规程试验
钻井液高温高压失水的测定	（1）把温度计插入加热套的温度计插孔中，接通电源，预热，调节恒温开关以保持所需温度； （2）将待测钻井液高速搅拌10min，关紧底部阀杆，将钻井液倒入钻井液杯，放好滤纸，盖好杯盖，用螺丝固定； （3）将钻井液杯上、下两个阀杆关紧，将其放进加热套中，使另一支温度计插入钻井液杯上部温度计的插孔中； （4）将高压滤液接收器连接到底部阀杆上，并在适当位置锁定； （5）将可调节的压力源连接到顶部阀杆和底部接收器上，并在适当位置锁定； （6）在钻井液杯上、下两个阀杆关紧的情况下，把顶部和底部压力调节至690kPa（100psi）；打开顶部阀杆，将690kPa（100psi）压力施加到钻井液上；维持此压力直至温度达到所需温度并恒定为止； （7）当样品温度达到所需温度后，将顶部压力调节至4140kPa（600psi），打开底部阀杆并计时，收集30min的滤液； （8）试验结束后，关紧顶部和低部阀杆，关闭气源、电源，并从压力调节器放掉管汇压力，松开顶针； （9）71型设备参照使用说明书	（1）仪器损坏； （2）性能检测误差； （3）高温高压伤人； （4）触电伤人	（1）拆洗时必须先切断气源，同时将钻井液杯的余压全部放掉才能拆开； （2）不能用氧气和天然气加压； （3）仪器管线需定期试压，以保使用安全； （4）钻井液杯中样品加热总时间不应超过1h； （5）穿戴好劳保用品，按操作规程试验
固相含量的测定	（1）测定前，必须彻底清洗样品杯内部及盖子； （2）将除泡后的钻井液样品注满蒸馏器样品杯；小心盖上样品杯盖子，使过量的钻井液从盖子上的小孔中溢出，盖紧盖子，擦掉样品杯和盖子外面溢出的样品； （3）将蒸馏器样品杯拧紧到上套筒上，最后将加热棒拧紧至蒸馏器上； （4）通电加热并观察从冷凝滴下的液体，在收集不到任何冷凝物后，继续加热10min； （5）待液体冷却至室温后，读取液体接收器内的水和油的体积； （6）冷却后，取下并卸开蒸馏器，用刮刀刮净杯内及加热棒上的全部固体成分	（1）仪器损坏； （2）性能检测误差； （3）高温伤人； （4）触电伤人	（1）蒸馏结束前，温控器指示灯亮表示恒温，以不再有水滴出为准； （2）油和水界面不清时，可加入2~3滴破乳剂以改善其液面清晰度； （3）穿戴好劳保用品，按操作规程试验
pH值的测定	（1）在测定完钻井液API失水后，用广泛pH试纸在API失水仪的滤液出孔处，使滤液充分浸透并使之变色（不能超过30s），立即与比色卡比较读出pH值； （2）也可用pH计进行分析测定。用pH值试纸测定pH值，通常只能测到0.5pH值单位，如需精确测定应使用pH计或精密pH试纸	（1）性能检测误差； （2）影响钻井液维护措施	重复试验校正试验结果

续表

工作内容	操作步骤及标准	风险提示	风险规避措施
含砂量的测定	(1)将钻井液注入玻璃测定管中至“钻井液”标记处，加水至另一标记处，堵住管口并剧烈振荡； (2)将此混合物倒入洁净、湿润的筛网上；弃掉通过筛网的液体，在玻璃管中再加水振荡并倒入筛网上，不断重复直至测量管干净，冲洗筛网上的砂子以除去任何残余的钻井液； (3)将漏斗口朝下套在筛网上，缓慢倒置，并把漏斗下口插入到玻璃测量管中；用小股水流通过筛网将砂子冲入测量管中；静置以使砂子沉降；静置1min后从玻璃测量管上的刻度读出砂子的体积百分数； (4)以体积百分数记录钻井液的含砂量，记录钻井液取样位置，比砂子粗的其他固相颗粒（如堵漏材料）也会留在筛网上，应注明这类固相的存在	(1)性能检测误差； (2)影响钻井液维护措施	(1)注意区分砂子与重晶石、处理剂悬浮物； (2)重复试验校正试验结果
滑块式泥饼黏附系数	(1)打开仪器电源，数字全亮，按下调零按钮，用调平杆调整螺钉使滑板水平，使空气泡居中； (2)将滤失后的新鲜滤饼放在滑板上，将滑块轻轻放在滤饼上静止1min； (3)启动开机开关，电动机带动传动机构使滑板反转，当滑块开始滑动的瞬间立即关闭停止开关读取角度值； (4)通过仪器箱内壁角度正切值表，查出角度值显示的正切值即为滤饼黏附系数； (5)将仪器擦净并摆放整齐	(1)性能检测误差； (2)影响钻井液性能判定； (3)影响钻井液维护措施	(1)卡准在滑动的瞬间，关闭停止开关； (2)重复试验校正试验结果
泥饼黏附系数（摩阻）的测定	(1)在钻井液杯滤网上，按顺序放好滤纸、橡胶垫圈和尼龙垫，用“U”形扳手将压圈压在滤纸尼龙垫圈上面旋紧； (2)将下连通阀杠拧紧于钻井液杯底部的螺孔中，使钻井液杯底部四孔对准支架四个销钉安放在支架上； (3)将钻井液样倒入钻井液杯中之刻线处，把摩擦盘从杯盖中穿过，用加压杆和勾扳手把钻井液杯盖旋紧到钻井液杯上，同时把另一连通阀杠上紧在钻井液杯盖上； (4)在上连通阀杆处连接气源管汇，并调压力至3.5MPa，将20mL量筒对准下连通阀杆，放在底座上，分别打开上下阀杠(旋转90°)； (5)打开上下阀杠加压即开始记录时间。待过滤30min后，NF-1型立即将加压杠扣住支架横梁，将黏附盘下压，直到使黏附盘与杯内滤饼粘实为止（约5min）； (6)加压即开始记录时间。待过滤30min后，NF-2型将气压筒装入钻井液杯盖凹槽内并旋转60°左右，旋转卡紧，再把气源三通插入气筒上并锁定，关闭放气阀杆；打开气源至3.5mPa，压下黏附盘，直到使黏附盘与杯内滤饼粘实为止（约3~5min）；松开顶针，卸掉加压筒上压力，取下气压筒；	(1)性能检测误差； (2)影响钻井液性能判定； (3)影响钻井液维护措施； (4)压力伤人	(1)穿戴劳保用品； (2)放出杯内余气时，需用毛巾掩住阀杆，不要对准人； (3)试验开始应检查仪器、阀杆、垫圈，滤纸等； (4)O形密封圈应经常更换； (5)仪器所用黏附盘为主要测量部件，使用时要注意不要伤盘面，保持光滑

续表

工作内容	操作步骤及标准	风险提示	风险规避措施
泥饼黏附系数（摩阻）的测定	（7）待黏附盘被粘实45min后，把扭力扳手与内六角套筒一起装入黏附盘六角头部，调整扭力扳手上的刻度盘与指针对准“0”位置，然后将加压杠槽口卡在二支柱中间，向左或向右搬动扭力扳手，测量黏附盘与开始滑动时产生的最大扭矩值； （8）关闭上下阀杆和气源，打开放气阀杆，排出气源管汇内的余气；卸下气源管汇和三通组件； （9）松开上阀杆，放出杯内余气；打开钻井液杯，清洗仪器，擦干； （10）按下式计算泥饼黏附系数： $K_f=0.955\times10^{-3}\times M$ 式中，K_f为泥饼黏附系数；M为最大扭矩，ibf·in； $K_f=0.845\times10^{-2}\times M$ 式中，K_f为泥饼黏附系数；M为最大扭矩，N·m		
膨润土含量的测定	（1）将钻井液进行除气消泡处理； （2）用2mL注射器取2.0mL钻井液样加到盛有10mL水的锥形瓶中； （3）加入3%浓度的过氧化氢溶液15mL，加入2.5mol/L的硫酸5~10滴（约0.5mL），在电炉上加热煮沸（微沸）后计时10min，去净过氧化氢溶液味；注意不要烧干和沾失（新浆或钻井液中无吸附性有机物时可不必加过氧化氢溶液煮沸）； （4）在不停搅拌下用3.74g/L的亚甲基蓝滴定，每滴定0.5mL亚甲基蓝溶液后充分搅拌30s，用玻棒沾一滴混合液体于滤纸上观察放出的渗透圈的颜色变化，至呈天蓝色圈时，继续搅拌2min后沾一滴到滤纸上观察，若蓝色圈未消失，则为滴定终点，若蓝色圈消失，继续滴加0.5mL甲基蓝溶液，重复上述测试直到滴定终点； （5）记下亚甲基蓝溶液的耗量V_1，单位为毫升（mL），取钻井液量为V_2，单位为毫升（mL），按下式计算： 钻井液相当膨润土含量 = 14.3 × V_1/V_2（g/L）	（1）性能检测误差； （2）影响钻井液性能判定； （3）影响钻井液维护措施； （4）高温伤人	（1）穿戴劳保用品； （2）重复校正试验数据
钻井液滤液钙离子的测定	（1）取1mL或者更多样品于150mL锥形瓶中（如滤液无色或者颜色浅可以省略2~5步）； （2）加入10mL次氯酸钠并混合； （3）加入1mL乙酸并混合； （4）煮沸样品5min，煮沸时按需加入去离子水以保持样品体积不变，煮沸时可以除去过量的氯气，将pH试纸浸在样品中可测试氯气是否除净，如试纸被漂白，则继续煮沸； （5）冷却样品； （6）用去离子水冲洗锥形瓶内壁并将样品稀释至50mL，加入约2mL缓冲溶液并混合；	（1）性能检测误差； （2）影响钻井液性能判定； （3）影响钻井液维护措施	（1）穿戴劳保用品； （2）重复校正试验数据； （3）可溶性铁可能会干扰中点的确定，如怀疑存在铁离子，可用三乙醇胺、四乙烯基戊胺和去离子水的混合体（体积比为1:1:2）做掩蔽剂，每次滴定时加入1.0mL即可

续表

工作内容	操作步骤及标准	风险提示	风险规避措施
钻井液滤液钙离子的测定	(7)加入足够的硬度指示剂(2~6滴)并混合，如存在钙离子或镁离子，将为呈现酒红色；硬度指示剂将由红色变蓝色，继续加入EDTA溶液时不再有由红到蓝的颜色变化，即为最恰当的终点； (8)计算钙离子浓度： 计算钙镁离子总硬度$C_{Ca^{2+}+Mg^{2+}}$,单位为“mg/L”(以钙离子计)： $C_{Ca^{2+}+Mg^{2+}}=400\times V_{EDTA}/V_L$ 式中，V_{EDTA}为滴定中所消耗EDTA标准溶液的体积，mL；V_L为样品滤液的体积，mL		
钻井液滤液氯离子含量的测定	(1)取1mL或更多滤液于锥形瓶中，加入2~3滴酚酞溶液，如指示剂变为粉红色则边搅拌边用移液管逐滴加入硫酸或者硝酸标准溶液，直到粉红色消失，如滤液颜色较深，则先加入2mL 0.01mol/L的硫酸或0.02mol/L的硝酸并搅拌均匀，然后加入1g碳酸钙并搅拌； (2)加入25~50mL蒸馏水和5~10滴铬酸钾溶液，在不断搅拌下用移液管逐滴加入硝酸银标准溶液，直到颜色由黄色变为砖红色并保持30s为止；记录达到终点所消耗的硝酸银标准溶液的毫升数；如硝酸银溶液用量超过了10mL，则取较少一些的滤液样品重复上述测定； (3)计算氯离子含量： $C_{Cl^-}=1000\times V_1/V_2$ (mg/L) 式中，V_1为滴定时消耗$AgNO_3$溶液的体积，mL；V_2为取滤液样品的体积，mL；将C_{Cl^-}转换为C_{NaCl}浓度，$C_{NaCl}=1.65\times C_{Cl^-}$，mg/L	(1)性能检测误差； (2)影响钻井液性能判定； (3)影响钻井液维护措施	(1)穿戴劳保用品； (2)重复校正试验数据
钾离子含量的测定	(1)标准曲线绘制程序； (2)滤液样品测定程序，如滤液体积少于7.0mL，则用蒸馏水稀释至7.0mL并摇动； (3)加入3.0mL高氯酸钠标准溶液，不要摇动，如存在钾离子则立即产生沉淀； (4)在稳定转速(约1800r/min)下离心1min，立刻读取并记录沉淀体积；离心时应使用另一支盛等重液体的离心试管作为平衡物； (5)再加2~3滴高氯酸钠溶液于试管中，如仍有沉淀形成，表明尚未测出全部钾离子；按上表所示另取一份少些的滤液，并重复1~4操作步骤； (6)将所测得的沉淀体积于绘制的标准曲线进行比对，即可确定稀释试验样品中的氯化钾浓度； (7)以“kg/m^3”为单位记录KCl浓度$C_{KCl\cdot A}$，也可以以mg/L为单位记录钾离子浓度；	(1)性能检测误差； (2)影响钻井液性能判定； (3)影响钻井液维护措施	(1)穿戴劳保用品； (2)重复校正试验数据

续表

工作内容	操作步骤及标准	风险提示	风险规避措施
钾离子含量的测定	(8)以"lb/bbl"为单位记录KCl浓度$C_{KCl\cdot B}$，如从标准曲线上读出的稀释样品KCL浓度超过50kg/m^3（17.5lb/bbl）(图2-4)； 图2-4 沉淀体积氯化钾含量图 (9)计算滤液中的氯化钾含量$C_{fKCl\cdot A}$： 单位为千克每立方米（kg/m^3），公式为: $C_{fKCl\cdot A}=(7/V_f)\times C_{KCl\cdot A}$ 式中，$C_{KCl\cdot A}$为标准曲线X_1轴所对应的氯化钾含量，kg/m^3；V_f为滤液样品的体积，mL； 单位为磅每桶（lb/bbl），氯化钾含量为$C_{fKCl\cdot B}$，公式为: $C_{fKCl\cdot B}=(7/V_f)\times C_{KCl\cdot B}$ 式中，$C_{KCl\cdot B}$为标准曲线X_1轴所对应的氯化钾含量，lb/bbl；V_f为滤液样品的体积，mL； 用单位"kg/m^3"计算滤液中的钾离子含量$C_{K+\cdot A}$，单位为毫克每升（mg/L），公式为: $C_{K+\cdot A}=525\times C_{fKCl\cdot A}$ 用单位为"lb/bbl"计算滤液中的钾离子含量$C_{K+\cdot B}$，单位为磅每桶（lb/bbl），公式为: $C_{K+\cdot B}=0.525\times C_{fKCl\cdot B}$		

4）复杂情况处理标准化操作规程

钻井液队长复杂情况处理标准化操作规程如表2-8所示。

表2-8 钻井液队长复杂情况处理标准化操作规程

工作内容	操作步骤及标准	风险提示	风险规避措施
压井	(1)检查加重剂和处理剂量是否足够； (2)检查加重泵、砂泵、混合漏斗运转是否正常； (3)压井液性能是否满足要求； (4)检查压井液罐上水是否良好； (5)观察记录压井液的泵入量和钻井液返出量及有无H_2S； (6)检测进出口性能变化，和井口压力变化	(1)数量不够影响正常施工，使井下情况更加复杂； (2)影响正常施工，造成井下复杂； (3)压井不成功，井下复杂； (4)影响压井液的泵送；	(1)根据压井液的数量、密度要求，准备足够的加重剂和处理剂； (2)平时保养，立即修复； (3)调整压井液性能，达到压井要求； (4)使用上水良好的罐泵送压井液；

续表

工作内容	操作步骤及标准	风险提示	风险规避措施
压井		(5)返出钻井液内含H_2S易中毒; (6)施工过程压力波动大，井内有油气窜出	(5)检测出口液面及佩戴便携式H_2S监测仪; (6)压井重浆返出井口、套压下降为零时，压井结束
井壁失稳的预防和处理	(1)井壁失稳的预防: ①根据设计和井下实际情况，进入易塌层前或进入易塌层后及时上提合适的钻井液密度，保持井壁力学稳定性; ②优选防塌钻井液的类型和配方，抑制或地层的水化作用; ③控制较低的滤失量，保持合适的黏度和切力，pH值控制在8.5~9.5；烧碱可以用氢氧化钾代替; ④进入易塌地层前加入足量的防塌剂、封堵剂和降滤失剂，提高钻井液抑制性和防塌封堵能力; ⑤适当提高钻井液的矿化度; ⑥保持钻井液的液柱压力，起钻前可以打入几方重浆，起钻中实行连续灌浆，带回压阀下钻定期向钻柱内灌满浆; ⑦对于易塌地层钻进要限制循环压力和排量，尽量不在易塌层开泵循环; ⑧根据钻井液类型和井眼尺寸，调节钻井液性能，保持井眼清洁的同时减少对井壁的冲刷。防止压力激动导致井壁失稳; (2)井壁失稳的处理: ①当井下出现大量掉块时，应停止钻进，及时起钻至套管内或安全井段调整处理钻井液; ②井壁失稳时及时上提钻井液密度，适当提高钻井液的黏度和切力，稳定井壁的同时及时带出垮塌物; ③加大抑制剂、防塌封堵剂和降滤失剂处理剂的用量，提高钻井液的防塌能力; ④在起钻中井口液面不下降，钻具内反喷钻井液，下钻时井口不返钻井液，钻具内反喷钻井液可能是井壁失稳的征兆，这时应立即停止起下钻作业，开泵循环划眼，井内正常后才能继续作业; ⑤井壁失稳发生后，井内垮塌物无法带出，应及时提高钻井液的黏切和排量，注入一定数量密度在2.00g/cm³以上，黏度不低于100s的重稠浆携砂; ⑥起钻在易塌地层注入一段高黏高切的钻井液进行封闭，延缓垮塌，不易形成砂桥; ⑦井眼恢复正常后，维持密度不变，调整流变性和控制滤失量	(1)井壁失稳、掉块增多、垮塌; (2)起下钻遇阻卡; (3)发生掉块卡钻、埋钻等井下故障; (4)影响井身质量; (5)影响钻井施工进度; (6)严重时造成井眼报废	(1)井壁失稳的实质是力学不稳定性，其原因十分复杂，可以归纳起来有力学因素、物理化学因素和工程技术措施因素; (2)控制钻井液性能; (3)合理的钻井液密度; (4)提高钻井液抑制性，防塌性，封堵性能; (5)提高钻井液润滑性能，低滤失量

续表

工作内容	操作步骤及标准	风险提示	风险规避措施
井漏的预防	（1）根据设计和地层压力资料，确定合理的钻井液密度范围； （2）如要加重钻井液时，按循环周均匀加入，每个循环周提高控制在0.02~0.03g/cm³； （3）控制下钻速度，下钻到底后中途循环开泵先小排量顶通，循环正常才逐级提高钻井液排量至正常排量； （4）优化钻井液流变性，在钻井液结构力较强时，下钻分段循环钻井液，优化开泵措施； （5）易漏地层钻进加入合适的随钻堵漏剂、屏蔽暂堵剂及沥青类封堵剂，提高钻井液的防漏能力； （6）在同一裸眼存在不同压力系统时，当漏失压力和坍塌压力差别过大，必须对漏失层进行承压堵漏； （7）在没有高压层存在时，尽量降低钻井液密度，提高固控设备的使用率，防止密度自然增长引发井漏； （8）使用高密度钻进时，保证悬浮加重剂的情况下，尽量降低钻井液的动切力和静切力； （8）在易漏地层钻进，排量、泵压、钻速及起下钻速度要适当； （9）在条件允许，宜采用空气、充气、泡沫、等低密度钻井流体进行易漏井段钻井	（1）发生严重井漏； （2）起下钻遇阻卡； （3）发生井下故障； （4）影响井身质量； （5）影响钻井施工进度； （6）严重时先井漏后井喷	井漏是钻井中常见的一种井下复杂情况，为了提高防漏、堵漏的成功率，必须弄清楚易漏地层的特征、堵漏剂的颗粒级配、影响漏失的因素及漏层的分类
井漏的处理	（1）堵漏准备： ①检查堵漏材料是否足够； ②检查加重泵、砂泵、混合漏斗运转是否正常； ③堵漏浆流动性是否良好； ④堵漏浆是否搅拌均匀，有无结团现象； ⑤是否记录好泵入量和返吐量； （2）井漏的处理漏速小于5m³/h： ①发现漏失后上提钻具至漏层以上降低钻井参数和排量，通过混合漏斗加入随钻堵漏剂和屏蔽暂堵剂，如漏速减少可以继续钻进； ②如降低参数，加入堵漏剂后漏速没有减小，停止钻进，起钻至套管内或者安全井段进行静止堵漏，静止观察几个小时，当环空液面不再降低时下排量开泵无漏失，下钻到底使用低排量和低钻压钻进穿过漏层；如仍有漏失，适当提高钻井液的黏切，条件允许可以适当降低钻井液密度，配合加入随钻堵漏剂等方法处理； （3）井漏的处理漏速5~10m³/h： ①上提至漏层以上，采用静止堵漏 ，适当提高钻井液的黏切，条件允许可适当降低钻井液密度，加入随钻堵漏剂，条件允许可以进行关井挤注；	（1）材料不够，配方浓度达不到，堵漏失败； （2）影响正常施工，造成井下复杂； （3）流动性差，泵入困难，造成堵漏失败； （4）堵塞钻井液泵，堵塞钻头水眼； （5）记录不清，影响后续施工； （6）环境污染、职业病； （7）发生先井漏后井喷事故	（1）储备好堵漏材料； （2）保养维修、检查好加重设备； （3）调整好流变性能； （4）充分搅拌均匀； （5）记录好泵入量和返吐量； （6）强化操作规则 （7）优化堵漏配方、优选堵漏材料、优化堵漏材料的颗粒级配； （8）优化堵漏工艺

上 · 二

续表

工作内容	操作步骤及标准	风险提示	风险规避措施
井漏的处理	②如堵漏无效，应起钻换光钻杆或未装水眼的牙轮钻头至漏层顶部用桥堵浆进行堵漏，条件允许可以进行关井挤注； （4）井漏的处理漏速10~20m^3/h： ①起钻换光钻杆（通径不满足堵漏要求），起钻中根据现场钻井液量进行连续灌浆或者吊灌，下光钻杆至漏层顶部，注入桥堵浆，然后上提钻具至上层套管内，条件允许进行关井挤注； ②如堵漏无效，适当增大堵漏材料的尺寸、浓度和配比，按上述方法替入漏层进行堵漏，直至堵漏成功为止； （5）井漏的处理漏失大于20m^3/h和失返： ①起钻换光钻杆，起钻中根据现场钻井液量进行连续灌浆或者吊灌，下光钻杆至漏层顶部，注入高浓度桥堵浆配合化学凝胶协同堵漏，然后上提钻具至上层套管内，条件允许进行关井挤注； ②如堵漏无效，采用桥堵浆配合水泥浆进行堵漏，直至堵漏成功； ③如堵漏仍无效，采用其他方法堵漏		
气侵及溢流的预防、处理	（1）气侵及溢流的预防： ①按井控和设计要求，选择合理的钻井液密度，必须使钻井液液柱压力略大于地层压力； ②在油气层钻进中加强对钻井液性能和液面的检测，气测显示异常后加密测点，以便及时发现油气侵或溢流； ③按设计要求储备重浆和加重剂； ④钻开油气层后起下钻，必须进行短程起下钻测准油气上窜速度，不满足要求不能起钻； ⑤维护处理钻井液时发现液面变化，认真核对胶液加入量、加重剂增加量，以便及时发现气侵或溢流； ⑥起下钻中准确计量钻井液灌入和返出体积，并与相应钻具体积进行比对，随时发现和掌握钻井液总量的异常变化情况，以便及时发现油气侵或溢流； （2）气侵及溢流的处理： ①发现气侵或者溢流后，需要关井，按正确的关井程序进行关井； ②气侵时采用液气分离器或真空除气器进行除气，根据井下情况适当提高钻井液密度，根据需要加入消泡剂、乳化剂和稀释剂等进行处理，维护和调整好钻井液性能； ③压井提高钻井液密度时，控制好加重速度，未求得关井压力时，每周按0.02~0.03g/cm^{3}为宜（特殊情况除外），防止加重过猛诱发井漏；	（1）出现井控风险； （2）井喷及井喷失控等灾难性事故； （3）环境污染； （4）人身伤害； （5）钻井液性能不符合设计	（1）气侵和溢流是钻井中常遇到的，如处理不好会造成井喷及井喷失控等灾难性事故；现场必须做好井控工作； （2）气侵和溢流的预防及处理就相当重要； （3）合理钻井液密度； （4）根据需要加入消泡剂、乳化剂和稀释剂等进行处理，维护和调整好钻井液性能

续表

工作内容	操作步骤及标准	风险提示	风险规避措施
气侵及溢流的预防、处理	④气侵及溢流处理完后保持密度不变，调整其他性能在设计范围		
粘吸卡钻预防、处理	（1）粘吸卡钻预防： ①减少钻具在井内静止时间是预防粘吸卡钻的关键，严格执行钻具在裸眼静止不超过3min； ②降低钻井液密度，在确保井内安全的前提下尽可能降低钻井液密度； ③加入沥青类封堵材料和抗温降滤失剂，降低钻井液的滤失量，改善泥饼质量，使其薄、坚韧、致密，具有低的渗透率和良好的压缩性； ④使用固控设备，搞好钻井液的固相净化工作，优化钻井液性能，在钻井液中混油或者加入润滑剂，降低泥饼摩阻系数； ⑤对于大斜度井、水平井选用合理的钻井液流变参数及合理的环空返速，减少岩屑床的厚度； （2）粘吸卡钻的处理： ①使用油或者解卡液浸泡解卡，必须要测准卡点，计算好解卡液的用量，解卡液要浸泡在卡点以上； ②用稀盐酸或者土酸解卡，特别适合碳酸盐岩地层； ③裸眼段地层比较稳定，若无明显的油气显示，可以使用降低钻井液密度解卡	（1）影响钻井施工进度； （2）经济损失； （3）影响井身质量； （4）严重时井眼报废	（1）合理的钻井液密度； （2）调整好钻井液性能符合设计； （3）良好的泥饼质量； （4）提高钻井液润滑性能； （5）降低钻井液固相含量
沉砂卡钻预防、处理	（1）沉砂卡钻预防： ①钻井液要保持合理的黏度和切力，能有效携带岩屑和加重剂，使用合理的钻井排量，保持井眼清洁； ②在机械钻速高的地层钻进，控制钻速，防止环空钻屑浓度太高造成沉砂卡钻； （2）沉砂卡钻处理： 发生沉砂卡钻后，尽可能用小排量憋通水眼恢复循环，恢复循环后及时提高钻井液的黏切，确保把沉砂带出；	（1）影响钻井施工进度； （2）经济损失； （3）影响井身质量； （4）严重时井眼报废	（1）调整好钻井液性能符合设计； （2）提高钻井液携砂性能，保证井眼净化； （3）降低钻井液固相含量
井塌卡钻预防、处理	（1）井塌卡钻预防： ①控制合理的钻井液密度，合适的钻井液黏切，降低钻井液的滤失量，控制钻井液的pH值在8.5~9.5，适当提高钻井液的矿化度和采取混油方法预防垮塌； ②始终保持钻井液的液柱压力，起钻中连续灌浆，静止或测井时及时补充钻井液； ③使用钾基钻井液，水包油或油包水钻井液，油基钻井液等防塌能力强的钻井液；	（1）影响钻井施工进度； （2）经济损失； （3）影响井身质量； （4）严重时井眼报废	（1）合理的钻井液密度； （2）调整好钻井液性能符合设计； （3）提高钻井液抑制性、防塌性、封堵性能； （4）提高钻井液润滑性能； （5）降低钻井液滤失量； （6）良好的泥饼质量； （7）提高钻井液携砂性能，保证井眼净化

续表

工作内容	操作步骤及标准	风险提示	风险规避措施
井塌卡钻预防、处理	（2）井塌卡钻处理： 发生井塌卡钻后，尽可能用小排量憋通水眼恢复循环，恢复循环后及时提高钻井液的黏切，确保把垮塌物带出解卡		
砂桥卡钻预防、处理	（1）砂桥卡钻预防： ①控制合理钻井液密度，优化钻井液性能，合适的钻井液黏切，降低钻井液的滤失量； ②始终保持钻井液的液柱压力，起钻中连续灌浆，静止或测井时及时补充钻井液，在垮塌严重的大肚子井段注入高黏切的封闭浆进行封闭； （2）砂桥卡钻处理： 砂桥卡钻是在起下钻中发生，尽可能用小排量憋通水眼恢复循环，逐步增加钻井液的黏度、切力，千万不能贸然增加排量，增加泵压，把砂桥挤死；	（1）影响钻井施工进度； （2）经济损失； （3）影响井身质量； （4）严重时井眼报	（1）合理的钻井液密度； （2）调整好钻井液性能符合设计； （3）提高钻井液携砂性能，保证井眼净化
掉块卡钻预防、处理	（1）掉块卡钻预防： ①在易发生掉块的地层适当提高钻井液密度减少地层掉块，加入足量的防塌封堵剂和屏蔽暂堵剂提高钻井液的防塌能力，加入降滤失剂尽量降低钻井液的滤失量，减少掉块的发生； ②间断注入一段重稠浆带砂，将井内的掉块尽量带出，重浆密度要高于井浆0.3g/cm^3以上，黏度不低于100s； （2）掉块卡钻处理： ①掉块卡钻发生后，及时在钻具抗拉和抗扭的安全范围内加大上提和下压吨位、强扭钻具，配合震击器震击解卡；适当提高钻井液的密度和黏切，注入一段重稠浆进行携砂； ②强力活动无效后，可泡酸处理； ③经强力活动和泡酸无效后，从卡点倒开钻具，下入震击器进行对扣震击解卡； ④经以上处理无效后只能采取套铣倒扣的方法解卡	（1）影响钻井施工进度； （2）井壁垮塌； （3）经济损失； （4）影响井身质量； （5）严重时井眼报废	（1）合理的钻井液密度； （2）调整好钻井液性能符合设计； （3）提高钻井液抑制性、防塌性、封堵性能； （4）提高钻井液润滑性能； （5）降低钻井液滤失量； （6）良好的泥饼质量
缩径卡钻预防、处理	（1）缩径卡钻预防： ①预防缩径卡钻最有效的办法是使用合理的钻井液密度，钻井液性能要优良，滤失量要低，尤其是要控制高温高压滤失量，滤饼质量优良，流变性要好，黏切要适当，降低有害固相含量； ②钻遇盐岩层及含水软泥岩层，严格执行复合盐层钻井液技术措施，必须提高钻井液密度，增大钻井液的液柱压力，克服围岩的蠕动或塑性流动；	（1）影响钻井施工进度； （2）经济损失； （3）影响井身质量； （4）严重时井眼报废	（1）合理的钻井液密度； （2）调整好钻井液性能符合设计； （3）提高钻井液抑制性、防塌性、封堵性能； （4）提高钻井液润滑性能； （5）降低钻井液滤失量； （6）良好的泥饼质量

续表

工作内容	操作步骤及标准	风险提示	风险规避措施
缩径卡钻预防、处理	③在易缩径井段加强短程起下钻和长起，起下钻遇阻卡时，经多次活动无效后应循环划眼通过，不能强提强压； ④在小井眼起下钻时要缓慢，防止因起下速度过快造成卡钻； （2）缩径卡钻处理： ①如果发现是缩径与粘吸的复合式卡钻，那就应先浸泡解卡剂，然后再进行震击； ②如果缩径是盐层蠕动造成的，而且还能维持循环的话，可以泵入淡水或淡水钻井液至盐层缩径井段以溶化盐层，同时配合震击器震击； ③如果是泥页岩缩径造成的卡钻，可以泵入油类和清洁剂或润滑剂，并配合震击器进行震击； ④如果大力活动钻具与震击均无效，只能采取套铣倒扣的方法解卡		
泥包卡钻预防、处理	（1）泥包卡钻预防： ①要有足够的钻井液排量，因机械钻速快，钻屑浓度大，要有意识地控制机械钻速，或增加循环钻井液的时间； ②在软地层中钻进，一定要维持低黏度、低切力的钻井液性能，提高钻井液的抑制性并添加清洁剂，适当加入润滑剂增强润滑性； ③如发现有泥包现象，应停止钻进，提起钻头，高速旋转，快速下放，利用钻头的离心力和液流的高速冲刷力将泥包物清除； （2）泥包卡钻处理： ①如果在井底发生泥包卡钻，应尽可能开大泵量，降低钻井液的黏度和切力，并添加清洁剂；同时在钻井设备和钻具的安全负荷以内用最大的能力上提； ②如果在起钻中途遇卡，应用钻具的重量尽全力下压；配合震击器以较大力量下击；应大排量循环钻井液，大幅度降低黏度和切力并加入清洁剂，争取把泥包物冲洗掉； ③如果震击无效，并考虑有粘吸卡钻的并发症，可以注入解卡剂，或者注入土酸浸泡，为解卡创造了条件	（1）影响钻井施工进度； （2）经济损失； （3）影响井身质量； （4）发生井下故障	（1）合理的钻井液密度； （2）调整好钻井液性能符合设计； （3）提高钻井液抑制性； （4）提高钻井液润滑性能； （5）降低钻井液滤失量； （6）良好的泥饼质量； （7）降低钻井液黏度和切力，并添加清洁剂

5）完井作业标准化操作规程

钻井液队长完井作业标准化操作规程如表2-9所示。

表2-9 钻井液队长完井作业标准化操作规程

工作内容	操作步骤及标准	风险提示	风险规避措施
油气层保护	（1）钻井液必须与油气层岩石配伍； （2）钻井液必须与油气层流体配伍，滤液组分不与地层流体发生沉淀反应，滤液和地层流体不发生乳化作用，滤液的表面张力不宜过高以防发生水锁效应； （3）尽量降低固含； （4）控制合理的钻井液密度，满足不同压力油气层近平衡钻井的需要； （5）按设计要求控制钻井液滤失量，减小滤液对油气层的污染	（1）油气层污染； （2）影响储层测试、开采	钻开油气层的钻井液不仅要满足地质、钻井的需要，而且要满足保护油气层的基本要求
中途测试	（1）测试前调整钻井液性能达到设计润滑性好、防塌能力强的要求，性能稳定性好； （2）钻井液性能满足测试要求，要求钻井液工坐好岗，发现异常及时汇报； （3）测试完后保持井眼清洁、井壁稳定	（1）润滑性差易卡测试仪器； （2）钻井液性能不满足测试要求易引发井内事故；发现异常不及时，造成井下故障或事故； （3）井壁不稳定易垮塌，引起井下复杂或事故	（1）加润滑剂提高润滑防卡能力； （2）钻井液性能满足测试要求，按规定坐岗，及时发现并汇报； （3）调整性能，保持井壁稳定
裸眼测井	（1）安排钻井液工巡回检查并观察循环罐钻井液量及循环罐液面情况，及时填写好坐岗记录； （2）灌钻井液时，要求钻井液工观察钻井液返出情况，发现异常及时通知司钻； （3）测井中要求钻井液工定期向井内灌满浆并做好记录，确保井内的液柱压力	（1）出现井涌、井漏，如发现不及时，易造成井下故障或事故； （2）测井时灌钻井液不及时发生井涌或垮塌	专人坐岗，按要求做好记录，发现异常及时汇报
下套管	（1）督促钻井液工观察返出情况，发现异常立即报告司钻、值班干部； （2）返出钻井液及时储备或倒运； （3）下套管中核对好灌浆量和返浆量	（1）坐岗不核对灌返浆量，出现井涌、井漏发现不及时，易引起井下复杂或事故； （2）返出钻井液不及时储备和倒运，造成排放过多，增加环保压力； （3）灌浆量不准确，易引起浮阀失效影响固井施工	（1）认真核对灌返浆量，发现异常立即汇报； （2）计算固井返出多余钻井液量，及时储备或倒运； （3）按设计核对好灌浆量和返浆量
固井	（1）按设计调整钻井液性能及储备钻井液；按要求准备固井先导浆； （2）固井中做好替浆和返浆量的计量，替浆量要准确；	（1）钻井液性能和储备不能满足固井要求，影响固井施工及质量； （2）返浆量和替浆量不准，不能保证固井质量；	（1）调整钻井性能和储备满足固井要求； （2）认真核对和计量返浆和替浆量；

续表

工作内容	操作步骤及标准	风险提示	风险规避措施
固井	（3）固井前检查替浆各上水阀是否灵活好用，不窜不漏； （4）井口返出隔离液、混浆、水泥浆返出立即放入污水池	（3）上水阀不好用或者有窜漏现象，对返浆和替浆量计量不准确，影响固井质量； （4）返出隔离液、混浆和水泥浆不及时排放，污染钻井液	（3）固井前确保所以闸阀开关灵活好用，不窜不漏； （4）专人观察井口，发现隔离液、混浆或水泥浆及时排放
资料归档	（1）收集并整理好各数据和资料及钻井液处理剂使用情况，认真编写每口井完井报告，为后续工作提供依据； （2）上交资料数据资料上报要及时，资料要真实、齐全	资料不齐，弄虚作假，影响以后施工的设计和施工，易引起施工中出现复杂或事故	资料收集齐全，真实可靠
钻井液回收	（1）回收钻井液； （2）排放废弃钻井液	回收排放过程中发生污染事故	按照应急预案进行处理，全程有专人监控
钻井液材料回收	（1）安排钻井液材料装车； （2）清理场地	（1）环境污染； （2）人身伤害	建立应急措施，加强监管
清罐	（1）进入受限空间作业前办理直接作业许可证； （2）检查罐内钻井液液面高度； （3）检查罐内空气质量和通风情况； （4）检查搅拌器开关和电源开关； （5）检查劳保是否穿戴整齐； （6）检查废浆、废砂是否排入排污池	（1）申请审批手续不全，违反规定进入受限空间作业，易发生人员伤害； （2）液面过高打开挡板时，废浆溅出污染环境； （3）空气不好、不流通易造成人员窒息； （4）易造成误操作，造成人员伤害； （5）劳保穿戴不齐，容易造成人员伤害； （6）污染环境	（1）申请审批手续齐全，监护人全程监控； （2）用潜水泵尽可能抽去罐内钻井液； （3）使用排气扇，保证空气流通，下罐人员不能长时间作业，定时上罐呼吸新鲜空气； （4）关闭电源和搅拌器开关，并挂牌或派专人值守； （5）穿戴好劳保，必须穿长筒橡胶鞋； （6）废浆、废砂排入排污池、污水池

6）设备操作标准化操作规程

钻井液队长设备操作标准化操作规程如表2-10所示。

表2-10 钻井液队长完井作业标准化操作规程

工作内容	操作步骤及标准	风险提示	风险规避措施
振动筛的使用	（1）钻井作业时，井口返出钻井液100%通过振动筛进行固液分离处理； （2）振动筛使用时周围不能堆积杂物； （3）振动筛启动前应检查并排除周边其他任何可能与筛箱产生干涉的物体，检查并确认箱体内无杂物，检查并确定筛网安装紧固，筛网不破损； （4）振动筛使用中钻井液应能够布满筛面的65%~80%；	（1）人员触电； （2）机械伤害； （3）设备损坏； （4）跑浆造成环境污染； （5）钻井液中劣质固相不能有效清除	（1）穿戴好劳保用品； （2）强化操作责任心； （3）强化操作规程； （4）设备使用前先检查； （5）检查筛网是否破损，及时更换筛网

续表

工作内容	操作步骤及标准	风险提示	风险规避措施
振动筛的使用	(5)筛箱倾角调节机构，调节后都应使用锁紧装置进行锁紧，不可使调节装置长期处于受力状态； (6)筛网破损应及时更换或堵孔； (7)同一振动筛应使用相同目数的筛网，如需使用粗目数筛网防止钻井液流失，应在钻井液入筛处使用细目数筛网，且使用不同数目筛网，筛网的目数应尽量接近； (8)振动筛更换筛网或其他检修时，应将筛箱冲洗干净，检查支撑胶条有无破损，然后方可安装新筛网，新筛网安装好后，应在振动筛运转1h后，对筛网固定螺栓或楔块等固定件再次紧固； (9)激振器故障时应切断电源，排除故障后检查紧固件的状况，无误后方可通电试运转； (10)振动筛停机前应空转3~5min，并冲洗筛网，防止钻井液在筛网上固结导致筛网失效，冬季可用热水或蒸汽冲洗，冲洗后空转至甩干筛面积水后停机； (11)振动筛使用中噪声突然变大，应立即关停振动筛，检查激振器固定螺栓，如松动按要求力矩紧固，紧固后的螺栓使用2h后需再按规定扭矩紧固一遍； (12)振动筛使用中筛网松动会有异常噪声，应立刻关停振动筛，并紧固、张紧或更换筛网； (13)筛网如出现钻屑堵塞，不可用硬物刮、铲，可调节筛箱倾角方便排砂，或用清水冲洗； (14)振动筛使用中应随时进行检查，根据情况调节筛箱倾角或调节入筛钻井液流量，防止钻屑在筛网上堆积或钻井液流失； (15)环境温度超过35℃，连续使用2h以上，应检测一次激振器表面温度		
除砂器和除泥器的使用	(1)除砂器和除泥器应保证能够全部处理钻井过程中的最大钻井液循环流量，处理量应为125%的最大钻井液循环流量；进入除砂器的钻井液必须是经过振动筛处理后的钻井液，进入除泥器的钻井液必须使经过振动筛和除砂器处理过的钻井液； (2)除砂器和除泥器工作时，应调节进液口压力至工作压力，旋流器正常工作压力进液压力应保持在0.2~0.35MPa,除泥器进液压力应取较大值，除砂器进液压力应取较小值； (3)底流口调节到合适的孔隙直径，除砂器和除泥器底流口的排液呈伞状； (4)除砂器和除泥器同时工作时，应由不同的砂泵供液； (5)钻井液加入起泡剂等处理剂时，不宜连续使用除砂器； (6)使用过程中应及时检查清理旋流器底流口	(1)人员触电； (2)机械伤害； (3)设备故障、损坏； (4)跑浆造成环境污染； (5)钻井液中劣质固相不能有效清除； (6)压力表压力不足； (7)底流密度接近进钻井液密度，使用效果差	(1)穿戴好劳保用品； (2)强化操作责任心； (3)强化操作规程； (4)设备使用前先检查； (5)检查砂泵吸入口是否有砂粒堆积并清理； (6)检查泵内是否进空气，进行排空气处理； (7)检查上水闸阀是否全开； (8)钻井液黏度偏高，适当降低黏度

续表

工作内容	操作步骤及标准	风险提示	风险规避措施
离心机的使用	（1）使用前应检查轴承座等各连接处无松动，盘动转鼓，应无碰擦、卡阻； （2）启动前，分别点动辅电机、主电机及供液泵电机，确认旋转方向和标示一致；启动时先启动辅电机至转速正常，20s后再启动主电机至运转正常； （3）主电机运转正常后方可启动供液泵，并逐步打开进料阀达到离心机所需排量，不得过快或超量进料； （4）运转2h后，检查主轴承温升不得高于50℃，主轴承最高温度不得高于85℃； （5）当钻井液密度较高时，应适当减小进料量，以免引起离心机过载； （6）使用中如剧烈振动或有其他不正常现象而紧急停机时，应立即切断电源，关闭进料阀，并开启清水阀，利用转动惯性冲洗转鼓和螺旋推料器； （7）正常关机应先停供液泵，关闭进料阀，打开清水阀清洗转鼓，继续运转至溢流口出清水可关闭清水阀；然后停主电机，在辅助电机自动停机后切断电源； （8）发生安全销切断、易熔塞熔化、耦合器漏油，应重新更换安全销和易熔塞，并向耦合器加注新油	（1）人员触电； （2）机械伤害； （3）设备故障、损坏； （4）排砂口跑浆造成环境污染； （5）钻井液中劣质固相不能有效清除； （6）离心机内外筒抱死； （7）离心机轴承温度高、有异响、安全销剪断	（1）穿戴好劳保用品； （2）强化操作责任心； （3）强化操作规程； （4）设备使用前先检查； （5）供液量大，负荷重，调小供液量； （6）打开外壳，接上清水管线，试着盘转辅机，能转动1圈以上时开启辅机，用清水清洗内筒，清洗干净停清水和辅机； （7）离心机使用时间太长，适当停机
除气器的使用	（1）除气器使用前应检查管线连接、润滑状况、真空表； （2）除气器的气液分离器的液位高度应高于水环真空泵的中心高度； （3）除气器启动：检查电机转向和标示方向一致，离心式除气器先启动真空泵后启动主机；射流式除气器应先关闭离心泵排出管与射流器之间的闸门，启动真空泵，待真空表读数稳定后，打开离心泵排出管与射流器之间的闸门，启动离心泵； （4）除气器使用时应根据钻井液密度不同来调节真空度，调整值在0.03~0.045MPa之间； （5）除气器停机时应先停真空泵后停主机	（1）人员触电； （2）机械伤害； （3）使用效果差； （4）设备损坏	（1）穿戴好劳保用品； （2）强化操作责任心； （3）强化操作规程； （4）设备使用前先检查
混合器	（1）排出管线举升高度不应超过3m，使用前应检查阀门是否正常工作； （2）喷射式混合器，喷嘴应在混合腔内处于中间位置； （3）使用混合器应先关闭加料阀门，待供液压力正常后逐步打开加料口阀门，开始加料，停机前应先关闭加料口阀门，继续循环3min以上方可停止供液； （4）添加增稠、增黏的高分子材料时，应缓慢加入；	（1）人员触电； （2）机械伤害； （3）高压伤人； （4）使用效果差，无法正常配浆，影响钻井施工；	（1）穿戴好劳保用品；加料时，操作人员应佩戴护目镜、防护手套等必要的劳保用品； （2）强化操作责任心； （3）强化操作规程； （4）设备使用前先检查；

上二

续表

工作内容	操作步骤及标准	风险提示	风险规避措施
混合器	(5)高分子聚合物或黏土材料应通过剪切系统添加到钻井液罐中； (6)加料时，操作人员应佩戴护目镜、防护手套等必要的劳保用品	(5)设备损坏； (6)环境污染	(5)停用时应清洗干净，连接管线也应用水冲洗； (6)定期检查喷嘴和阀门
剪切泵	(1)使用前应检查各阀门是否处于正常工作状态，检查剪切泵支座油池机油量是否充足； (2)用手转动泵轴，应运转灵活，不得有摩擦声或异响； (3)开启剪切泵电机，检查运转方向是否和标示一致； (4)使用剪切泵前应关闭进料阀，当供液压力正常后逐步打开进料阀，开始加料，停机前应先关闭加料口阀门，继续循环3min以上方可停止供液； (5)添加增稠、增黏的高分子材料时，应缓慢加入； (6)加料时，操作人员应佩戴护目镜、防护手套等必要的劳保用品	(1)人员触电； (2)机械伤害； (3)使用效果差； (4)设备损坏； (5)环境污染	(1)穿戴好劳保用品；加料时，操作人员应佩戴护目镜、防护手套等必要的劳保用品； (2)强化操作责任心； (3)强化操作规程； (4)设备使用前先检查； (5)定期检查皮带，发现松动及时紧固张紧螺丝，损坏及时更换皮带； (6)定期检查油池里的机油液面，不足时及时补充，机油太脏及时更换； (7)盘根盒出现密封失效，有液体流出时，及时维修或更换
加重下灰装置	(1)加重作业时关闭加重泵的进灰闸阀，先启动加重泵，待加重泵运转正常后，才启动加重装置； (2)开启加重泵的进灰闸阀，打开灰罐的进气阀，压力控制在0.2MPa以内，打开辅吹管线闸阀，保证下灰管线内无加重剂堆积或阻塞； (3)当罐内压力升至0.1MPa时打开灰罐的下灰闸阀开始下灰，确保罐内压力不能超过0.2MPa，根据供灰需求，通过调节进气量大小或调节灰罐下灰阀大小来控制供灰速度； (4)在下灰过程中尽量避免工作压力超过0.3MPa，带压工作时不得用锐器敲击罐体，避免发生意外事故； (5)在下灰过程中发现压力异常升高，下灰量小，供灰不畅时，应立即关闭灰罐进气阀和灰罐下灰阀，打开放气管线泄压；泄压完要仔细检查进灰管线上的各闸阀或管线是否被堵，查找原因后才能继续下灰；如出现连接处有少量灰外溢，可以通过用湿布包裹暂时解决，待使用完成再整改； (6)下灰工作完成后，先关闭灰罐的下灰阀和灰罐的进气阀，打开灰罐的放气阀进行泄压，继续使用灰罐的辅吹管线将下灰管线里的余灰吹净后再关闭辅吹管线进气阀；	(1)机械伤害； (2)高压伤人； (3)设备损坏； (4)环境污染	(1)穿戴好劳保用品； (2)强化操作责任心； (3)强化操作规程； (4)设备使用前先检查； (5)灰罐的安全阀开启压力为0.3MPa，每年校验一次，确保处于正常工作状态； (6)定期检查各进气部件、进气阀、下灰阀、下灰管线是否完好，发现损坏及时更换； (7)检查各连接部位的密封是否有漏气现象，如有问题及时处理

续表

工作内容	操作步骤及标准	风险提示	风险规避措施
加重下灰装置	（7）下灰管线吹净和管线内无压力后打开加重泵连接，清理管线上各闸阀内的杂物，如闸阀有损坏及时更换，确认灰罐内压力卸完才能离开		

第三节 应急处置

钻井液队长应急处置程序如表2-11所示。

表2-11 钻井液队长应急处置程序

事故类型	处置程序
火灾	（1）高声呼喊“着火了”，切断总电源，初期火灾，立即使用灭火器进行灭火； （2）预判火势难以控制，立即撤离现场，向现场钻井队求救，拨打119求救； （3）接到报告后应立即赶赴现场，组织抢险救援，协调现场资源，得到控制后应按照汇报程序报告
人身伤害	（1）发现时高声呼喊或立即报告钻井队应急组长； （2）如是电击伤，保证安全前提下，切断电源，让伤者断开带电体； （3）酸、碱等化学品所致的伤，用清水冲洗10~15min； （4）伤者外伤出血或骨折，进行止血、包扎处置，伤者有呼吸或心跳，将其平躺，向井队医生求救或向120、就近医院求救； （5）若无心跳和呼吸立即组织进行人工呼吸和心肺复苏抢救，向井队医生求救或向120、就近医院求救。按程序报告，协调组织抢救； （6）烧伤，立即脱离致伤场所，灭掉伤员身上之火，立即进行处理与抢救
强烈油气侵、井漏、溢流、井涌	（1）启动处置方案，按汇报流程报告、落实指令，通知各岗位人员就位； （2）负责现场的应急处置工作，与施工各方进行协调和沟通； （3）收集汇总钻井液资料、储备量、加重材料储备量，向井队报告
井喷	（1）启动应急处置方案，按汇报流程报告、落实指令，根据事态随时补充报告； （2）负责现场的应急处置工作，与施工各方进行协调和沟通； （3）收集汇总钻井液资料、储备量、加重材料储备量，向井队报告； （4）若现场情况危急，立即组织撤离到安全地点； （5）若井队组织撤离，撤离到紧急集合点，清点人数，保证安全前提下组织抢救
硫化氢泄漏	（1）浓度≥10ppm（硫化氢1ppm=1.5mg/m^3），启动应急处置方案，按汇报程序报告，根据事态随时补充报告； （2）负责现场的应急处置工作，与施工各方进行协调和沟通； （3）收集汇总油气地质、工程参数资料，向井队报告； （4）若现场情况危急，立即撤离到安全地点；清点人数，发现钻井液人员中毒，安全前提下，立即组织施救（2人一组），向钻井队求援，根据中毒情况，通知医疗机构； （5）所有班组人员、点火组、监测组、救护组穿戴好空呼； （6）未穿戴空呼和其他人员撤离到集合点
关井前准备	（1）钻进时：记录好钻井液体积的增减量和进出口钻井液密度和黏度变化，了解现场加重剂储备及重浆储备情况； （2）起下钻时：根据起下钻钻具数量核对灌入或者返出的钻井液体积并认真记录了解现场加重剂储备和重浆储备情况

续表

事故类型	处置程序
地震	（1）确定为地震，在钻台、钻井液罐上就近倚靠在有抓扶地方，营房附近立即进入，（若营房存在滑坡风险则应迅速到钻井液罐或现场指定的开阔紧急集合点）； （2）结束后赶到现场紧急集合点，组织清点人数，若发生人员伤害组织施救，发生失联人员，向上级请示报告，并向钻井队求援，按照报告程序报告
食物中毒	（1）发现高声呼喊； （2）若伤者神志清醒，能够配合时，可先设法引吐、催吐；用手指压舌根或用缠上纱布的筷子刺激咽喉后壁或舌根，使患者引发呕吐；然后给患者饮温水300~500mL，反复进行引吐，直至吐出物已是清水为止； （3）对心跳、呼吸停止者，要及时进行心肺复苏抢救，同时向井队医生求救或向120、就近医院求救； （4）按程序报告，协调组织抢救；保留食物样本或中毒者的排泄物、呕吐物、剩余食物、用具等
中暑	（1）发现高声呼喊，向周围人员求助，将患者移至清凉处； （2）让患者躺下或坐下，解开上衣纽扣，并抬高下肢； （3）用凉的湿毛巾敷前额和躯干，用电风扇，或手扇动以促其降温； （4）让神志清楚的患者喝清凉的饮料或淡盐水； （5）如果患者病情无好转，应求助井队交通车或向120求救,立即送医院急救
山体滑坡洪灾	（1）切断电源，高声呼喊，立即撤离到安全地点，通知仪器工程师； （2）清点人数，按程序报告，若有人员受伤组织施救，若有人员失踪或失联，保证安全的前提下，组织搜救，并向钻井队或地方政府求救
暴力恐怖袭击	（1）发现可疑暴恐或听到暴恐警报时，生活区，向营区负责人报告，提醒现场人员，立即进入庇护房； （2）听到井场的暴恐警报信号响起，立即穿戴好防暴用具，奔向钻台，听从井队统一安排处置； （3）暴力结束清点钻井液人员是否受伤或失联，若受伤按照人身伤害事件处置，并按照报告程序汇报

一旦发生突发事件，按以下顺序进行报告（严重情况下可以越级上报）：

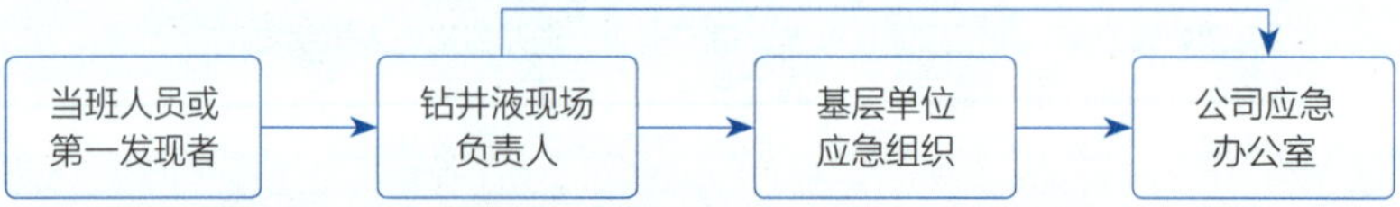

当班人员或第一发现者 → 钻井液现场负责人 → 基层单位应急组织 → 公司应急办公室
（钻井液现场负责人 → 公司应急办公室）

岗位主要安全风险	井喷及井喷失控、机械伤害、起重伤害、物体打击、火灾、爆炸、触电、噪声、中毒及其他伤害	岗位主要危险物质	原油、天然气、硫化氢、钻井液处理剂

第三章 钻井液技术员岗位操作标准

第一节 岗位描述

1. 岗位说明

钻井液技术员岗位说明如表3-1所示

表3-1 钻井液技术员岗位说明

项 目		主要内容
工作概述		在钻井液分队长的领导下，协助钻井液分队长负责井队钻井液技术管理工作，包括井队钻井液班组管理、钻井液生产管理、钻井液设备、仪器、材料使用管理及钻井液新技术、新工艺、新产品的推广应用
上岗条件	教育程度	高中及以上文化程度
	从业资格	持有有效的井控证级别B1、HSSE管理培训证、硫化氢防护技术培训证
	技能等级	职业技能鉴定中心颁发或验印钻井液工高级工及以上职业资格证书或初级技术职称
	辅助技能	应达到钻井液中级工技能，能落实技术措施，固控设备的维护和简单修理
	工作经历	3年及以上钻井液工实践经验
	职业道德要求	具有良好的政治素质和职业道德，工作勤奋，开拓进取
	身体要求	（1）身体健康、精力充沛，视力、听力敏锐； （2）能够屈体、运动、搬运25kg以上，50kg以内的重物； （3）能够在12h值班中站立或行走70%以上的时间
岗位关系	纵向关系	（1）接受钻井液分队长的直接领导； （2）接受公司相关业务部门的工作指导； （3）监督钻井液工的工作
	横向关系	外部关系：钻井、测井、地质、固井、定向等部门
岗位职责	工作职责	（1）全面负责分队安全管理、固控设备的管理和维修及有关技术措施的贯彻执行； （2）组织分队职工学习钻井液设计和仪器的操作规程，根据设计及审批后的措施进行技术交底、配制钻井液，并在设计的钻井液性能参数范围内维护、处理、调控钻井液；

续表

项目		主要内容
岗位职责	工作职责	（3）指导和督促钻井液工使用和保养好固控设备，并进行固控设备的维修和零部件的更换，对不能排除的设备故障隐患，应及时向分队长和设备主管理部门报告，负责检查固控设备运转保养记录的填写； （4）严格执行设计和技术措施，根据钻井液类型配制钻井液，并在设计的钻井液性能参数范围内维护、处理、调控钻井液，严格维护钻井液设计的权威性； （5）负责现场小型试验，确定钻井液处理的配方及加量，必须经小型试验验证后，方可入井，并对入井效果进行评价和记录； （6）负责现场各种技术资料和QHSSE管理资料的收集和整理； （7）负责钻井液工的技术培训，检查钻井液工的工作，并进行业务指导； （8）认真、及时、准确收集填写各项技术服务资料，及时上交管理部门、确保各种资料的真实准确，随时服从分队长和技术服务中心的安排； （9）严把入井材料质量关，如在小型试验中，发现某种处理剂有质量问题时，应在第一时间向分队长汇报
	安全职责	（1）对分队员工安全和现场设备的安全负责； （2）了解并熟悉井队或平台的钻井液循环系统、钻井液处理设备、固控设备的情况；依据有关标准、规程制定钻井液管理的安全生产措施，指导钻井液工严格遵守安全生产操作规程、管理规定，并监督检查和整改落实； （3）检查上岗人员劳保用品穿戴情况，发现危险情况及时通报给分队长； （4）负责生产设备、安全装备、消防设施、防护器材、环保设施和急救器具的检查维护工作，使其保持完好和正常运行；督促教育员工合理使用劳动防护用品、用具，正确使用灭火器材； （5）按要求进行岗位巡回检查，做好危害识别和风险提示，发现隐患及时整改，保证分管的安全生产设备、设施处于完好状态，并督导钻井液工加强维护，正确使用；对钻井液工进行操作技术与安全生产知识培训，参与技术练兵和现场考核； （6）贯彻执行国家、公司的HSSE管理方针、政策、法规及公司要求，负责小组的HSSE管理； （7）协助分队长处理小组的HSSE体系运行中的各类问题； （8）负责钻井液罐区及周围的环境保护管理工作，防止污染环境； （9）全面遵守集团公司行业钻井规范、标准，学习并遵守集团公司《员工守则》、上级单位的各项规章制度，带头学习并执行QHSSE管理制度
工作内容		（1）操作责任清单： ①按照巡回检查路线、项点进行详细检查； ②检查交班钻井液工完成工作情况； ③安排接班钻井液工需要完成工作内容； ④配合循环系统及设备的安装、调试、使用、保养、维修及更换； ⑤检查《钻井液班报表》填写； ⑥检查《固控设备运转记录》填写； ⑦填写《钻井液药品收入、消耗、库存记录》并签字； ⑧填写《钻井液现场小型试验记录》并签字； ⑨填写《钻井液排放记录》； ⑩每班定时搅拌重浆，并记录； ⑪填写《钻井液日报》； ⑫填写《钻井液井史》； ⑬填写《钻井液性能设计表》； ⑭填写《清水使用记录》和《污水回收利用记录》； ⑮督促钻井液工按要求填写《井控坐岗记录》并签字； ⑯了解工况、地层、井深等信息，根据施工需要维护、处理钻井液； ⑰钻井特殊作业和发生特殊情况，及时向钻井液分队长汇报，制定相应措施，监督执行； （2）生产组织责任清单： ①根据设计制定钻井液处理剂计划并提前组织到井； ②配合循环系统、固控设备的维修及更换；

续表

项　目	主要内容
工作内容	③依据设计制定钻井液维护、处理方案； ④根据小型试验优化钻井液配方； ⑤井漏、井涌、井塌、卡钻等复杂处理所需处理剂组织及措施执行； ⑥配合科研人员做好钻井液新工艺、新技术的推广应用，做好总结； ⑦参加班前、班后会； （3）管理责任清单： ①检查考核钻井液工执行规章制度，遵守操作规程，完成当班工作情况； ②贯彻执行上级和公司的有关安全生产法律、法规、规章制度、标准和要求，做到守法依规； ③依据钻井工程设计协助钻井液分队长维护、处理钻井液，满足施工需要； ④定期送检、更换和保养钻井液设备、仪器、仪表，保证工作良好，执行安全操作规程确保安全操作； ⑤管理好危化品，建立台账，使用时做好防护工作； （4）安全责任清单： ①严格遵守上级和本队考核管理规定，接受安全生产教育培训和考核，增强自身安全意识和防护能力，做到持证上岗； ②检查督促钻井液工穿戴劳保用品，对循环系统设备、人身安全承担责任； ③按要求进行岗位巡回检查，做好危害识别和风险提示，发现隐患及时整改，保证分管的安全生产设备、设施处于完好状态，并督导钻井液工加强维护，正确使用，对本岗位分管的安全生产工作负责； ④负责固控设备、钻井液的管理工作，依据有关标准、规程制定钻井液管理的安全生产措施，对钻井液工的各项安全操作承担责任； ⑤对钻井液工进行操作技术与安全生产知识培训，参与技术练兵和现场考核； ⑥负责对钻井液新技术、新工艺使用的安全生产技术措施的执行； ⑦严格执行作业许可管理制度，做好安全监护工作
应知的法律法规、规程规范	《石油钻井液固相控制设备安装、使用、维护和保养》《石油天然气工业钻井液现场测试第一部分：水基钻井液》《钻井液现场工艺技术规程》《石油天然气钻井、开发、储运、防火防爆安全生产管理规定》《常规钻进安全技术规程》《油气井钻井及修井作业职业安全的推荐作法》《钻井井场照明、设备颜色、联络信号安全规范》《石油与天然气钻井井控技术规定》《石油天然气钻井井控安全技术考核管理规则》《陆上石油工业安全术语汇》《石油钻井队安全生产检查规定》《石油天然气生产专用安全标志》《工作场所安全使用化学品的规定》《石油天然气钻井健康、安全与环境管理体系指南》《石油企业工业动火安全规程》《安全和环境管理计划的推荐作法》《电气安全工作规程》《电工电子设备防触电保护分类》《安全电压》《文件和资料控制管理程序》《风险评价管理程序》《隐患治理管理程序》《环境保护管理程序》《变更管理程序》《应急管理程序》《检查和监督管理程序》《事故处置和预防管理程序》《安全用火管理规定》《堵漏作业规范》《复杂情况作业指导书》《井控规范》《临时用电安全管理》《气瓶安全管理规定》《设备安全管理规定》《生产安全管理规定》《物品搬运及储存管理规定》《压井作业规范》《记录管理规定》《固体废弃物控制程序》《大气水污染控制程序》《水污染控制程序》《噪声污染控制程序》《中华人民共和国消防法》《中华人民共和国职业病防治法》《中华人民共和国安全生产法》《中华人民共和国刑法》《中华人民共和国环境保护法》《中华人民共和国防震减灾法》《中华人民共和国环境噪声污染防治法》《中华人民共和国尘肺病防治条例》《劳动保护用品配备标准（实行）》《事故隐患治理管理工作规定》
工作权限	（1）对钻井液工有工作分配； （2）有钻井液技术措施建议权； （3）对违章指挥有拒绝执行权
职业生涯发展规划	（1）在本岗位具有良好的工作业绩，达到高一层次任职条件，可以晋升到钻井液分队长岗位； （2）可以在技术服务中心内部进行相应岗位流动或轮换

续表

<table>
<tr><th colspan="2">项 目</th><th>主要内容</th></tr>
<tr><td rowspan="2">工作考核</td><td>考核关系</td><td>（1）接受技术、安全部门的工作考核；
（2）接受分队的业务考核；
（3）对钻井液工工作进行考核</td></tr>
<tr><td>考核依据</td><td>上级部门相关考核制度</td></tr>
</table>

2. 工艺流程

钻井液技术员工作工艺流程如图3-1所示。

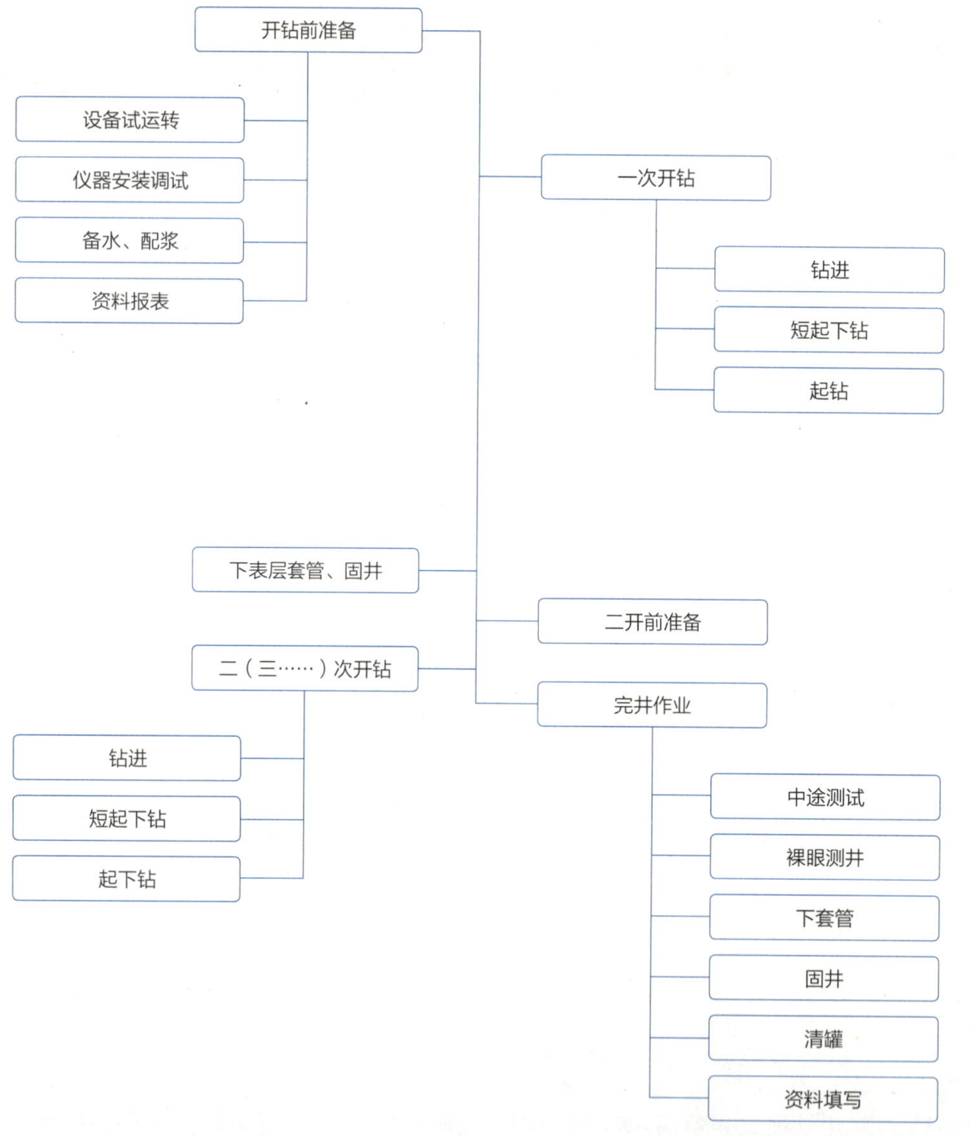

图3-1 钻井液技术员工作工艺流程

3. 工作流程

钻井液技术员岗位工作流程如图3-2所示。

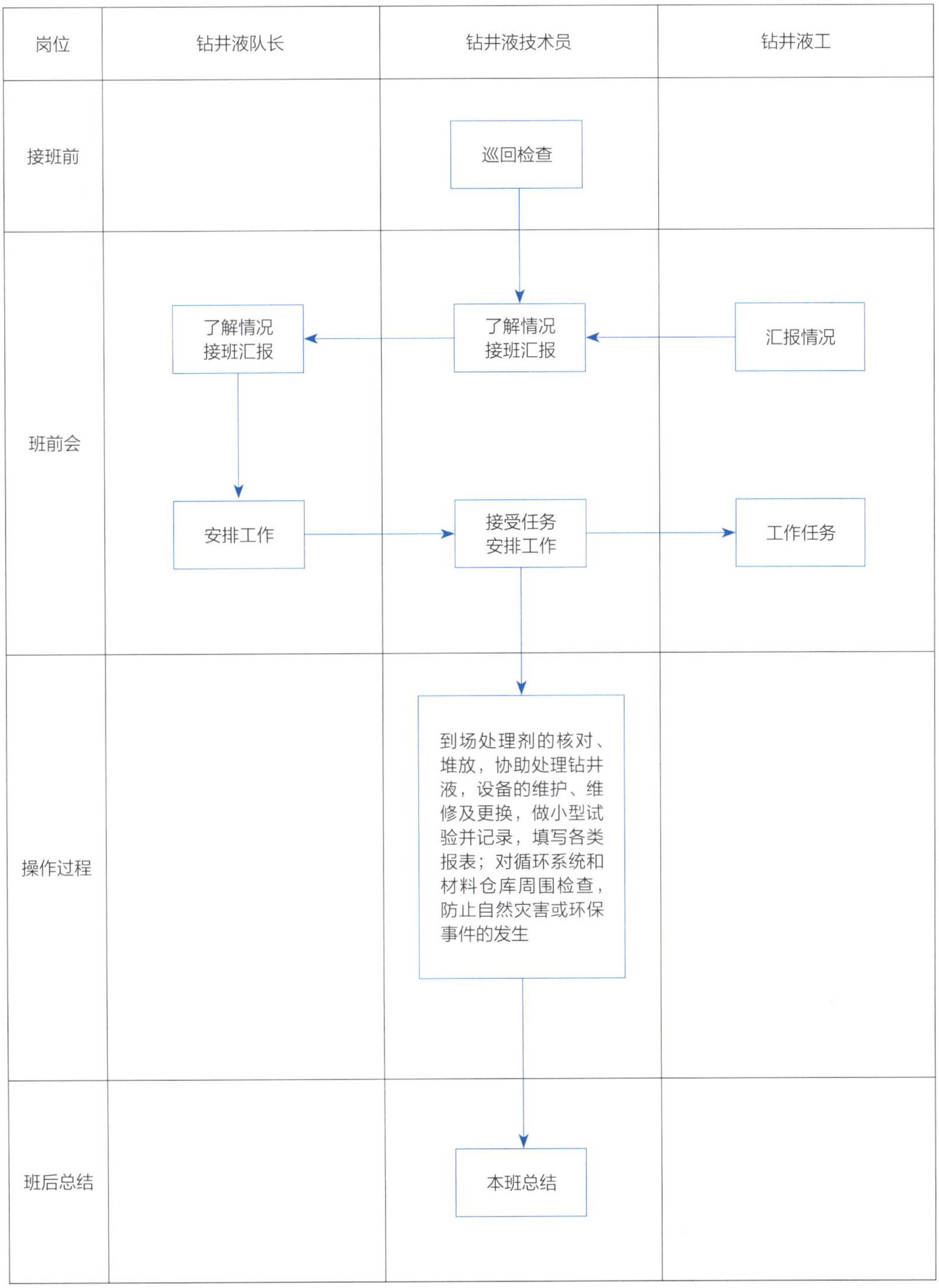

岗位	钻井液队长	钻井液技术员	钻井液工
接班前		巡回检查	
班前会	了解情况 接班汇报	了解情况 接班汇报	汇报情况
	安排工作	接受任务 安排工作	工作任务
操作过程		到场处理剂的核对、堆放，协助处理钻井液，设备的维护、维修及更换，做小型试验并记录，填写各类报表；对循环系统和材料仓库周围检查，防止自然灾害或环保事件的发生	
班后总结		本班总结	

图3-2 钻井液技术员岗位工作流程

第二节　岗位标准化操作规程

1. 检查标准化操作规程

1）班前检查标准化操作规程

钻井液技术员班前检查标准化操作规程如表3-2所示。

表3-2　钻井液技术员班前检查标准化操作规程

工作内容	操作步骤	工作标准	风险提示
班前检查	（1）穿戴劳保用品； （2）按巡回检查路线和项点要求进行检查； （3）询问、了解设备运转情况；发现问题及时整改	（1）劳保用品穿戴齐全、规范； （2）设备、工具检查逐点逐项进行检查，检查率100%； （3）了解当前设备运转情况，做到及时发现整改	（1）劳保用品穿戴不齐，容易发生人身伤害事故； （2）设备检查遗漏，有问题不能及时发现，可能导致使用过程中发生故障，耽误生产； （3）发现的设备问题未反馈，不能及时整改，设备带病工作，易发生事故
班前会	（1）设备检查完，至值班房参加班前会； （2）根据设备检查结果和运转保养记录运行情况，安排班组设备维修、保养任务	（1）参加率100%； （2）全面检查设备结果交底；设备运转情况明确；记录齐全准确；及时传达上级公司有关设备管理规定和文件通知	（1）不参加班前会，将不了解设备工作情况，容易导致发生超保漏保设备事故； （2）不检查设备结果交底；进行设备危害分析，易导致安全事故的发生；不及时传达上级公司有关设备管理规定和文件通知，会使规定和文件的不能落实；设备运转记录填写不齐全，不符合资料存档规范

2）班中和班后检查标准化操作规程

钻井液技术员班中和班后检查标准化操作规程如表3-3所示。

表3-3　钻井液技术员班中和班后检查标准化操作规程

工作内容	操作步骤	工作标准	风险提示
班中检查	（1）了解班组设备运转情况； （2）对生产中出现的问题进行整改	（1）及时检查设备、工具的使用状况； （2）职责、能力范围以内的问题整改率100%	（1）不及时发现设备运转状况，易发生设备故障，耽误生产； （2）问题未整改，遗留隐患，易导致误工或事故发生
参加班后会	值班房参加班后会，具体总结、分析本班工作情况	参加率100%，总结内容具体、全面	不参加班后会，本班设备运转情况无人讲评，问题、经验不能及时总结

2. 巡回检查标准化操作规程

钻井液技术员巡回检查标准化操作线路如图3-3所示。

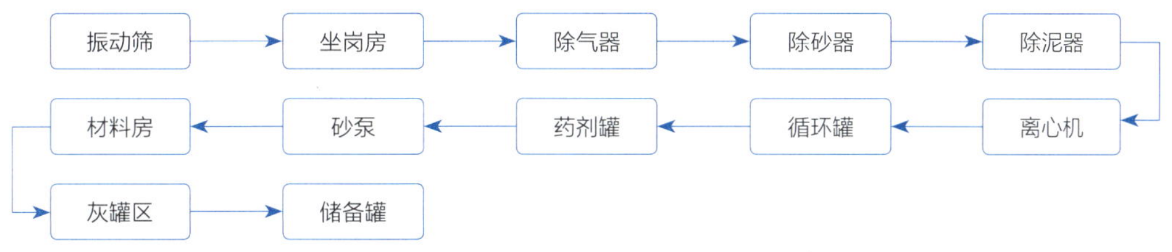

图3-3 钻井液技术员巡回检查标准化操作线路

钻井液技术员巡回检查标准化操作规程如表3-4所示。

表3-4 钻井液技术员巡回检查标准化操作规程

检查路线	检查项点	工作标准	风险提示	风险规避措施
值班房	(1)井深; (2)地层; (3)工况; (4)措施; (5)资料	(1)了解设计井深、当前井深; (2)了解层位、岩性; (3)了解当前施工工况; (4)制定当班维护、处理方案; (5)设计大表、密度曲线等资料填写及时、准确	(1)不了解井深导致措施不当; (2)不了解层位、岩性特点导致措施不当; (3)不清楚工况导致钻井液性能不能满足要求; (4)性能不合适影响施工; (5)填写不及时、不准确影响正常施工	(1)落实准确井深; (2)落实层位、岩性; (3)根据工况调整性能; (4)根据施工进度，制定施工方案; (5)及时、准确填写
材料房	(1)品种; (2)数量; (3)内外清洁; (4)出入库记录; (5)照明; (6)洗眼器; (7)遮盖防护	(1)品种齐全; (2)数量准确; (3)内外清洁; (4)出入库资料齐全，如实填写; (5)照明良好; (6)洗眼台清洁，水质清洁，水量充足; (7)防护严实	(1)药品不齐全，影响处理钻井液; (2)数量不清，影响处理维护钻井液; (3)散落药品，污染环境; (4)资料不齐全，导致对当前施工情况了解不清，易发生问题; (5)照明不良易搬错药品，存在安全隐患; (6)洗眼用水不卫生引起疾病; (7)遮盖不严密易造成处理剂被浸泡失效	(1)根据需要做好计划; (2)检查认真，无遗漏; (3)及时清理; (4)准确、及时填写; (5)照明良好；搬运药品前确认名称，数量准确无误; (6)定期更换洁净淡水; (7)钻井液处理剂做到上盖下垫
药品罐	(1)搅拌机; (2)开关; (3)电路、地线; (4)药品种类及性能	(1)搅拌机运转正常; (2)各开关灵活好用; (3)电路、地线连接牢固无破损老化; (4)药品罐内所配药品种类及性能清楚	(1)搅拌机损坏，影响配制药液; (2)开关、损坏；搅拌机无运转影响正常配制药液; (3)电路、地线损坏；搅拌机无运转影响正常配制药液；易漏电伤人;	(1)检查运转注意有无异常，连接可靠，绝缘良好接地正常; (2)先试运转，检查更换开关; (3)专业人员及时处置; (4)熟悉药品种类及性能；穿戴好劳保防护

续表

检查路线	检查项点	工作标准	风险提示	风险规避措施
药品罐			（4）不清楚所配药品及性能影响维护处理钻井液	用品，搬放药品轻拿轻放，加药品站在上风口，确保安全；加烧碱时做好个人防护，戴滤尘口罩、橡胶手套、护目镜
砂泵	（1）固定； （2）运转； （3）保养； （4）清洁； （5）护罩； （6）电动机、开关柜、电路及地线	（1）安装、固定牢固； （2）运行平稳，无异响； （3）润滑油箱内机油在油标尺上下限之间，砂泵轴承盘根定期加注黄油； （4）设备卫生清洁； （5）牢固可靠； （6）电动机运转正常，开关柜螺丝紧固，防爆绝缘良好，电路、地线连接牢固无破损老化	（1）固定螺栓缺失或松动，易造该部件移位或早期损坏； （2）上水不好影响正常使用； （3）保养不到位，损坏设备； （4）腐蚀设备； （5）旋转部位易伤人； （6）电路、开关防护不到位易触电	（1）检查紧固螺栓、螺帽； （2）及时检查、调整； （3）按时保养； （4）及时清理，保持清洁； （5）检查护罩，及时紧固； （6）专业人员断电后检修、紧固或更换
振动筛	（1）筛网； （2）电动机； （3）润滑； （4）固定； （5）清砂； （6）电路； （7）开关	（1）筛网固定牢固，无破损； （2）运转正常，无松动； （3）润滑良好； （4）固定牢固； （5）清砂正常； （6）电路、地线连接牢固无破损老化； （7）各开关灵活好用	（1）筛网固定不牢易疲劳损坏；破损影响钻井液性能； （2）运转不正常影响清砂，松动易损坏； （3）缺油易损坏设备； （4）易损坏设备，伤人； （5）影响钻井液性能； （6）电路、地线损坏；易漏电伤人； （7）若损坏影响运转	（1）及时检查、清理、更换； （2）及时检查、保养、紧固； （3）及时保养； （4）及时检查紧固； （5）及时调整筛面； （6）专业人员认真检查，及时更换； （7）及时更换
除气器	（1）性能； （2）紧固； （3）清洁； （4）电动机及地线； （5）电路； （6）开关	（1）除气器的真空度应为0.03~0.045MPa； （2）安装、固定牢固； （3）设备卫生清洁； （4）运转正常，无松动地线连接牢固； （5）电路、无破损老化； （6）各开关灵活好用	（1）影响除气效果； （2）松动易损坏设备，伤人； （3）腐蚀设备，缩短使用寿命； （4）运转不正常影响正常除气，松动漏电伤人； （5）电路、破损老化；易漏电伤人； （6）开关损坏，影响正常运转	（1）控制在额定真空度范围； （2）定期检查，紧固； （3）清洁设备； （4）专业人员及时检查、紧固； （5）专业人员认真检查，及时更换； （6）专业人员及时更换开关
除砂器	（1）性能； （2）紧固； （3）清洁； （4）筛网	（1）除砂器的正常压力应为0.2~0.35MPa，底流钻井液应成伞状喷射排出； （2）各连接紧固，无松动； （3）设备卫生清洁； （4）筛网固定牢固，无破损	（1）压力过大易损坏除砂器，过小影响除砂效果或跑钻井液； （2）管线老化，刺漏伤人； （3）外溅钻井液，滑倒伤人； （4）筛网固定不牢易疲劳损坏；破损影响钻井液性能	（1）调整进液量控制压力在额定范围； （2）定期检查、更换，各螺丝紧固； （3）外溅钻井液、底流及时清理，保持设备清洁； （4）及时检查、清理、更换

续表

检查路线	检查项点	工作标准	风险提示	风险规避措施
除泥器	(1)性能; (2)紧固; (3)清洁; (4)筛网	(1)除泥器的正常压力应为0.2~0.35MPa，底流钻井液应成伞状喷射排出; (2)各连接紧固，无松动; (3)设备卫生清洁; (4)筛网固定牢固，无破损	(1)压力过大易损坏除砂器，过小影响除砂效果或跑钻井液; (2)管线老化，刺漏伤人; (3)外溅钻井液，滑倒伤人; (4)筛网固定不牢易疲劳损坏；破损影响钻井液性能	(1)调整进液量控制压力在正常压力范围; (2)定期检查，各螺丝紧固好; (3)及时清理，保持设备清洁; (4)及时检查、清理、更换
离心机	(1)固定; (2)调整; (3)保养; (4)性能; (5)管路; (6)电动机; (7)电路、地线; (8)卫生; (9)皮带;	(1)安装、固定牢固; (2)盘动转鼓，有无摩擦或阻卡，先启动辅电机再启动主电机至运转正常; (3)按时保养，不漏保; (4)运行平稳，排砂正常; (5)管线连接牢固; (6)电动机运转平稳，无异响; (7)电路、地线连接牢固无破损老化; (8)设备卫生清洁; (9)皮带松紧合适	(1)固定螺栓缺失或松动，易造该部件移位或早期损坏; (2)旋转部位易伤人; (3)保养不到位，损坏设备; (4)排砂不畅，堵塞内筒，损坏设备; (5)连接不牢易伤人; (6)旋转部位易伤人; (7)电路、地线防护不到位易触电; (8)滑倒伤人；腐蚀设备; (9)皮带过松易打滑，过紧以发热损坏	(1)配齐紧固螺栓、螺帽; (2)护罩齐全紧固，调整好进液量; (3)检查认真，保养到位; (4)及时检查、调整，清洗内外筒; (5)确保连接牢固安全; (6)平稳操作,护罩齐全; (7)断电后检查、更换; (8)外溅钻井液、及时清理，保持清洁; (9)皮带松紧调整合适
坐岗房	(1)卫生; (2)电路、开关; (3)仪器; (4)照明; (5)报表; (6)液面坐岗记录	(1)卫生清洁; (2)电路开关防爆绝缘良好，无损坏; (3)测量仪器齐全、好用; (4)照明良好; (5)填写齐全准确，及时; (6)填写齐全准确，及时	(1)卫生差，报表资料污损; (2)用电仪器、电路、开关防护不到位易触电; (3)仪器不全、不准影响测量结果，不能对钻井液处理提供依据; (4)光线不好影响测量性能; (5)钻井液性能测量、记录不及时不能及时掌握钻井液性能变化导致井下故障; (6)记录不准确及时，易发生井控事故	(1)保持清洁; (2)及时检查，专业人员更换、保养; (3)准备齐全、好用的仪器; (4)及时检修、更换; (5)及时、准确测量并记录; (6)及时、准确测量并记录，发现异常分析原因，及时上报
循环罐	(1)钻井液量; (2)连接、密封; (3)搅拌机; (4)电路; (5)清砂; (6)梯子、栏杆、保险绳、踏板及通道; (7)罐连接管线	(1)钻井液量合适，保证生产需要; (2)连接紧密，罐面平整、防滑、无损坏孔洞; (3)运转正常，固定牢固，护罩齐全; (4)电路、无破损老化; (5)固控设备清砂正常; (6)栏杆齐全牢固、梯子坡度合适，踏板	(1)量少影响生产，量多消耗处理剂; (2)有超过规定尺寸的孔洞易伤人; (3)旋转部位易伤人; (4)电路、破损老化；易漏电伤人; (5)清砂不良，影响钻井液性能; (6)循环罐上栏杆、梯子、安全链等不牢固、不	(1)控制加水、加药量; (2)孔洞、盖板及时维修、盖好; (3)配齐、紧固护罩; (4)检查认真，确保安全; (5)及时检查，维护保养; (6)循环罐上栏杆、梯子、安全链等牢固齐全; (7)及时检查、紧固

续表

检查路线	检查项点	工作标准	风险提示	风险规避措施
循环罐		水平有护栏，固定有保险绳； （7）各类管线、闸门连接可靠	齐全易伤人； （7）连接不牢，易伤人，容易刺漏钻井液，造成环境污染	
灰罐区	（1）灰罐、压力表、安全阀、泄压阀和气管线； （2）漏斗； （3）加重泵； （4）重晶石粉储备	（1）压力表、安全阀合格，好用；使用完后，打开泄压阀卸掉罐内余气；管线连接牢固； （2）加重漏斗管线畅通，闸门灵活好用； （3）运转正常，牢固安全； （4）储备量符合设计要求	（1）气压过高、使用完后未泄压、管线连接不牢易伤人； （2）材料飞溅污染环境； （3）旋转部位易伤人； （4）储备量不足，影响井控	（1）控制合理压力，压力表，安全阀及时校验、检查、更换，使用完及时泄压； （2）控制加料或出灰速度； （3）检查细致，无异响、松动； （4）定期检查，确保储备充足
储备罐	（1）性能； （2）闸门； （3）储备量； （4）搅拌机； （5）电路、地线； （6）管线	（1）清楚钻井液性能； （2）各闸门灵活； （3）按要求储备； （4）搅拌机运转正常； （5）电路、无破损老化，接地线连接牢固； （6）管线连接正确，密封良好	（1）影响钻井液处理； （2）影响储备罐使用； （3）数量少影响井控； （4）搅拌机损坏影响储备重浆的搅拌； （5）电路、地线损坏；搅拌机无运转影响重浆搅拌；易漏电伤人； （6）连接不正确，密封不好，造成漏浆，造成环境污染	（1）定期测量，搅拌、循环处理，掌握性能； （2）定期检查、更换； （3）按需要储备； （4）检查运转注意有无异常，连接可靠，绝缘良好接地正常； （5）专业人员及时更换； （6）紧固螺栓，更换连接胶套
电器控制系统	（1）开关箱； （2）电路； （3）开关； （4）绝缘脚垫	（1）开关箱固定牢固、箱盖紧固严密； （2）电路、地线连接牢固无破损老化，地线接地良好； （3）各开关标识清楚，开关灵活好用； （4）绝缘脚垫齐全符合要求	（1）开关箱固定不稳、箱盖不严密易漏进水损坏电器部件和设备； （2）电路、地线连接不牢固、破损老化漏电伤人； （3）开关标识不清，操作不当易伤人； （4）绝缘脚垫不齐全不符合要求易漏电伤人	（1）固定牢固开关箱、关好箱盖； （2）电路、地线连接牢固无破损老化； （3）开关标识清楚； （4）检查、更换绝缘脚垫

3. 施工作业标准化操作规程

1）施工准备标准化操作规程

钻井液技术员施工准备标准化操作规程如表3-5所示。

表3-5　钻井液技术员施工准备标准化操作规程

工作内容	操作步骤及标准	风险提示	风险规避措施
施工设计	施工设计学习	设计缺乏认识	认真学习施工设计

续表

工作内容	操作步骤及标准	风险提示	风险规避措施
设备试运转	（1）检查无误后方可试运转； （2）发现异常立即停止，整改好后方可再试； （3）专门负责试运转时	（1）转动部位有杂物易飞出伤人； （2）电路，开关绝缘不好易触电； （3）设备运转不正常，影响钻井液的维护处理	（1）检查清除杂物后运转； （2）由专业人员处置，使用绝缘手套等； （3）保证设备正常运转
仪器安装	（1）按标准配备测量仪器； （2）按操作规程正确安装； （3）及时检测确保准确	（1）氮气瓶固定不牢易伤人； （2）用电仪器、电路、开关防护不到位易触电	（1）氮气瓶固定牢固； （2）电路、开关确保绝缘
资料准备	按设计和规范要求领取各类报表	资料缺失影响生产	按设计和规范要求领取各类报表
备水、配浆	（1）储备足够量的清水； （2）根据分队长指令配制坂土浆； （3）根据分队长指令配制重浆	（1）清水量不足，导致配制钻井液量不足，影响施工； （2）坂土浆配制不足影响钻井施工； （3）重浆性能不能满足设计要求影响井控	（1）提前计划和储备清水； （2）按指令配制足够的坂土浆； （3）重浆性能满足设计要求
处理剂分类及堆放	对到场的各种处理剂分类堆放，标识并记录	处理剂不分类堆放和标识，影响钻井液的维护处理	根据药品库房实际情况进行分类堆放，做好标识和记录
配置预水化膨润土浆	（1）物料准备：膨润土、烧碱、纯碱、水； （2）向所配膨润土浆的罐中加入一定的水，膨润土浆浓度一般为5%~10%，开启搅拌机加入纯碱或者烧碱，纯碱和烧碱推荐加量为所需膨润土量的3%~5%； （3）搅拌15min后通过混合漏斗加入所需膨润土粉，加料完毕后搅拌不少于2h，水化不低于24h	（1）坂土浆配制不足影响钻井施工； （2）烧碱伤人； （3）机械伤人	（1）先向水中加入纯碱或者烧碱； （2）烧碱和纯碱不用混合漏斗加入直接从罐上加入； （3）膨润土粉通过混合漏斗加入，不允许不经过混合漏斗加入； （4）穿戴好劳保用品
钻井液钻前验收	配合分队长进行钻前验收	钻井液工作准备不到位影响开钻	按照设计进行准备

2）各开次施工标准化操作规程

钻井液技术员各开次施工标准化操作规程如表3-6所示。

表3-6 钻井液技术员各开次施工标准化操作规程

工作内容	操作步骤及标准	风险提示	风险规避措施
开钻准备	（1）设备，试运转正常； （2）备足清水，清水泵供水能力达到要求； （3）处理剂种类、数量足够；	（1）密封、连接不牢振动后易泄漏，设备运转不正常影响钻井液的处理； （2）水量不足影响钻井施工；	（1）经常检查、紧固； （2）确保水源充足，供水能力达到要求； （3）根据设计合理制定计划；

续表

工作内容	操作步骤及标准	风险提示	风险规避措施
开钻准备	（4）加重剂、重浆、堵漏材料、除硫剂储备达到设计要求； （5）了解和掌握钻井液施工方案； （6）测量仪器调试好	（3）处理剂计划不合理影响钻井液维护处理及钻井生产； （4）储备不足，影响井控； （5）影响正常生产、钻井液维护处理； （6）影响测量钻井液性能的准确性	（4）按设计储备； （5）熟悉掌握施工方案； （6）调试好仪器
钻进	（1）配制胶液，按分队长指令配制钻井液胶液； （2）钻井液维护：处理钻井液要均匀，不得大幅度改变钻井液性能；粉剂处理，胶液（乳液）处理； （3）加强设备使用，检查维护保养确保正常运转； （4）按规定时间测量钻井液性能:常规性能、全套性能，并填写好钻井液原始记录； （5）巡回检查发现问题及时整改，不能整改的及时反映； （6）完成分队长临时安排的工作	（1）环境污染、药剂粉尘污染、机械伤人； （2）钻井液性能不合适影响井下安全,发生井下复杂情况大幅度改变钻井液性能，易引起井下故障； （3）运转不正常，设备易损坏，影响设备和井下安全，易机械、触电伤人；固控设备使用不当影响钻井液性能； （4）不能及时掌握钻井液变化和井下情况； （5）容易产生隐患； （6）不完成影响生产	（1）做好环保措施，穿戴好劳保用品，对机械设备做好防护； （2）根据地层通过小型试验数据及时调整钻井液性能；保持钻井液性能稳定； （3）加强固控设备使用，维护保养；出现故障及时通知机械工程师修理； （4）按规定测量并填写好资料报表； （5）及时整改发现的问题； （6）及时完成安排工作
短起下钻	（1）起下钻中协助钻井液工做好灌、返浆量液面监测； （2）对使用设备进行检查和保养，确保设备正常运转； （3）掌握起下钻中井内情况； （4）协助检查筛网有无损坏	（1）不做好液面监测，易引发井下复杂； （2）设备不检查保养，影响设备的正常使用； （3）不掌握井内情况无法对下步处理制定措施； （4）不及时更换影响钻井液性能控制	（1）做好液面监控，预防井下复杂情况的发生； （2）对设备进行检查保养，确保设备正常运转； （3）随时掌握井内情况，对下步处理提供依据； （4）加强筛网检查，如损坏及时更换
起下钻	（1）起钻前必须充分循环钻井液，认真观察，至少测量一个循环周出（入）口钻井液密度； （2）安排钻井液工每起3~5柱钻杆记录一次钻井液灌入量，每起一柱钻铤记录一次钻井液灌入量，重点井起钻时必须连续灌钻井液； （3）检查核对起出钻柱体积与灌入钻井液量是否相符； （4）起下钻安排钻井液工认真观察出口管钻井液返出情况，每隔10min记录一次返出量并及时核对； （5）分析起下钻遇阻卡井段的原因及处理措施； （6）清放沉砂罐，清淘过渡槽或上水罐；	（1）起下钻坐岗不认真发生井涌、井漏发现不及时，易引起井涌甚至井喷等事故；起钻拔活塞易井塌； （2）起下钻遇阻卡不分析原因采取措施，易引起井下复杂或事故； （3）设备检查保养不到位易引起设备损坏或影响钻井液维护处理； （4）井内情况不掌握，影响下步钻井液处理和井下安全	（1）加强坐岗观察，认真核对灌返浆量，发现异常及时汇报司钻； （2）认真分析遇阻卡的原因，采取相对的应对措施，确保以后起钻减少阻卡，保证井眼畅通； （3）设备检查保养，发现问题及时维修或更换； （4）及时掌握井下情况，做好应对各种井下复杂或处理钻井液的准备工作

上·三

续表

工作内容	操作步骤及标准	风险提示	风险规避措施
起下钻	(7)检查振动筛筛网完好情况; (8)对固控设备和搅拌机进行维护保养; (9)掌握起下钻中井内情况，协助分队长做试验或做好下步处理钻井液的准备工作		
水基钻井液性能维护	(1)钻井液性能应符合设计等技术要求，保证安全钻井，各项资料齐全准确、保护油气层; (2)钻井过程中检测取样要求：钻井液中硫化氢含量检测应在振动筛前取样，入(井)口钻井液密度检测应该在上水罐取样，其他钻井液性能检测应该在振动筛后钻井液槽取样; (3)钻进过程中，应按相关管理规定做好钻井液性能检测和液面监测，按设计或小型试验结果及时补充所需处理剂和胶液，维持优质钻井液性能; (4)钻井液性能维护处理应遵循稳定、均匀的原则，按循环周处理; (5)保证振动筛、除砂除泥器、离心机或清洁器等固控设备的使用效果，确保使用率，及时清除钻井液中的劣质固相	(1)环境污染、药剂粉尘污染、机械伤人; (2)钻井液性能不符合设计; (3)发生井下复杂情况; (4)发生井壁失稳，卡钻，埋钻等井下故障	(1)做好环保措施，穿戴好劳保用品，对机械设备做好防护; (2)按设计调整好钻井液性能; (3)维护处理钻井液前做好小型试验; (4)保持钻井液性能稳定;胶液处理维护性能要勤观察，避免性能大的波动; (5)按要求做好钻井液性能检测
油基钻井液性能维护	(1)根据钻井液设计要求配制足量的油基钻井液; (2)先注隔离液，再换泵注入油基钻井液，隔离液返出时，单独回收，确认无混浆后，恢复用油基钻井液循环;循环调整性能达到设计要求后，才能进行钻进作业; (3)钻进中使用有机土、提切剂、控制油水比、生石灰水等维护油基钻井液黏切，控制流变性; (4)使用降失水剂、封堵材料等控制滤失量、滤饼质量; (5)通过控制合理的油水比、主辅乳化剂加量等确保破乳电压达到要求; (6)加强钻井液性能测定和滤液分析、做好小型试验，根据实际情况及时调整钻井液的流型，改善泥饼质量，按配方补充处理剂; (7)维护处理钻井液应按循环周进行，或在储备罐配好油基钻井液后均匀混入;	(1)环境污染、药剂粉尘污染、机械伤人; (2)钻井液性能不符合设计; (3)发生井下复杂情况; (4)发生井壁失稳，卡钻，埋钻等井下故障	(1)做好环保措施，穿戴好劳保用品，对机械设备做好防护; (2)按设计调整好钻井液性能; (3)维护处理钻井液前做好小型试验; (4)保持钻井液性能稳定;胶液处理维护性能要勤观察，避免性能大的波动; (5)按要求做好钻井液性能检测; (6)对复杂地层钻进前提前预处钻井液性能

续表

工作内容	操作步骤及标准	风险提示	风险规避措施
油基钻井液性能维护	(8)控制合理的油基钻井液密度并保持均匀稳定，尽可能地实现近平衡钻进； (9)起钻前注意钻井液变化情况，有异常情况及时处理，防止发生溢流导致井控风险； (10)完钻后充分循环洗井，调整好钻井液性能，确保完井管柱的顺利下入		
胶液配制	(1)将药剂罐加入适量的水，开启搅拌机； (2)烧碱直接在罐上加入； (3)通过剪切泵或者混合漏斗先加入小分子后加入大分子，加入大分子时要缓慢，所有处理剂加完后搅拌不低于2h，使处理剂充分溶解	(1)环境污染； (2)机械伤人； (3)烧碱伤人； (4)药剂未充分溶解影响使用效果	(1)穿戴好劳保用品； (2)设备使用前先检查，注意环境保护； (3)危险化学品，使用台账，废旧口袋回收记录
烧碱使用	(1)检查劳保是否穿戴整齐； (2)检查包装是否完好； (3)两个责任人同时到场，检查烧碱仓库，钥匙是否完好； (4)检查工作场所，通风情况； (5)检查清水、洗眼器情况； (6)检查工作环境光线； (7)使用完后作业场所是否清洁，记录危险化学品台账	(1)劳保穿戴不整齐，造成人员伤害； (2)包装破损，污染环境，烧伤人员，腐蚀设备； (3)钥匙损坏，烧碱遗失； (4)过度暴露，有腐蚀刺激作用； (5)没有或洗眼器内清水不清洁，不能起到防护作用； (6)光线不好、光线太强易眩晕，造成操作不当； (7)污染环境、腐蚀设备	(1)包装破损及时更换； (2)防酸碱的手套、穿好工作服、工作鞋、戴好滤尘口罩和护目镜，皮肤不能有裸露的部位； (3)及时更换钥匙； (4)定期清洗洗眼器，更换清水
降低钻井液密度	(1)可使用除泥器和离心机，固控设备来降低密度； (2)降密度幅度范围不大时使用离心机、除泥器配合加入处理剂胶液或低密度钻井液来处理，如果降密度幅度范围很大除了加入处理剂胶液外还要补充预水化膨润土浆；混入预水化膨润土浆时加入处理剂处理； (3)降密度至设计范围内后循环调整钻井液性能至设计范围内	(1)钻井液密度过高发生井漏； (2)钻井液密度过低存在井控风险，井壁失稳； (3)离心机外筒发生抱死； (4)机械伤人	(1)按设计合理调整钻井液密度； (2)密度较高时离心机进液量控制小些避免内外筒发生抱死现象，影响离心机使用； (3)穿戴好劳保用品
提高密度	(1)提高钻井液密度可采用加入加重材料或者混入一定比例的优质低黏切重浆来提高密度；重浆密度高于井浆密度0.20g/cm^{3}以上；	(1)钻井液密度上提过快压漏地层；	(1)井涌和溢流压井按井控要求实施；

续表

工作内容	操作步骤及标准	风险提示	风险规避措施
提高密度	(2)对于低密度钻井液提高密度可采用混合漏斗循环加重的方法，加重的同时补充适当的处理剂胶液，每个循环周密度提高值宜控制在0.02~0.03g/cm^3(井涌和溢流压井除外)； (3)提高密度后应循环调整钻井液性能至设计范围内	(2)钻井液密度过低存在井控风险，井壁失稳； (3)机械伤人	(2)穿戴好劳保用品
降低黏切	(1)因钻屑分散或膨润土含量过高造成黏切升高，宜采用更换更高目数的振动筛和除砂除泥器筛网，正确使用离心机，排放或者倒出部分受侵钻井液，加入低浓度的聚合物胶液处理，及时补充抑制性处理剂； (2)因扫水泥塞造成黏切升高，可加入小苏打等处理剂处理； (3)因钻遇膏盐层受钙、镁、盐造成黏切升高，加入纯碱、烧碱和抗膏盐降黏剂和降滤失处理； (5)因高温下抗高温处理剂降解失效或减效造成高温增稠，引起黏切升高，加入抗温能力更强的降黏剂和降滤失剂胶液，或者加入高温稳定剂处理； (6)因二氧化碳或硫化氢造成黏切升高，二氧化碳污染加入石灰水处理，硫化氢污染加入除硫剂处理； (7)油基钻井液降黏可以加入适量	(1)环境污染； (2)机械伤人； (3)钻井液性能不符合设计； (4)影响机械钻速； (5)发生井下复杂情况	(1)穿戴好劳保用品； (2)按设计调整好钻井液性能； (3)设备使用前先检查； (4)危险化学品，使用台账，废旧口袋回收记录；注意环境保护
提高黏切	(1)如果黏切偏低，可加入增黏剂处理； (2)如果黏切太低，补充预水化膨润土浆和加入增黏剂来处理； (3)因扫水泥塞或者受盐、钙镁污染后期造成黏切很低，先加入纯碱或烧碱清除部分污染离子，再补充适量的膨润土粉或预水化膨润土浆，加入抗膏盐处理剂处理； (4)因高温减稠造成黏切偏低，可补充适量的膨润土粉或预水化膨润土浆； (5)油基钻井液提高黏切可以用有机土和清水或氧化沥青进行调节	(1)环境污染； (2)机械伤人； (3)钻井液性能不符合设计； (4)携带岩屑效果差； (5)发生卡钻、埋钻等井下复杂情况	(1)穿戴好劳保用品； (2)按设计调整好钻井液性能； (3)设备使用前先检查； (4)危险化学品，使用台账，废旧口袋回收记录；注意环境保护。
降低滤失量	(1)优选各井段合格的钻井液降滤失处理剂，加入软化点与井温相适应的沥青类封堵材料配合超细钙改善泥饼质量降低滤失量；	(1)环境污染、药剂粉尘污染、机械伤人；	(1)穿戴好劳保用品； (2)按设计调整好钻井液性能；

续表

工作内容	操作步骤及标准	风险提示	风险规避措施
降低滤失量	(2)因岩屑污染或膨润土含量偏低引起钻井液滤失量增大，使用四级固控设备清除无用固相，定期清放沉砂罐、清淘过渡槽和上水罐，加大降滤失处理剂的用量，根据实际情况可补充适当的预水化膨润土浆； (3)因钻遇膏盐层引起钻井液滤失量增大，加入烧碱使pH值不低于9，加大抗膏盐降滤失剂的用量； (4)因高温使降滤失剂失效或减效，选用抗温能力更强的降滤失处理剂处理，或补充适量的预水化膨润土浆； (5)油基钻井液可以用氧化沥青及油基降滤失剂控制滤失量	(2)钻井液性能不符合设计； (3)发生井下复杂情况； (4)发生井壁失稳，卡钻，埋钻等井下故障	(3)设备使用前先检查； (4)危险化学品，使用台账，废旧口袋回收记录；注意环境保护； (5)钻井液滤失量调节也是钻井液性能控制的重要指标，也是井内安全的关键环节； (6)滤失量调节包括中压滤失量调节和高温高压滤失量调节，浅井、中深井以中压滤失量为准，深井和超深井以高温高压滤失量为主
pH值调节	(1)一般采用加入烧碱或氢氧化钾等来调节，一般配制水剂循环周加入，也可以在循环罐上循环加入粉剂； (2)如果钻进中pH值过高需要降低，加入处理剂胶液时可以不加或者少加烧碱类处理剂； (3)扫水泥塞时pH值过高需要降低pH值，可以加入碳酸氢钠等处理剂处理	(1)环境污染、药剂粉尘污染、机械伤人； (2)钻井液性能不符合设计； (3)烧碱伤人	(1)穿戴好劳保用品； (2)按设计调整好钻井液性能； (3)钻井液碱度是保持体系稳定的前提，聚合物钻井液体系碱度(pH值)控制在7~9，聚磺钻井液和抗高温钻井液体系碱度(pH值)控制大于9.5
提高润滑性	(1)钻进中提高润滑性，可以加入固体或液体润滑剂，固体润滑剂如石墨、沥青类粉剂，推荐加量为0.5%~2%； (2)液体类润滑剂分为油性剂和极压剂，油性剂主要用于浅井、中深井低负荷下起作用，极压剂主要用于深井、超深井高负荷下起作用，推荐加量2%~4%；密度越高润滑剂加量就相应增加； (3)斜井、水平井润滑剂加量推荐4%~6%； (4)下套管前特别是斜井、水平井等为了降低下套管的摩阻和风险，采用全部或部分裸眼段、斜井段和水平段加入0.2%~0.5%玻璃微珠或塑料小球来降低摩阻	(1)环境污染、药剂粉尘污染、机械伤人； (2)钻井液性能不符合设计； (3)影响钻头、钻具及其他设备的磨损和使用寿命； (4)发生卡钻等井下故障	(1)穿戴好劳保用品； (2)按设计调整好钻井液性能； (3)防止油品泄漏污染； (4)现场评价润滑性是钻井液和泥饼的摩阻系数，使用仪器为滑块式泥饼摩擦测定仪、压持式泥饼摩阻测定仪和钻井液极压润滑仪
重浆维护	(1)粉剂处理； (2)胶液(乳液)处理； (3)定期搅拌重浆；	重浆，重晶石粉储备不足，维护不当，耽误压井	按设计储备加重材料及重浆，按要求维护处理

续表

工作内容	操作步骤及标准	风险提示	风险规避措施
重浆维护	（4）检测重浆性能； （5）随时检查储备重浆和加重、堵漏材料数量，以备出现复杂情况时使用		
资料记录	（1）班报、坐岗记录、固控设备维护记录、重浆维护记录检查签字； （2）日报、井史、EPBP数据录入、小型试验记录、药品使用记录、危险化学品使用记录填写； （3）材料出入库记录	原始资料错误，遗漏	原始资料错误可能导致施工判断错误，应严格各种资料规范填写，及时录入，并保证准确无误

3）钻井液性能测定标准化操作规程

钻井液技术员钻井液性能测定标准化操作规程如表3–7所示。

表3–7 钻井液技术员钻井液性能测定标准化操作规程

工作内容	操作步骤及标准	风险提示	风险规避措施
马氏漏斗黏度的测定	（1）仪器的校正 在温度为21℃±3℃时，注入1500mL清水，从漏斗中流出946mL清水的时间为26s±0.5s，其误差不得超过0.5s； （2）测量钻井液的温度，用“℃”表示； （3）将新取的钻井液通过筛网注入洁净、干燥直立的漏斗中，直到钻井液面与筛网底部平齐为止； （4）保持漏斗垂直，测量钻井液注满946mL所需要时间； （5）以“s”为单位记录马氏漏斗黏度，并以“℃”为单位记录钻井液的温度	（1）仪器损坏； （2）性能检测误差； （3）引起井下复杂情况	（1）按规范要求穿戴劳保用品； （2）测定时要记录样品温度； （3）应避免大颗粒进入漏斗，防止气泡产生，必要时加入消泡剂消泡； （4）钻井液倒入漏斗后立即开始测定； （5）测定过程中尽可能使漏斗保持垂直
密度的测定	（1）仪器的校正； （2）将仪器底座放置在一个水平面上； （3）测量钻井液的温度并记录在钻井液报表上； （4）记录钻井液密度值，精确到0.01g/cm^3	（1）仪器损坏； （2）性能检测误差	（1）测定时应记录样品温度； （2）测定前应小心搅拌样品，必要时可加入消泡剂； （3）放杯盖时应使钻井液杯保持水平，将杯盖沿杯口平滑推入，使空气全部挤出
流变参数的测定	（1）开机前的检查和校验； （2）将样品注入样品杯内至刻度线处（350mL），立即置于托盘上，上升托盘使杯内液面刚好达到转筒刻度线处； （3）测量并记录钻井液的温度；	（1）仪器损坏； （2）性能检测误差； （3）触电伤人	（1）测量时旋转筒的刻线一定刚好被被测钻井液淹完；切力测定是3r/min转动时的最大值；

续表

工作内容	操作步骤及标准	风险提示	风险规避措施
流变参数的测定	（4）使转筒在600r/min转速下旋转，待表盘上的读数值恒定（所需时间取决于钻井液的性能）后，读取并记录600r/min时表盘读值。按相同方法分别测定并记录300r/min、200r/min、100r/min、6r/min、3r/min时在表盘上的读值； （5）将钻井液样品在600r/min下搅拌10s，停止搅拌后将钻井液样品静置10s，测定3r/min转速开始旋转后的最大读值，以“Pa”为单位计算初切力（10s切力）； （6）将钻井液样品在600r/min下搅拌10s，而后使其静置10min，测定3r/min转速开始旋转后的最大读值，以“Pa”为单位计算终切力（10min切力）； （7）清洗仪器并擦干，上好内外筒		（2）需卸内外筒时，应轻轻卸下，切忌碰撞或用力过猛； （3）测定时必须是从高速到低速依次进行，不能颠倒
中压失水测定	（1）要确保钻井液杯内各部件，尤其是滤网清洁干燥，密封垫圈未变形或损坏； （2）压力达到690kPa±35kPa，放压入钻井液杯内，并保持压力稳定，钻井液杯加压的同时开始计时； （3）当测量时间已到，随即取下量筒，切断中压气源； （4）以“mL”为单位记录API滤失量。当测量时间在7.5min时的失水量大于8mL时，则用7.5min的失水量乘以2，即为该钻井液的失水量；当测量时间在7.5min时的失水量小于8mL时，就继续测量至30min，由量筒内直接读出该钻井液的失水量； （5）以“mm”为单位，测量并记录滤饼的厚度，精确到0.1mm，注意7.5min测量的滤饼厚度乘以2	（1）仪器损坏； （2）性能检测误差； （3）人员伤害	（1）ZNS型钻井液失水量测定仪属气压失水仪，定期检测； （2）滤液接收器（量筒）为计量器具，必须按规定送检； （3）穿戴好劳保用品，按操作规程试验
钻井液高温高压失水的测定	（1）把温度计插入加热套的温度计插孔中，接通电源，预热，调节恒温开关以保持所需温度； （2）将待测钻井液高速搅拌10min，关紧底部阀杆，将钻井液倒入钻井液杯，放好滤纸，盖好杯盖，用螺丝固定； （3）将钻井液杯上、下两个阀杆关紧，将其放进加热套中，使另一支温度计插入钻井液杯上部温度计的插孔中； （4）将高压滤液接收器连接到底部阀杆上，并在适当位置锁定； （5）将可调节的压力源连接到顶部阀杆和底部接收器上，并在适当位置锁定； （6）在钻井液杯上、下两个阀杆关紧的情况下，把顶部和底部压力调节至690kPa（100psi）；打开顶部阀杆，将690kPa（100psi）压力施加到钻井液上；维持此压力直至温度达到所需温度并恒定为止；	（1）仪器损坏； （2）性能检测误差； （3）高温高压伤人； （4）触电伤人	（1）拆洗时必须先切断气源，同时将钻井液杯的余压全部放掉才能拆开； （2）不能用氧气和天然气加压； （3）仪器管线需定期试压，以保使用安全； （4）钻井液杯中样品加热总时间不应超过1h； （5）穿戴好劳保用品，按操作规程试验

续表

工作内容	操作步骤及标准	风险提示	风险规避措施
钻井液高温高压失水的测定	(7)当样品温度达到所需温度后，将顶部压力调节至4140kPa(600psi)，打开底部阀杆并计时，收集30min的滤液； (8)试验结束后，关紧顶部和低部阀杆，关闭气源、电源，并从压力调节器放掉管汇压力，松开顶针； (9)71型设备管理使用说明书		
固相含量的测定	(1)测定前，必须彻底清洗样品杯内部及盖子； (2)将除泡后的钻井液样品注满蒸馏器样品杯；小心盖上样品杯盖子，使过量的钻井液从盖子上的小孔中溢出，盖紧盖子，擦掉样品杯和盖子外面溢出的样品； (3)将蒸馏器样品杯拧紧到上套筒上，最后将加热棒拧紧至蒸馏器上； (4)通电加热并观察从冷凝滴下的液体；在收集不到任何冷凝物后，继续加热10min； (5)待液体冷却至室温后，读取液体接收器内的水和油的体积； (6)冷却后，取下并卸开蒸馏器，用刮刀刮净杯内及加热棒上的全部固体成分	(1)仪器损坏； (2)性能检测误差； (3)高温伤人； (4)触电伤人	(1)蒸馏结束前，温控器指示灯亮表示恒温，以不再有水滴出为准； (2)油和水界面不清时，可加入2~3滴破乳剂以改善其液面清晰度； (3)穿戴好劳保用品，按操作规程试验
pH值的测定	(1)在测定完钻井液API失水后，用广泛pH试纸在API失水仪的滤液出孔处，使滤液充分浸透并使之变色(不能超过30s)，立即与色卡比较读出pH值； (2)也可用pH计进行分析测定；用pH值试纸测定pH值，通常只能测到0.5pH值单位，如需精确测定应使用pH计或精密pH试纸	(1)性能检测误差； (2)影响钻井液维护措施	重复试验校正试验结果
含砂量的测定	(1)将钻井液注入玻璃测定管中至“钻井液”标记处，加水至另一标记处，堵住管口并剧烈振荡； (2)将此混合物倒入洁净、湿润的筛网上。弃掉通过筛网的液体，在玻璃管中再加水振荡并倒入筛网上，不断重复直至测量管干净，冲洗筛网上的砂子以除去任何残余的钻井液； (3)将漏斗口朝下套在筛网上，缓慢倒置，并把漏斗下口插入到玻璃测量管中；用小股水流通过筛网将砂子冲入测量管中；静置以使砂子沉降。静置1min后从玻璃测量管上的刻度读出砂子的体积百分数； (4)以体积百分数记录钻井液的含砂量，记录钻井液取样位置，比砂子粗的其他固相颗粒(如堵漏材料)也会留在筛网上，应注明这类固相的存在	(1)性能检测误差； (2)影响钻井液维护措施	(1)注意区分砂子与重晶石、处理剂悬浮物； (2)重复试验校正试验结果
滑块式泥饼黏附系数	(1)打开仪器电源，数字全亮，按下调零按钮，用调平杆调整螺钉使滑板水平，使空气泡居中； (2)将滤失后的新鲜滤饼放在滑板上，将滑块轻轻放在滤饼上静置1min；	(1)性能检测误差； (2)影响钻井液性能判定； (3)影响钻井液维护措施	(1)卡准在滑动的瞬间，关闭停止开关； (2)重复试验校正试验结果

续表

工作内容	操作步骤及标准	风险提示	风险规避措施
滑块式泥饼黏附系数	(3)启动开机开关，电动机带动传动机构使滑板反转，当滑块开始滑动的瞬间立即关闭停止开关读取角度值； (4)通过仪器箱内壁角度正切值表，查出角度值显示的正切值即为滤饼黏附系数； (5)将仪器擦净并摆放整齐		
泥饼黏附系数（摩阻）的测定	(1)在钻井液杯滤网上，按顺序放好滤纸、橡胶垫圈和尼龙垫，用“U”形扳手将压圈压在滤纸尼龙垫圈上面旋紧； (2)将下连通阀杠拧紧于钻井液杯底部的螺孔中，使钻井液杯底部四孔对准支架四个销钉安放在支架上； (3)将钻井液样倒入钻井液杯中之刻线处，把摩擦盘从杯盖中穿过，用加压杆和勾扳手把钻井液杯盖旋紧到钻井液杯上，同时把另一连通阀杠上紧在钻井液杯盖上； (4)在上连通阀杆处连接气源管汇，并调压力至3.5MPa，将20mL量筒对准下连通阀杆，放在底座上，分别打开上下阀杠（旋转90°）； (5)打开上下阀杠加压即开始记录时间；待过滤30min后，NF-1型立即将加压杠扣住支架横梁，将黏附盘下压，直到使黏附盘与杯内滤饼粘实为止（约5min）； (6)加压即开始记录时间，待过滤30min后，NF-2型将气压筒装入钻井液杯盖凹槽内并旋转60°左右，旋转卡紧，再把气源三通插入气筒上并锁定，关闭放气阀杆；打开气源至3.5mPa，压下黏附盘，直到使黏附盘与杯内滤饼粘实为止（约3~5min）；松开顶针，卸掉加压筒上压力，取下气压筒； (7)待黏附盘被粘实45min后，把扭力扳手与内六角套筒一起装入黏附盘六角头部，调整扭力扳手上的刻度盘与指针对准“0”位置，然后将加压杠槽口卡在二支柱中间，向左或向右搬动扭力扳手，测量黏附盘与开始滑动时产生的最大扭矩值； (8)关闭上下阀杆和气源，打开放气阀杆，排出气源管汇内的余气；卸下气源管汇和三通组件； (9)松开上阀杆，放出杯内余气；打开钻井液杯，清洗仪器，擦干； (10)按下式计算泥饼黏附系数： $K_f=0.955\times10^{-3}\times M$ 式中，K_f为泥饼黏附系数；M为最大扭矩，ibf·in； $K_f=0.845\times10^{-2}\times M$ 式中，K_f为泥饼黏附系数；M为最大扭矩，N·m	(1)性能检测误差； (2)影响钻井液性能判定； (3)影响钻井液维护措施； (4)压力伤人	(1)穿戴劳保用品； (2)放出杯内余气时，需用毛巾掩住阀杆，不要对准人； (3)试验开始应检查仪器、阀杆、垫圈，滤纸等； (4)“O”形密封圈应经常更换； (5)仪器所用黏附盘为主要测量部件，使用时要注意不要伤盘面，保持光滑
膨润土含量的测定	(1)将钻井液进行除气消泡处理； (2)用2mL注射器取2.0mL钻井液样加到盛有10mL水的锥形瓶中；	(1)性能检测误差； (2)影响钻井液性能判定；	(1)穿戴劳保用品； (2)重复校正试验数据

续表

工作内容	操作步骤及标准	风险提示	风险规避措施
膨润土含量的测定	(3)加入3%浓度的过氧化氢溶液15mL，加入2.5mol/L的硫酸5~10滴（约0.5mL），在电炉上加热煮沸（微沸）后计时10min，去净过氧化氢溶液味；注意不要烧干和沾失（新浆或钻井液中无吸附性有机物时可不必加过氧化氢溶液煮沸）； (4)在不停搅拌下用3.74g/L的亚甲基蓝滴定，每滴定0.5mL亚甲基蓝溶液后充分搅拌30s，用玻棒沾一滴混合液体于滤纸上观察放出的渗透圈的颜色变化，至呈天蓝色圈时，继续搅拌2min后沾一滴到滤纸上观察，若蓝色圈未消失，则为滴定终点，若蓝色圈消失，继续滴加0.5mL甲基蓝溶液，重复上述测试直到滴定终点； (5)记下亚甲基蓝溶液的耗量V_1，单位为毫升（mL），取钻井液量为V_2，单位为毫升（mL），按下式计算： 钻井液相当膨润土含量 = $14.3 \times V_1/V_2$（g/L）	(3)影响钻井液维护措施； (4)高温伤人	
钻井液滤液钙离子的测定	(1)取1mL或者更多样品于150mL锥形瓶中（如滤液无色或者颜色浅可以省略2~5步）； (2)加入10mL次氯酸钠并混合； (3)加入1mL乙酸并混合； (4)煮沸样品5min，煮沸时按需加入去离子水以保持样品体积不变，煮沸时可以除去过量的氯气，将pH试纸浸在样品中可测试氯气是否除净，如试纸被漂白，则继续煮沸； (5)冷却样品； (6)用去离子水冲洗锥形瓶内壁并将样品稀释至50mL，加入约2mL缓冲溶液并混合； (7)加入足够的硬度指示剂（2~6滴）并混合，如存在钙离子或镁离子，将为呈现酒红色；硬度指示剂将由红色变蓝色，继续加入EDTA溶液时不再有由红到蓝的颜色变化，即为最恰当的终点； (8)计算钙离子浓度： 计算钙镁离子总硬度$C_{Ca^{2+}+Mg^{2+}}$,单位为mg/L（以钙离子计）： $C_{Ca^{2+}+Mg^{2+}} = 400 \times V_{EDTA}/V_L$ 式中，V_{EDTA}为滴定中所消耗EDTA标准溶液的体积，mL；V_L为样品滤液的体积，mL	(1)性能检测误差； (2)影响钻井液性能判定； (3)影响钻井液维护措施	(1)穿戴劳保用品； (2)重复校正试验数据； (3)可溶性铁可能会干扰中点的确定，如怀疑存在铁离子，可用三乙醇胺、四乙烯基戊胺和去离子水的混合体（体积比为1:1:2）做掩蔽剂，每次滴定时加入1.0mL即可
钻井液滤液氯离子含量的测定	(1)取1mL或更多滤液于锥形瓶中，加入2~3滴酚酞溶液，如指示剂变为粉红色则边搅拌边用移液管逐滴加入硫酸或者硝酸标准溶液，直到粉红色消失，如滤液颜色较深，则先加入2mL 0.01mol/L的硫酸或0.02mol/L的硝酸并搅拌均匀，然后加入1g碳酸钙并搅拌； (2)加入25~50mL蒸馏水和5~10滴铬酸钾溶液，在不断搅拌下用移液管逐滴加入硝酸银标准溶液，直到颜色由黄色变为砖红色并保持30s为止；记录达到终点所消耗的硝酸银标准溶液的毫升数；如硝酸银溶液用量超过	(1)性能检测误差； (2)影响钻井液性能判定； (3)影响钻井液维护措施	(1)穿戴劳保用品； (2)重复校正试验数据

续表

工作内容	操作步骤及标准	风险提示	风险规避措施
钻井液滤液氯离子含量的测定	了10mL，则取较少一些的滤液样品重复上述测定； （3）计算氯离子含量： $C_{Cl^-}=1000\times V_1/V_2$ （mg/L） 式中，V_1为滴定时消耗$AgNO_3$溶液的体积，mL；V_2为取滤液样品的体积，mL；将C_{Cl^-}转换为C_{NaCl}浓度，$C_{NaCl}=1.65\times C_{Cl^-}$，mg/L		
钾离子含量的测定	（1）标准曲线绘制程序； （2）滤液样品测定程序，如滤液体积少于7.0mL，则用蒸馏水稀释至7.0mL并摇动； （3）加入3.0mL高氯酸钠标准溶液，不要摇动，如存在钾离子则立即产生沉淀； （4）在稳定转速（约1800r/min）下离心1min，立刻读取并记录沉淀体积；离心时应使用另一支盛等重液体的离心试管作为平衡物； （5）再加2~3滴高氯酸钠溶液于试管中，如仍有沉淀形成，表明尚未测出全部钾离子；按上表所示另取一份少些的滤液，并重复1~4操作步骤； （6）将所测得的沉淀体积于绘制的标准曲线进行比对，即可确定稀释试验样品中的氯化钾浓度； （7）以"kg/m^3"为单位记录KCl浓度$C_{KCl\cdot A}$，也可以以mg/L为单位记录钾离子浓度； （8）以"lb/bbl"为单位记录KCl浓度$C_{KCl\cdot B}$，如从标准曲线上读出的稀释样品KCl浓度超过50kg/m^3（17.5lb/bbl）（图3-4）； 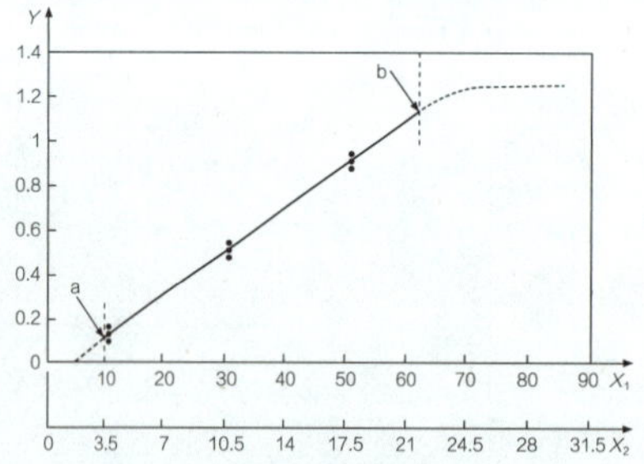 图3-4 沉淀体积氯化钾含量图 （9）计算滤液中的氯化钾含量$C_{fKCl\cdot A}$： 单位为千克每立方米（kg/m^3），公式为： $C_{fKCl\cdot A}=(7/V_f)\times C_{KCl\cdot A}$ 式中，$C_{KCl\cdot A}$为标准曲线X_1轴所对应的氯化钾含量，kg/m^3；V_f为滤液样品的体积，mL； 单位为磅每桶（lb/bbl），氯化钾含量为$C_{fKCl\cdot B}$，公式为： $C_{fKCl\cdot B}=(7/V_f)\times C_{KCl\cdot B}$ 式中，$C_{KCl\cdot B}$为标准曲线X_1轴所对应的氯化钾含量，lb/bbl；V_f为滤液样品的体积，mL；	（1）性能检测误差； （2）影响钻井液性能判定； （3）影响钻井液维护措施	（1）穿戴劳保用品； （2）重复校正试验数据

续表

工作内容	操作步骤及标准	风险提示	风险规避措施
钾离子含量的测定	用单位“kg/m³”计算滤液中的钾离子含量$C_{K^+\cdot A}$，单位为毫克每升（mg/L）,公式为： $C_{K+\cdot A}=525\times C_{fKCl\cdot A}$ 用单位“lb/bbl”计算滤液中的钾离子含量$C_{K+\cdot B}$，单位为磅每桶（lb/bbl），公式为： $C_{K+\cdot B}=0.525\times C_{fKCl\cdot B}$		

4）复杂情况处理标准化操作规程

钻井液技术员复杂情况处理标准化操作规程如表3-8所示。

表3-8 钻井液技术员复杂情况处理标准化操作规程

工作内容	操作步骤及标准	风险提示	风险规避措施
压井	（1）检查加重剂和处理剂量是否足够； （2）检查加重泵、砂泵、混合漏斗运转是否正常； （3）压井液性能是否满足要求； （4）检查压井液罐上水是否良好； （5）观察记录压井液的泵入量和钻井液返出量及有无H_2S； （6）检测进出口性能变化，和井口压力变化	（1）数量不够影响正常施工，使井下情况更加复杂； （2）影响正常施工，造成井下复杂； （3）压井不成功，井下复杂； （4）影响压井液的泵送； （5）返出钻井液内含H_2S易中毒	（1）检测储备加重剂和处理剂； （2）平时保养维护； （3）调整压井液性能，达到压井要求； （4）使用上水良好的罐泵送压井液； （5）检测出口液面及佩戴便携式H_2S监测仪
井壁失稳的预防和处理	（1）井壁失稳的预防： ①根据设计和井下实际情况，进入易塌层前或进入易塌层后及时上提合适的钻井液密度，保持井壁力学稳定性； ②优选防塌钻井液的类型和配方，抑制地层的水化作用； ③控制较低的滤失量，保持合适的黏度和切力，pH值控制在8.5~9.5，烧碱可以用氢氧化钾代替； ④进入易塌地层前加入足量的防塌剂、封堵剂和降滤失剂，提高钻井液抑制性和防塌封堵能力； ⑤适当提高钻井液的矿化度； ⑥保持钻井液的液柱压力，起钻前可以打入几方重浆，起钻中实行连续灌浆，带回压阀下钻定期向钻柱内灌满浆； ⑦对于易塌地层钻进要限制循环压力和排量，尽量不在易塌层开泵循环； ⑧根据钻井液类型和井眼尺寸，调节钻井液性能，保持井眼清洁的同时减少对井壁的冲刷；防止压力激动导致井壁失稳； （2）井壁失稳的处理： ①当井下出现大量掉块时，应停止钻进，	（1）井壁失稳、掉块增多、垮塌； （2）起下钻遇阻卡； （3）发生掉块卡钻、埋钻等井下故障； （4）影响井身质量； （5）影响钻井施工进度； （6）严重时造成井眼报废	（1）井壁失稳的实质是力学不稳定性，其原因十分复杂，可以归纳起来有力学因素、物理化学因素和工程技术措施因素； （2）控制钻井液性能； （3）合理的钻井液密度； （4）提高钻井液抑制性，防塌性，封堵性能； （5）提高钻井液润滑性能，低滤失量

续表

工作内容	操作步骤及标准	风险提示	风险规避措施
井壁失稳的预防和处理	及时起钻至套管内或安全井段调整处理钻井液； ②井壁失稳时及时上提钻井液密度，适当提高钻井液的黏度和切力，稳定井壁的同时及时带出垮塌物； ③加大抑制剂、防塌封堵剂和降滤失剂处理剂的用量，提高钻井液的防塌能力； ④在起钻中井口液面不下降，钻具内反喷钻井液，下钻时井口不返钻井液，钻具内反喷钻井液可能是井壁失稳的征兆，这时应立即停止起下钻作业，开泵循环划眼，井内正常后才能继续作业； ⑤井壁失稳发生后，井内垮塌物无法带出，应及时提高钻井液的黏切和排量，注入一定数量密度在2.00g/cm^{3}以上，黏度不低于100s的重稠浆携砂； ⑥起钻在易塌地层注入一段高黏高切的钻井液进行封闭，延缓垮塌，不易形成砂桥； ⑦井眼恢复正常后，维持密度不变，调整流变性和控制滤失量		
堵漏	（1）按配方清点堵漏材料； （2）检查加重泵、砂泵、混合漏斗运转是否正常； （3）堵漏浆是否搅拌均匀，有无结团现象； （4）记录好泵入量和返吐量	（1）材料不够，配方浓度达不到，堵漏失败； （2）重泵、砂泵、混合漏斗无法正常运转； （3）记录不清，影响后续施工	（1）按分队长要求清点堵漏材料； （2）保养维修、检查好加重配浆设备； （3）调整好流变性能； （4）充分搅拌均匀； （5）记录好泵入量和返吐量
卡钻	（1）卡钻发生后，及时在钻具抗拉和抗扭的安全范围内加大上提或下压吨位、强扭钻具； （2）配合震击器震击解卡； （3）适当提高钻井液的密度和黏切，注入一段重稠浆进行携砂； （4）强力活动无效后，可解卡剂处理； （5）分析地层岩性，可泡酸处理； （6）经强力活动和泡解卡剂、泡酸无效后，从卡点倒开钻具，下入震击器进行对扣震击解卡； （7）经以上处理无效后只能采取套铣倒扣的方法解卡	（1）影响钻井施工进度； （2）井壁垮塌 （3）经济损失； （4）影响井身质量； （5）严重时井眼报废	（1）合理的钻井液密度； （2）调整好钻井液性能符合设计； （3）提高钻井液抑制性、防塌性、封堵性能； （4）提高钻井液润滑性能； （5）降低钻井液滤失量； （6）良好的泥饼质量
气侵及溢流处理	（1）发现气侵或者溢流后，需要关井，按正确的关井程序进行关井； （2）气侵时采用液气分离器或真空除气器进行除气，根据井下情况适当提高钻井液密度，根据需要加入消泡剂、乳化剂和稀释剂等进行处理，维护和调整好钻井液性能； （3）压井提高钻井液密度时，控制好加重速	（1）出现井控风险； （2）井喷及井喷失控等灾难性事故； （3）环境污染； （4）人身伤害； （5）钻井液性能不符合设计	（1）气侵和溢流是钻井中常遇到的，如处理不好会造成井喷及井喷失控等灾难性事故。现场必须做好井控工作； （2）气侵和溢流的预防及处理就相当重要；

续表

工作内容	操作步骤及标准	风险提示	风险规避措施
气侵及溢流处理	度，未求得关井压力时，每周按0.02~0.03g/cm³为宜（特殊情况除外），防止加重过猛诱发井漏； （4）气侵及溢流处理完后保持密度不变，调整其他性能在设计范围		（3）合理钻井液密度； （4）根据需要加入消泡剂、乳化剂和稀释剂等进行处理，维护和调整好钻井液性能

5）完井作业标准化操作规程

钻井液技术员完井作业标准化操作规程如表3-9所示。

表3-9 钻井液技术员完井作业标准化操作规程

工作内容	操作步骤及标准	风险提示	风险规避措施
中途测试	（1）测试前协助分队长调整钻井液性能达到设计润滑性好、防塌能力强的要求，性能稳定性好； （2）钻井液性能满足测试要求，要求钻井液工坐好岗，发现异常及时汇报； （3）测试完后保持井眼清洁、井壁稳定	（1）润滑性差易卡测试仪器； （2）钻井液性能不满足测试要求易引发井内事故，发现异常不及时，造成井下故障或事故； （3）井壁不稳定易垮塌，引起井下复杂或事故	（1）加润滑剂提高润滑防卡能力； （2）钻井液性能满足测试要求，按规定坐岗，及时发现并汇报； （3）调整性能，保持井壁稳定
裸眼测井	（1）安排钻井液工巡回检查并观察循环罐钻井液量及循环罐液面情况，及时填写好坐岗记录； （2）灌钻井液时，要求钻井液工观察钻井液返出情况，发现异常及时通知司钻	（1）坐岗出现井涌、井漏发现不及时，易造成井下故障或事故； （2）测井时灌钻井液不及时发生井涌或垮塌	（1）专人坐岗，发现异常及时汇报； （2）及时灌满钻井液
下套管	（1）观察返出情况，发现异常立即报告司钻、值班干部； （2）返出钻井液及时储备或倒运； （3）下套管中核对好灌浆量和返浆量	（1）坐岗不核对灌返浆量，出现井涌、井漏发现不及时，易引起井下复杂或事故； （2）返出钻井液不及时储备和倒运，造成排放过多，增加环保压力； （3）定期不灌浆，易引起浮阀失效影响固井施工	（1）认真核对灌返浆量，发现异常立即汇报； （2）计算固井返出多余钻井液量，及时储备或倒运； （3）按设计核对好灌浆量和返浆量
固井	（1）按设计调整钻井液性能及储备钻井液； （2）固井中做好替浆和返浆量的计量，替浆量要准确； （3）固井前检查替浆各上水阀是否灵活好用，不窜不漏； （4）井口返出隔离液、混浆、水泥浆返出立即放入污水池	（1）钻井液性能和储备不能满足固井要求，影响固井施工及质量； （2）返浆量和替浆量不准，不能保证固井质量； （3）上水阀不好用或者有窜漏现象，对返浆和替浆量计量不准确，影响固井质量； （4）返出隔离液、混浆和水泥浆不及时排放，污染钻井液	（1）调整钻井性能和储备满足固井要求； （2）认真核对和计量返浆和替浆量； （3）固井前确保所以闸阀开关灵活好用，不窜不漏； （4）专人观察井口，发现隔离液、混浆或水泥浆及时排放

续表

工作内容	操作步骤及标准	风险提示	风险规避措施
资料填写	（1）收集并整理好各数据和资料及钻井液处理剂使用情况，认真编写每口井完井报告，为后续工作提供依据； （2）上交资料数据资料上报要及时，资料要真实、齐全	资料不齐，弄虚作假，影响以后施工的设计和施工，易引起施工中出现复杂或事故	资料收集齐全，真实可靠
钻井液回收	（1）回收钻井液； （2）排放废弃钻井液； （3）清罐	回收排放过程中发生污染事故	按照应急预案进行处理，全程有专人监控
清罐	（1）检查进入受限空间作业申请审批； （2）检查罐内钻井液液面高度； （3）检查罐内空气质量和通风情况； （4）检查搅拌器开关和电源开关； （5）检查劳保是否穿戴整齐； （6）检查废浆、废砂是否排入排污池；	（1）申请审批手续不全，违反规定进入受限空间作业，易发生人员伤害； （2）液面过高打开挡板时，废浆溅出污染环境； （3）空气不好、不流通易造成人员窒息； （4）易造成误操作，造成人员伤害； （5）劳保穿戴不齐，容易造成人员伤害； （6）污染环境	（1）提醒分队长进入受限空间作业申请审批，监护人全程监控； （2）用潜水泵尽可能抽去罐内钻井液； （3）使用排气扇，保证空气流通，下罐人员不能长时间作业，定时上罐呼吸新鲜空气； （4）关闭电源和搅拌器开关，并挂牌或派专人值守； （5）穿戴好劳保，必须穿长筒橡胶鞋； （6）废浆、废砂排入排污池、污水池

6）设备操作标准化操作规程

钻井液技术员设备操作标准化操作规程如表3-10所示。

表3-10　钻井液技术员设备操作标准化操作规程

工作内容	操作步骤及标准	风险提示	风险规避措施
振动筛的使用	（1）钻井作业时，井口返出钻井液100%通过振动筛进行固液分离处理； （2）振动筛使用时周围不能堆积杂物； （3）振动筛启动前应检查并排除周边其他任何可能与筛箱产生干涉的物体，检查并确认箱体内无杂物，检查并确定筛网安装紧固，筛网不破损； （4）振动筛使用中钻井液应能够布满筛面的65%~80%； （5）筛箱倾角调节机构，调节后都应使用锁紧装置进行锁紧，不可使调节装置长期处于受力状态； （6）筛网破损应及时更换或堵孔；	（1）人员触电； （2）机械伤害； （3）设备损坏； （4）跑浆造成环境污染； （5）钻井液中劣质固相不能有效清除	（1）穿戴好劳保用品； （2）强化操作责任心； （3）强化操作规程； （4）设备使用前先检查； （5）检查筛网是否破损，及时更换筛网

续表

工作内容	操作步骤及标准	风险提示	风险规避措施
振动筛的使用	(7)同一振动筛应使用相同目数的筛网，如需使用粗目数筛网防止钻井液流失，应在钻井液入筛处使用细目数筛网，且使用不同数目筛网，筛网的目数应尽量接近; (8)振动筛更换筛网或其他检修时，应将筛箱冲洗干净，检查支撑胶条有无破损，然后方可安装新筛网，新筛网安装好后，应在振动筛运转1h后，对筛网固定螺栓或楔块等固定件再次紧固; (9)激振器故障时应切断电源，排除故障后检查紧固件的状况，无误后方可通电试运转; (10)振动筛停机前应空转3~5min，并冲洗筛网，防止钻井液在筛网上固结导致筛网失效，冬季可用热水或蒸汽冲洗，冲洗后空转至甩干筛面积水后停机; (11)振动筛使用中噪声突然变大，应立即关停振动筛，检查激振器固定螺栓，如松动按要求力矩紧固，紧固后的螺栓使用2h后需再按规定扭矩紧固一遍; (12)振动筛使用中筛网松动会有异常噪声，应立刻关停振动筛，并紧固、张紧或更换筛网; (13)筛网如出现钻屑堵塞，不可用硬物刮、铲，可调节筛箱倾角方便排砂，或用清水冲洗; (14)振动筛使用中应随时进行检查，根据情况调节筛箱倾角或调节入筛钻井液流量，防止钻屑在筛网上堆积或钻井液流失; (15)环境温度超过35℃，连续使用2h以上，应检测一次激振器表面温度		
振动筛的维护和保养	(1)振动筛停机时间超过1h以上，停机前应对筛网进行清洁冲洗; (2)经常需要紧固和调整的螺栓、螺母应进行必要的防护; (3)筛箱隔振或减振用弹簧更换时，应成组更换，试运转正常后方可继续使用; (4)激振器应按使用说明书的要求，加注润滑油或润滑脂，设备停用或存放期超过半年，使用前应更换润滑油或润滑脂; (5)设备表面油漆脱落，应及时修补	(1)人员触电; (2)机械伤害; (3)振动筛过热、润滑脂缺失、轴承有砂、轴承有噪声; (4)设备损坏	(1)穿戴好劳保用品; (2)强化责任心; (3)定期检查并维护保养; (4)检查筛网是否破损，更换筛网
除砂器和除泥器的使用	(1)除砂器和除泥器应保证能够全部处理钻井过程中的最大钻井液循环流量，处理量应为125%的最大钻井液循环流量；进入除砂器的钻井液必须是经过振动筛处理后的钻井液，进入除泥器的钻井液必须使经过振动筛和除砂器处理过的钻井液;	(1)人员触电; (2)机械伤害; (3)设备故障、损坏; (4)跑浆造成环境污染; (5)钻井液中劣质固相不能有效清除;	(1)穿戴好劳保用品; (2)强化操作责任心; (3)强化操作规程; (4)设备使用前先检查; (5)检查砂泵吸入口是否有砂粒堆积并清理;

续表

工作内容	操作步骤及标准	风险提示	风险规避措施
除砂器和除泥器的使用	(2)除砂器和除泥器工作时，应调节进液口压力至工作压力，旋流器正常工作压力进液压力应保持在0.2~0.35MPa,除泥器进液压力应取较大值，除砂器进液压力应取较小值； (3) 底流口调节到合适的孔隙直径，除砂器和除泥器底流口的排液呈伞状； (4)除砂器和除泥器同时工作时，应由不同的砂泵供液； (5)钻井液加入起泡剂等处理剂时，不宜连续使用除砂器； (6)使用过程中应及时检查清理旋流器底流口	(6)压力表压力不足； (7)底流密度接近进钻井液密度，使用效果差	(6)检查泵内是否进空气，进行排空气处理； (7)检查上水闸阀是否全开； (8)钻井液黏度偏高，适当降低黏度
除砂器和除泥器的维护保养	(1)停机后应及时清理旋流器底流口内的沉砂或者沉泥； (2)停机后应清理旋流器内积液或沉渣，使旋流器内腔排空； (3)每口井开钻前应对旋流器进行检查	(1)人员触电； (2)机械伤害； (3)使用效果差； (4)设备损坏	(1)穿戴好劳保用品； (2)尖嘴堵塞，可卸掉顶部阀门加以清洗； (3)检查旋流器是否被堵，清理旋流器保证畅通； (4)检查砂泵吸入口是否有砂粒堆积并清理
离心机的使用	(1)使用前应检查轴承座等各连接处无松动；盘动转鼓，应无碰擦、卡阻； (2)启动前，分别点动辅电机、主电机及供液泵电机，确认旋转方向和标示一致；启动时先启动辅电机至转速正常，20s后再启动主电机至运转正常； (3)主电机运转正常后方可启动供液泵，并逐步打开进料阀达到离心机所需排量，不得过快或超量进料； (4)运转2h后，检查主轴承温升不得高于50℃，主轴承最高温度不得高于85℃； (5)当钻井液密度较高时，应适当减小进料量，以免引起离心机过载； (6)使用中如剧烈振动或有其他不正常现象而紧急停机时，应立即切断电源，关闭进料阀，并开启清水阀，利用转动惯性冲洗转鼓和螺旋推料器； (7)正常关机应先停供液泵，关闭进料阀，打开清水阀清洗转鼓，继续运转至溢流口出清水方可关闭清水阀；然后停主电机，在辅助电机自动停机后切断电源； (8)发生安全销切断、易熔塞熔化、耦合器漏油，应重新更换安全销和易熔塞，并向耦合器加注新油	(1)人员触电； (2)机械伤害； (3)设备故障、损坏； (4)排砂口跑浆造成环境污染； (5)钻井液中劣质固相不能有效清除； (6)离心机内外筒抱死； (7)离心机轴承温度高、有异响、安全销剪断	(1)穿戴好劳保用品； (2)强化操作责任心； (3)强化操作规程； (4)设备使用前先检查； (5)供液量大，负荷重，调小供液量； (6)打开外壳，接上清水管线，试着盘转辅机，能转动1圈以上时开启辅机，用清水清洗内筒，清洗干净停清水和辅机； (7)离心机使用时间太长，适当停机

续表

工作内容	操作步骤及标准	风险提示	风险规避措施
离心机的维护和保养	（1）冬季停机时间超过2h后，应打开转鼓护罩，卸下转鼓放水螺钉，放尽转鼓内余水，并放净进出口管线内的钻井液或清水； （2）转鼓内如有沉渣（开机后振动大），连续运转前应多次点动主电机，同时冲洗转鼓内部，消除沉渣后方可连续运转； （3）新差速器的磨合期不应小于150h，磨合期满应更换新差速器油，加注前应彻底清洗差速器内腔，加注时应用100目滤网对新油过滤； （4）液力耦合器每运转5000h应更换新油，加注时应用100目滤网对新油过滤； （5）每运转100h检查三角传送胶带，过松应调整，磨损过度应更换； （6）每运转500h检查差速器、耦合器油位，不足时按要求补充； （7）累计运转8000h，对整机做全面检修	（1）人员触电； （2）机械伤害； （3）使用效果差； （4）设备损坏； （5）离心机轴承温度高、有异响、安全销剪断； （6）排砂口跑浆（离心机内外筒抱死）	（1）穿戴好劳保用品； （2）加注黄油，将原来旧黄油全部顶替出； （3）传动部位松动、轴承或皮带磨损严重或皮带断裂，拧紧各传动部位、检查轴承，必要时更换轴承和皮带； （4）打开外壳，接上清水管线，试着盘转辅机，能转动1圈以上时开启辅机，用清水清洗内筒，清洗干净停清水和辅机
除气器的使用	（1）除气器使用前应检查管线连接、润滑状况、真空表； （2）除气器的气液分离器的液位高度应高于水环真空泵的中心高度； （3）除气器启动：点动检查电机转向，检查电机转向和标示方向一致，离心式除气器先启动真空泵后启动主机；射流式除气器应先关闭离心泵排出管与射流器之间的闸门，启动真空泵，待真空表读数稳定后，打开离心泵排出管与射流器之间的闸门，启动离心泵； （4）除气器使用时应根据钻井液密度不同来调节真空度，调整值在0.03~0.045MPa之间； （5）除气器停机时应先停真空泵后停主机	（1）人员触电； （2）机械伤害； （3）使用效果差； （4）设备损坏	（1）穿戴好劳保用品； （2）强化操作责任心； （3）强化操作规程； （4）设备使用前先检查
混合器	（1）排出管线举升高度不应超过3m，使用前应检查阀门是否正常工作； （2）喷射式混合器，喷嘴应在混合腔内处于中间位置； （3）使用混合器应先关闭加料阀门，待供液压力正常后逐步打开加料口阀门，开始加料，停机前应先关闭加料口阀门，继续循环3min以上方可停止供液； （4）添加增稠、增黏的高分子材料时，应缓慢加入； （5）高分子聚合物或黏土材料应通过剪切系统添加到钻井液罐中； （6）加料时，操作人员应佩戴护目镜、防护手套等必要的劳保用品	（1）人员触电； （2）机械伤害； （3）高压伤人； （4）使用效果差，无法正常配浆，影响钻井施工； （5）设备损坏； （6）环境污染	（1）穿戴好劳保用品；加料时，操作人员应佩戴护目镜、防护手套等必要的劳保用品； （2）强化操作责任心； （3）强化操作规程； （4）设备使用前先检查； （5）停用时应清洗干净，连接管线也应用水冲洗； （6）定期检查喷嘴和阀门

续表

工作内容	操作步骤及标准	风险提示	风险规避措施
剪切泵	(1)使用前应检查各阀门是否处于正常工作状态，检查剪切泵支座油池机油量是否充足； (2)用手转动泵轴，应运转灵活，不得有摩擦声或异响； (3)开启剪切泵电机，检查运转方向是否和标示一致； (4)使用剪切泵前应关闭进料阀，当供液压力正常后逐步打开进料阀，开始加料，停机前应先关闭加料口阀门，继续循环3min以上方可停止供液； (5)添加增稠、增黏的高分子材料时，应缓慢加入； (6)加料时，操作人员应佩戴护目镜、防护手套等必要的劳保用品	(1)人员触电； (2)机械伤害； (3)使用效果差； (4)设备损坏； (5)环境污染	(1)穿戴好劳保用品；加料时，操作人员应佩戴护目镜、防护手套等必要的劳保用品； (2)强化操作责任心； (3)强化操作规程； (4)设备使用前先检查； (5)定期检查皮带，发现松动及时紧固张紧螺丝，损坏及时更换皮带； (6)定期检查油池里的机油液面，不足时及时补充，机油太脏及时更换； (7)盘根盒出现密封失效，有液体流出时，及时维修或更换
加重下灰装置	(1)加重作业时关闭加重泵的进灰闸阀，先启动加重泵，待加重泵运转正常后，才启动加重装置； (2)开启加重泵的进灰闸阀，打开灰罐的进气阀，压力控制在0.2MPa以内，打开辅吹管线闸阀，保证下灰管线内无加重剂堆积或阻塞； (3)当罐内压力升至0.1MPa时打开灰罐的下灰闸阀开始下灰，确保罐内压力不能超过0.2MPa，根据供灰需求，通过调节进气量大小或调节灰罐下灰阀大小来控制供灰速度； (4)在下灰过程中尽量避免工作压力超过0.3MPa，带压工作时不得用锐器敲击罐体，避免发生意外事故； (5)在下灰过程中发现压力异常升高，下灰量小，供灰不畅时，应立即关闭灰罐进气阀和灰罐下灰阀，打开放气管线泄压。泄压完要仔细检查进灰管线上的各闸阀或管线是否被堵，查找原因后才能继续下灰；如出现连接处有少量灰外溢，可以通过用湿布包裹暂时解决，待使用完成再整改； (6)下灰工作完成后，先关闭灰罐的下灰阀和灰罐的进气阀，打开灰罐的放气阀进行泄压，继续使用灰罐的辅吹管线将下灰管线里的余灰吹净后再关闭辅吹管线进气阀； (7)下灰管线吹净和管线内无压力后打开加重泵连接，清理管线上各闸阀内的杂物，如闸阀有损坏及时更换，确认灰罐内压力卸完才能离开	(1)机械伤害； (2)高压伤人； (3)设备损坏； (4)环境污染	(1)穿戴好劳保用品； (2)强化操作责任心； (3)强化操作规程； (4)设备使用前先检查； (5)灰罐的安全阀开启压力为0.3MPa，每年校验一次，确保处于正常工作状态； (6)定期检查各进气部件、进气阀、下灰阀、下灰管线是否完好，发现损坏及时更换； (7)检查各连接部位的密封是否有漏气现象，如有问题及时处理

第三节 应急处置

钻井液技术员应急处置程序如表3-11所示。

表3-11 钻井液技术员应急处置程序

事故类型	处置程序
火灾	（1）高声呼喊“着火了”，切断总电源，初期火灾，立即使用灭火器进行灭火； （2）预判火势难以控制，立即撤离现场，向现场钻井液队求救，拨打119求救
人身伤害	（1）发现时高声呼喊或立即报告钻井队应急组长； （2）如是电击伤，保证安全前提下，切断电源，让伤者断开带电体； （3）酸、碱等化学品所致的伤，用清水冲洗10~15min； （4）伤者外伤出血或骨折，进行止血、包扎处置，伤者有呼吸或心跳，将其平躺，向井队医生求救或向120、就近医院求救； （5）若无心跳和呼吸立即组织进行人工呼吸和心肺复苏抢救，向井队医生求救或向120、就近医院求救；按程序报告，协调组织抢救； （6）烧伤，立即脱离致伤场所，灭掉伤员身上之火，立即进行处理与抢救
强烈油气侵、井漏、溢流、井涌	（1）收集汇总钻井液资料、储备量、加重材料储备量，向钻井液分队长报告； （2）待令，听从钻井液应急组长安排
井喷	（1）收集钻井液资料、储备量、加重材料储备量，向钻井液分队长报告； （2）现场情况危急，立即撤离到安全地点； （3）若井队组织撤离，撤离到紧急集合点，协助清点人数，保证安全前提下组织抢救
硫化氢泄漏	接到警报，根据空气中硫化氢浓度采取相应措施： （1）硫化氢浓度小于10ppm（汽笛报警1短1长），佩戴正压式空气呼吸器，收集钻井液资料、储备量、加重材料储备量，向钻井液分队长报告； （2）硫化氢浓度大于等于10ppm、小于20ppm（汽笛报警2短1长），佩戴正压式空气呼吸器，撤离到安全区域待令； （3）硫化氢浓度大于等于20ppm、小于100ppm（汽笛报警3短1长），佩戴正压式空气呼吸器，撤离到安全区域待令； （4）硫化氢浓度大于等于100ppm（防空报警），立即撤离到安全区域待令
地震	（1）确定为地震，在钻台、钻井液罐上就近倚靠在有抓扶地方，营房附近立即进入，（若营房存在滑坡风险则应迅速到钻井液罐或现场指定的开阔紧急集合点）； （2）结束后赶到现场紧急集合点，协助清点人数，若发生人员伤害组织施救，发生失联人员，向上级请示报告，并向钻井队求援，按照报告程序报告
食物中毒	（1）发现高声呼喊； （2）若伤者神志清醒，能够配合时，可先设法引吐、催吐；用手指压舌根或用缠上纱布的筷子刺激咽喉后壁或舌根，使患者引发呕吐；然后给患者饮温水300~500mL，反复进行引吐，直至吐出物已是清水为止； （3）对心跳、呼吸停止者，要及时进行心肺复苏抢救，同时向井队医生求救或向120、就近医院求救； （4）按程序报告，协调组织抢救；保留食物样本或中毒者的排泄物、呕吐物、剩余食物、用具等
中暑	（1）发现高声呼喊，向周围人员求助，将患者移至清凉处； （2）让患者躺下或坐下，解开上衣纽扣，并抬高下肢； （3）用凉的湿毛巾敷前额和躯干，用电风扇，或手扇动以促其降温； （4）让神志清楚的患者喝清凉的饮料或淡盐水； （5）如果患者病情无好转，应求助井队交通车或向120求救,立即送医院急救

续表

事故类型	处置程序
山体滑坡洪灾	（1）切断电源，高声呼喊，立即撤离到安全地点，通知仪器工程师； （2）清点人数，按程序报告，若有人员受伤组织施救，若有人员失踪或失联，保证安全的前提下，协助搜救，并向钻井队或地方政府求救
暴力恐怖袭击	（1）发现可疑暴恐或听到暴恐警报时，生活区，向营区负责人报告，提醒现场人员，立即进入庇护房； （2）听到井场的暴恐警报信号响起，立即穿戴好防暴用具，奔向钻台，听从井队统一安排处置； （3）暴力结束协助清点钻井液人员是否受伤或失联，若受伤按照人身伤害事件处置；并按照报告程序汇报

一旦发生突发事件，按以下顺序进行报告（严重情况下可以越级上报）:

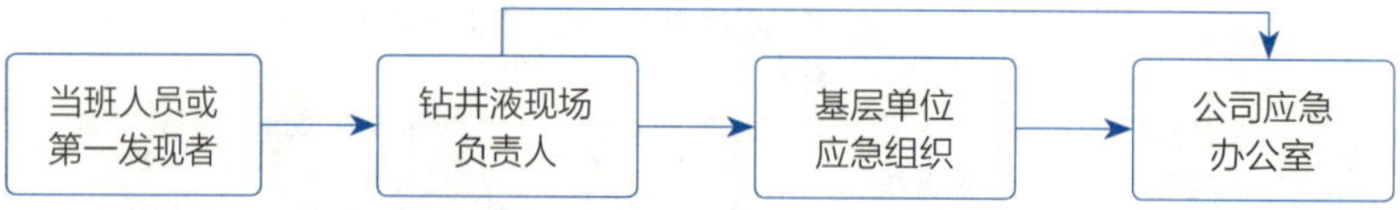

当班人员或第一发现者 → 钻井液现场负责人 → 基层单位应急组织 → 公司应急办公室

岗位主要安全风险	井喷及井喷失控、机械伤害、起重伤害、物体打击、火灾、爆炸、触电、噪声、中毒及其他伤害	岗位主要危险物质	原油、天然气、硫化氢、钻井液处理剂

第四章 钻井液工岗位操作标准

第一节 岗位描述

1. 岗位说明

钻井液工岗位说明如表4-1所示。

表4-1 钻井液工岗位说明

项 目		主要内容
工作概述		负责当班钻井液维护工作，钻井液处理剂的管理，钻井液原始资料的收集填写，钻井液设备、仪器的使用、维护、保养，参与钻井液新技术、新工艺、新产品的推广应用
上岗条件	教育程度	高中及以上文化程度
	从业资格	持有有效的井控证（级别D1）、HSSE管理培训证、硫化氢防护技术培训证
	技能等级	职业技能鉴定中心颁发或验印的钻井液工初级工及以上职业资格证书
	辅助技能	应达到钻井液工初级工技能
	工作经历	经过安全教育和专业技术培训
	职业道德要求	爱岗敬业、勇于奉献、团结协作、遵章守纪
	身体要求	（1）身体健康、精力充沛，视力、听力敏锐； （2）能够屈体、运动或帮助转运25kg以上，50kg以内的重物； （3）能够在12h值班中站立或行走70%以上的时间
岗位关系	纵向关系	接受钻井液分队长的直接领导，接受钻井液技术员的工作指导、监督
	横向关系	与副司钻、场地工、班组人员有协作关系
岗位职责	工作职责	（1）认真执行上级部门等各项管理制度，按照分队长或钻井液技术员的要求配制、维护、处理钻井液，并做好记录；

续表

<table>
<tr><th colspan="2">项 目</th><th>主要内容</th></tr>
<tr><td rowspan="2">岗位职责</td><td>工作职责</td><td>（2）全面负责钻井液循环系统、钻井液处理设备、固控设备的使用保养，做好岗位巡回检查工作，发现问题及时向分队长提出，及时整改，维持好固控设备，做好循环系统、储备罐、材料仓库、值班房的卫生。在首次服务的井队要同井队机械技术员进行设备交底，学习设备的使用和保养说明书，了解设备的使用和保养要求，掌握技术交底内容；
（3）管好仪器、工具，协助钻井液技术员做好钻井液性能测定，记录、填写工整、齐全、准确，要收集工程特殊情况的资料；
（4）按照钻井液技术员要求维护保养好固控设备，做好循环系统、储备罐、材料仓库、值班房的卫生；
（5）管理好仪器、工具、试验药品，使用后的仪器、工具、试验药品要按照组要求放置；
（6）做好钻进、起下钻、空井等工况的液面监测和校核工作，及时和钻井队、录井组当班坐岗人员核对数据，遇异常情况，立即向当班司钻和钻井液分队长汇报；
（7）接班时，提前半小时做好岗位巡回检查工作，发现问题及时提出，进行整改，上班期间按规定时间巡回检查固控设备的运转情况及钻井液的性能监测，发现隐患及时报告并按照规范处理；
（8）交班时，按巡回检查路线进行交接，全面完成本班各项工作，不给接班人员留下隐患；
（9）工作岗位注重标准化和精细化操作，不违章指挥、不违章操作、不违反劳动纪录，有权拒绝不具备QHSSE条件的作业任务；有权拒绝违章作业的指令，对他人违章作业有权加以劝阻和制止；
（10）负责对到井材料的清点，如实记录，按品种、类别分别堆放，以配合井队现场的标准化管理，做好防水、防火、防盗工作，如发现运单数量与实收数量不一致时，要留下凭证并及时向分队长汇报；
（11）随时服从技术服务中心的工作安排</td></tr>
<tr><td>安全职责</td><td>（1）配合相关岗位做好班组安全生产指令的实施，并监督、检查执行情况；
（2）负责生产设备、安全装备、消防设施、防护器材、环保设施和急救器具的检查维护工作，使其经常保持完好和正常运行；合理使用劳动防护用品、用具，正确使用灭火器材；
（3）按要求进行岗位巡回检查和隐患排查，及时消除或上报，工作中做好安全监护，严禁“三违”，做到“三不伤害”；严格遵守QHSSE管理制度、本岗位安全操作规程，不违章作业；
（4）积极参加班组安全活动，自觉接受安全生产教育培训和考核，增强自身安全生产意识和防护能力，做到持证上岗；
（5）全面遵守集团公司行业钻井规范、标准，学习并遵守集团公司《员工守则》、上级单位的各项规章制度</td></tr>
<tr><td colspan="2">工作内容</td><td>（1）操作责任清单：
①执行交、接班制度；
②按照巡回检查路线、项点进行详细检查；
③配合钻井液技术员和其他人员完成循环系统的搬迁安装、调试、保养；
④掌握设备的运转情况，填写《固控设备运转记录》并签字；
⑤及时测量钻井液性能，填写好《钻井液班报表》并签字；
⑥按照要求填写好《井控坐岗记录》，观察钻井液增、减情况，发现异常立即汇报；
⑦严格按照《钻井工程设计》施工，发现问题及时处理，处理不了的及时汇报；
⑧监测钻井液性能变化，发现异常立即汇报；
⑨按要求测量好循环周钻井液性能；
⑩完成钻井液分队长安排的各项任务；
⑪参加班前会了解生产情况，接受作业指令及钻井液技术员工作安排；
⑫严格按照作业指令及钻井液技术员安排生产操作；
⑬严格按照安全操作规程进行生产操作；</td></tr>
</table>

续表

项 目	主要内容
工作内容	⑭严格执行上级及技术服务中心各项规章制度； ⑮参加班前班后会； ⑯负责分管设备的卫生、保养、使用； ⑰负责测量仪器的卫生、保养、使用； ⑱推广新工艺、新技术、新设备的应用； ⑲钻井液处理剂分类摆放 （2）安全责任清单： ①参加每周的班组业务学习； ②参加每周的班组QHSSE工作活动； ③严格执行QHSSE的各项规定； ④检查本岗QHSSE情况，发现不安全因素及时处理，处理不了的采取防范措施，及时上报； ⑤参加班组应急预案演练； ⑥负责本岗生产期间的环境卫生保护； ⑦正确穿戴劳保用品； ⑧熟练使用和维护安全防护设施、消防器材和急救器具； ⑨杜绝“三违现象”； ⑩发生事故时按预案处理，积极抢救，保护现场并详细记录； ⑪参加事故分析，提出防范措施； ⑫做好作业前的风险分析及对应措施； ⑬对本岗的各项安全操作承担责任； ⑭对本岗的机械、设备、人身安全承担责任
应知的法律法规规程规范	《石油钻井液固相控制设备安装、使用、维护和保养》《石油天然气工业钻井液现场测试第一部分：水基钻井液》《钻井液现场工艺技术规程》《石油天然气钻井、开发、储运、防火防爆安全生产管理规定》《常规钻进安全技术规程》《油气井钻井及修井作业职业安全的推荐作法》《钻井井场照明、设备颜色、联络信号安全规范》《石油与天然气钻井井控技术规定》《石油天然气钻井井控安全技术考核管理规则》《陆上石油工业安全术语汇》《石油钻井队安全生产检查规定》《石油天然气生产专用安全标志》《工作场所安全使用化学品的规定》《石油天然气钻井健康、安全与环境管理体系指南》《石油企业工业动火安全规程》《安全和环境管理计划的推荐作法》《电力设施保护条例》《电气安全工作规程》《用电安全导则》《电工电子设备防触电保护分类》《安全电压》《仓库防火安全管理规则》《文件和资料控制管理程序》《风险评价管理程序》《隐患治理管理程序》《环境保护管理程序》《变更管理程序》《应急管理程序》《检查和监督管理程序》《事故处置和预防管理程序》《安全用火管理规定》《堵漏作业规范》《复杂情况作业指导书》《井控规范》《临时用电安全管理》《气瓶安全管理规定》《设备安全管理规定》《生产安全管理规定》《物品搬运及储存管理规定》《压井作业规范》《记录管理规定》《固体废弃物控制程序》《大气水污染控制程序》《水污染控制程序》《噪声污染控制程序》《中华人民共和国消防法》《中华人民共和国职业病防治法》《中华人民共和国安全生产法》《中华人民共和国刑法》《中华人民共和国环境保护法》《中华人民共和国防震减灾法》《中华人民共和国环境噪声污染防治法》《中华人民共和国尘肺病防治条例》《劳动保护用品配备标准（实行）》《事故隐患治理管理工作规定》
工作权限	（1）对本班钻井液技术措施有建议权； （2）对钻井液设备仪器有管理权； （3）对违章指挥有拒绝执行权
职业生涯发展规划	（1）在本岗位具有良好的工作业绩，达到高一层次任职条件，可以晋升到高一级岗位； （2）可以在单位内部进行相应岗位流动或轮换

续表

项　目		主要内容
工作考核	考核关系	接受钻井液分队长的工作、业务考核
	考核依据	上级部门相关考核制度

2. 工艺流程

钻井液工工作工艺流程如图4-1所示。

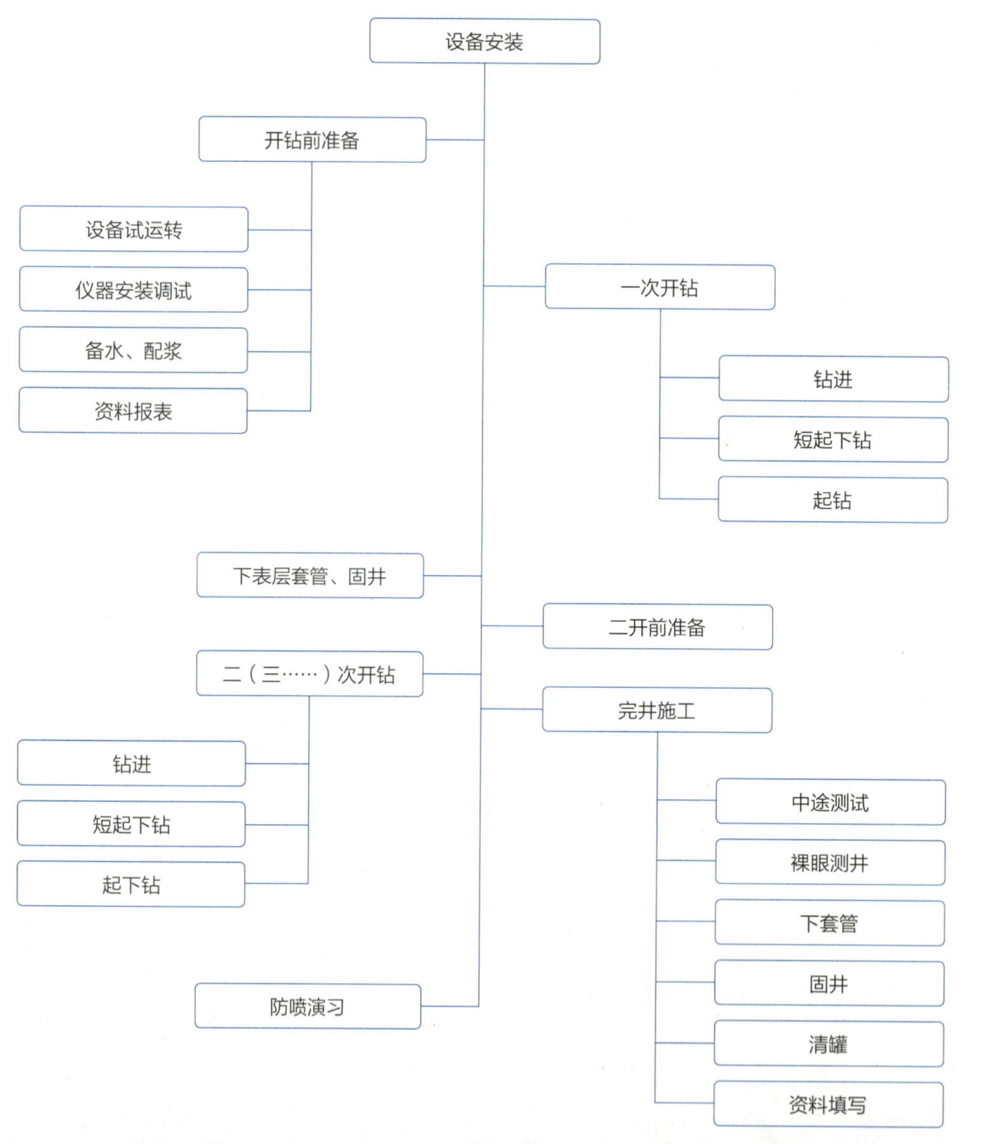

图4-1　钻井液工工作工艺流程

3. 工作流程

钻井液工岗位工作流程如图4-2所示。

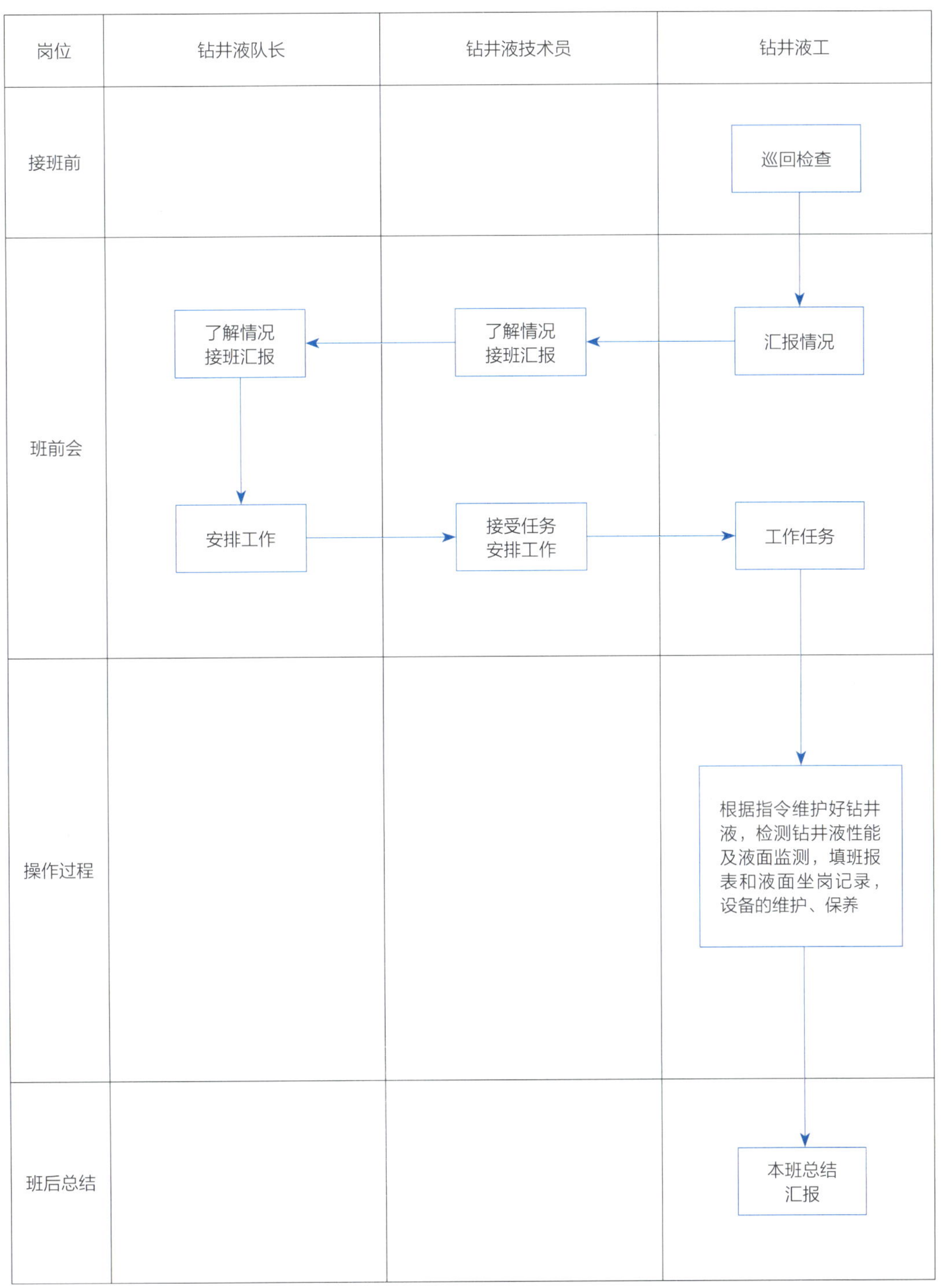

图4-2 钻井液工岗位工作流程

第二节　岗位标准化操作规程

1. 交接班标准化操作规程

1）接班标准化操作规程

钻井液工接班标准化操作规程如表4-2所示

表4-2　钻井液工接班标准化操作规程

工作内容	操作步骤	工作标准	风险提示
接班前检查	（1）穿戴劳保用品； （2）按接班要求进行接班前的检查； （3）发现的问题反馈给钻井液技术员； （4）询问、了解设备钻井液性能及井下情况	（1）劳保用品穿戴齐全、规范； （2）设备、工具、钻井液、处理剂检查率100%； （3）问题反馈率100%； （4）了解当前施工、设备、钻井液性能及井下情况，做到心中有数	（1）劳保用品穿戴不齐，容易发生人身伤害事故； （2）设备检查遗漏，有问题不能及时发现，可能导致使用过程中发生故障，耽误生产； （3）发现的问题未反馈，交班不能及时整改，设备带病工作，易发生事故； （4）施工情况了解不清，可能会造成设备损坏或井下故障
参加班前会	（1）接班后检查完，至值班房参加班前会； （2）汇总各岗检查情况； （3）接收钻井液分队长当班作业指令及注意事项分析危害识别	（1）参加率100%； （2）汇总率100%； （3）危害分析全面；工作必须具体、明确；记录齐全准确	（1）不参加班前会，不了解工作情况，容易导致发生事故或人员伤害； （2）汇总不全，无法统筹安排工作，易发生事故； （3）不进行危害分析，易导致安全事故的发生；不具体，会导致怠工、误工的发生；记录不齐全，不符合资料存档规范
进行接班	（1）上循环罐，进行岗位交接； （2）按要求进行生产施工	（1）及时到位、对井下情况、设备全面交接； （2）进行工作要兼顾安全	（1）不能及时到位，造成上班人员超长工作，疲劳工作易发生事故；交接不全面，可能导致使用过程中发生故障，耽误生产； （2）进行生产忽视安全，可能会造成人员安全意识淡薄，发生伤害事故

2）交班标准化操作规程

钻井液工交班标准化操作规程如表4-3所示，

表4-3　钻井液工交班标准化操作规程

工作内容	操作步骤	工作标准	风险提示
交班	（1）交清本班设备运转情况、钻井液性能及当前施工情况； （2）对接班钻井液工提出的问题进行整改	（1）施工情况、设备、钻井液性能及工具状况交接清楚率100%； （2）问题整改率100%	（1）设备交接有遗漏、交接不清，易发生故障，耽误生产； （2）问题整改不全，遗留隐患，易导致误工或事故发生
参加班后会	交班后，至值班房参加班后会	参加率100%	不参加班后会，本班工作问题、经验不能及时了解

2. 巡回检查标准化操作规程

钻井液工巡回检查标准化操作线路如图4-3所示。

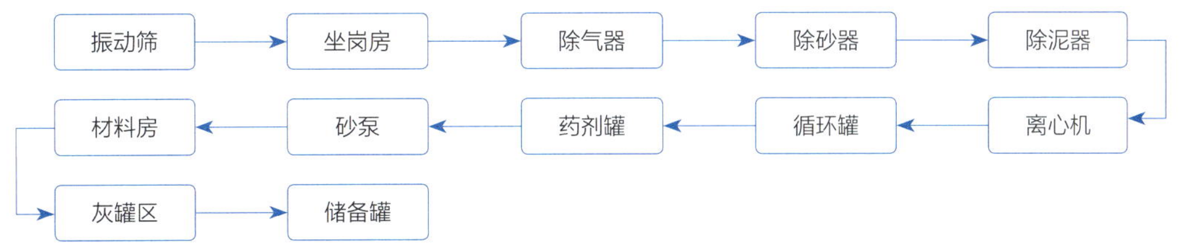

图4-3 钻井液工巡回检查标准化操作线路

钻井液工巡回检查标准化操作规程如表4-4所示。

表4-4 钻井液工巡回检查标准化操作规程

检查路线	检查项点	工作标准	风险提示	风险规避措施
材料房	(1)品种; (2)数量; (3)内外清洁; (4)出入库记录; (5)照明; (6)洗眼器; (7)遮盖防护	(1)品种齐全; (2)数量准确; (3)内外清洁; (4)出入库资料齐全,如实填写; (5)照明良好; (6)洗眼台清洁,水量充足; (7)防护严实	(1)药品不齐全,影响处理钻井液; (2)数量不清,影响处理维护钻井液; (3)散落药品,污染环境; (4)资料不齐全,导致对当前施工情况了解不清,易发生问题; (5)照明不良易搬错药品影响钻井液性能; (6)洗眼用水不卫生引起疾病; (7)遮盖不严密易造成处理剂被浸泡失效	(1)根据需要保证品种齐全; (2)检查认真仔细,无遗漏; (3)及时清理; (4)记录填写认真、准确、及时; (5)照明良好,搬运药品确认名称,数量准确无误; (6)定期更换洁净淡水; (7)钻井液处理剂做到上盖下垫
药品罐	(1)搅拌机; (2)开关; (3)电路、地线; (4)药品种类及性能	(1)搅拌机运转正常; (2)各开关灵活好用; (3)电路、地线连接牢固无破损老化; (4)药品罐内所配药品种类及性能清楚	(1)搅拌机损坏,影响配制药液; (2)开关、损坏,搅拌机无运转影响正常配制药液; (3)电路、地线损坏;搅拌机无运转影响正常配制药液;易漏电伤人; (4)不清楚所配药品及性能影响维护处理钻井液	(1)检查运转注意有无异常,连接可靠,绝缘良好接地正常; (2)先试运转,检查更换开关; (3)检查要认真细致,及时更换 (4)交接清楚药品种类及性能;穿戴好劳保防护用品,搬放药品轻拿轻放,加药品站在上风口
砂泵	(1)固定; (2)运转; (3)保养; (4)清洁; (5)护罩;	(1)安装、固定牢固; (2)运行平稳无异响; (3)机油在游标尺上下限之间,砂泵轴承盘根定期加注黄油;	(1)固定螺栓缺失或松动,易造成部件移位或早期损坏; (2)上水不好,影响正常使用; (3)保养不到位,损坏设备;	(1)检查固定螺栓、螺帽; (2)及时检查,调整; (3)按时保养; (4)及时清理,保持设备清洁;

上四

续表

检查路线	检查项点	工作标准	风险提示	风险规避措施
砂泵	（6）电动机、开关柜、电路及地线	（4）设备卫生清洁； （5）牢固可靠； （6）电动机运转正常，开关紧固，防爆绝缘良好，电路、地线连接牢固无破损	（4）腐蚀设备； （5）旋转部位易伤人； （6）电路、开关防护不到位易触电	（5）检查认真，及时紧固； （6）及时检修、紧固或更换
振动筛	（1）筛网； （2）电动机； （3）润滑； （4）固定； （5）排砂； （6）电路； （7）开关；	（1）筛网固定牢固，无糊堵，无破损； （2）运转正常，无松动； （3）润滑良好； （4）固定牢固； （5）排砂正常； （6）电路、地线连接牢固无破损老化； （7）各开关灵活好用	（1）筛网固定不牢易疲劳损坏；破损影响钻井液性能； （2）运转不正常影响清砂，松动易损坏； （3）保养不好损坏设备； （4）易损坏设备，伤人； （5）排砂不正常影响钻井液性能； （6）电路、地线损坏；易漏电伤人； （7）开关损坏，影响运转	（1）固定牢固、松紧合适，及时检查、清理更换； （2）检查细致，无异响、松动； （3）及时保养； （4）及时检查紧固； （5）检查电机运转方向是否正确，调整筛面； （6）检查要认真细致； （7）及时检修更换
除气器	（1）性能； （2）紧固； （3）清洁； （4）电动机及地线； （5）电路； （6）开关	（1）真空度应为0.03~0.045MPa； （2）安装、固定牢固； （3）设备卫生清洁； （4）运转正常，无松动地线连接牢固； （5）电路、无破损老化； （6）各开关灵活好用	（1）真空度低，影响除气效果； （2）松动易损坏设备，伤人； （3）腐蚀设备，缩短使用寿命； （4）运转不正常影响正常除气，松动漏电伤人； （5）电路、破损老化，易漏电伤人； （6）开关损坏，影响运转	（1）保持在额定真空度范围； （2）定期检查紧固； （3）设备卫生清洁； （4）检查细致，无异响、松动； （5）检查要认真细致； （6）及时检修更换
除砂器	（1）性能； （2）紧固； （3）清洁； （4）筛网	（1）除砂器的正常压力应为0.2~0.35MPa，底流钻井液应成伞状喷射排出； （2）各连接紧固，无松动； （3）设备卫生清洁； （4）筛网固定牢固，无破损	（1）压力过大易损坏除砂器，过小影响除砂效果或跑钻井液； （2）旋流损坏，刺漏伤人； （3）外溅钻井液，滑倒伤人； （4）筛网固定不牢易疲劳损坏；破损影响钻井液	（1）调整进液量，控制好压力在正常范围； （2）定期检查，各螺丝紧固好； （3）外溅钻井液、底流及时清理，保持设备清洁； （4）及时检查、清理、更换
除泥器	（1）性能 （2）紧固 （3）清洁 （4）筛网	（1）除泥器的正常压力应为0.2~0.35MPa，底流钻井液应成伞状喷射排出； （2）各连接紧固，无松动； （3）设备卫生清洁； （4）筛网固定牢固，无破损	（1）压力过大易损坏除砂器，过小影响除砂效果或跑钻井液； （2）旋流损坏，刺漏伤人； （3）外溅钻井液，人员易滑倒； （4）筛网固定不牢易疲劳损坏；破损影响钻井液	（1）调整进液量，压力在正常范围； （2）定期检查，各螺丝紧固好； （3）外溅钻井液及时清理； （4）及时检查、清理、更换
离心机	（1）固定； （2）调整； （3）保养； （4）性能； （5）管路；	（1）安装、固定牢固； （2）用手盘动轮鼓，有无摩擦或阻卡，先启动辅电机再启动主电机至运转正常；	（1）固定螺栓缺失或松动，易造成部件移位或早期损坏； （2）旋转部位易伤人； （3）保养不到位，损坏设备；	（1）认真检查固定螺栓、紧固； （2）护罩齐全紧固，调整好进液量； （3）检查认真，保养到位；

续表

检查路线	检查项点	工作标准	风险提示	风险规避措施
离心机	（6）电动机； （7）电路、地线； （8）卫生； （9）皮带	（3）按时保养，不漏保； （4）运行平稳，排砂正常； （5）管线连接牢固； （6）电动机运转平稳，无异响； （7）电路、地线连接牢固无破损老化； （8）设备卫生清洁； （9）皮带松紧合适	（4）排砂不畅，堵塞内外筒，损坏设备； （5）连接不牢易伤人； （6）旋转部位易伤人； （7）电路、地线防护不到位易触电； （8）滑倒伤人，腐蚀设备； （9）皮带太松易打滑，太紧引起皮带过热损坏	（4）及时检查、调整，清洗内外筒； （5）确保连接牢固； （6）操作平稳，护罩齐全； （7）检查要认真细致，断电后检修、更换； （8）外溅钻井液、及时清理，保持清洁； （9）调整合适的松紧度
坐岗房	（1）卫生； （2）电路、开关； （3）仪器仪表； （4）照明； （5）报表	（1）卫生清洁； （2）电路开关防爆绝缘良好，无损坏； （3）测量仪器齐全、好用； （4）照明良好； （5）填写齐全准确，及时	（1）卫生差，资料污损； （2）用电仪器、电路、开关防护不到位易触电； （3）仪器不全、不准，测量数据不准影响下步处理； （4）光线不好影响测量性能； （5）钻井液性能测量、记录不及时，不能及时掌握钻井液性能变化导致井下故障	（1）保持清洁； （2）电路、开关及时检查、更换保养； （3）配齐仪器，仪器要灵活好用； （4）及时检修更换； （5）及时、准确测量并记录
循环罐	（1）钻井液量； （2）连接、密封； （3）搅拌机； （4）电路； （5）清砂； （6）梯子、栏杆、保险绳、踏板及通道； （7）罐连接管线	（1）钻井液量合适，保证生产需要； （2）连接紧密，罐面平整、防滑、无损坏无孔洞； （3）运转正常，固定牢固，护罩齐全； （4）电路、无破损老化； （5）固控设备清砂正常； （6）栏杆齐全牢固、梯子坡度合适，踏板水平有护栏，固定可靠，有保险绳； （7）管线、闸门连接可靠	（1）液量过少影响生产，过多会增加消耗处理剂； （2）有超过规定尺寸的孔洞易伤人； （3）旋转部位易伤人； （4）电路、破损老化，易漏电伤人； （5）清砂不良，影响钻井液性能； （6）栏杆、梯子、安全链等不牢固、不齐全易伤人； （7）连接不牢，易伤人	（1）控制好加水、加药量； （2）孔洞，盖板及时维修盖好； （3）护罩牢固，安全可靠； （4）检查要认真细致； （5）及时检查，维护保养； （6）栏杆、梯子、安全链等牢固齐全； （7）及时检查、紧固
电器控制系统	（1）开关箱； （2）电路； （3）开关； （4）绝缘脚垫	（1）开关箱固定牢稳、箱盖紧固严密； （2）电路、地线连接牢固无破损老化，地线接地良好； （3）各开关标识清楚，开关灵活好用； （4）绝缘脚垫齐全符合要求	（1）开关箱固定不稳、箱盖紧固不严密，易漏进水损坏电器部件和设备； （2）电路、地线连接不牢固、破损老化漏电伤人； （3）开关标识不清，操作不当易伤人； （4）绝缘脚垫不齐全不符合要求易漏电伤人	（1）开关箱固定牢稳、箱盖紧固螺丝上紧； （2）电路、地线连接牢固无破损老化； （3）开关标识清楚； （4）经常检查更换
灰罐区	（1）漏斗； （2）加重泵； （3）石粉储备	（1）加重漏斗管线畅通，闸门灵活好用； （2）运转正常牢固安全； （3）储备量符合设计要求	（1）石粉飞溅污染环境； （2）旋转部位易伤人； （3）储备量不足，影响井控	（1）控制加石粉速度； （2）检查细致，无异响、松动； （3）定期检查，确保储备充足

续表

检查路线	检查项点	工作标准	风险提示	风险规避措施
储备罐	（1）性能； （2）闸门； （3）储备量； （4）搅拌机； （5）电路、地线； （6）管线	（1）清楚钻井液性能； （2）各闸门灵活好用； （3）按要求储备； （4）搅拌机运转正常； （5）电路、无破损老化，接地线连接牢固； （6）管线连接正确，密封良好	（1）影响钻井液处理； （2）影响储备罐使用； （3）储备不足影响井控； （4）搅拌机损坏影响储备重浆的搅拌； （5）电路、地线损坏；搅拌机无运转影响重浆搅拌；易漏电伤人； （6）连接不正确，密封不好，造成漏浆，造成环境污染	（1）定期测量，及时掌握其性能； （2）定期检查、更换； （3）定期检查； （4）检查运转注意有无异常，连接可靠，绝缘良好接地正常； （5）及时更换； （6）紧固螺栓，更换连接胶套

3. 施工作业标准化操作规程

1）施工准备标准化操作规程

钻井液工施工准备标准化操作规程如表4–5所示。

表4–5　钻井液工施工准备标准化操作规程

工作内容	操作步骤及标准	风险提示	风险规避措施
施工设计	施工设计学习		
设备试运转	（1）检查无误后方可试运转； （2）发现异常立即停止，整改好后方可再试； （3）试运转时专人负责	（1）转动部位有杂物易飞出伤人； （2）电路，开关绝缘不好易触电； （3）设备反转影响使用	（1）检查清除杂物后运转； （2）专业人员处置，或使用绝缘手套； （3）调整方向正确
仪器安装	（1）按标准配备测量仪器； （2）按操作规程正确安装； （3）及时检测确保准确	（1）安装氮气瓶固定不牢易伤人； （2）用电仪器、电路、开关防护不到位易触电	（1）氮气瓶固定牢固； （2）电路、开关确保绝缘； （3）仪器定期送检，确保在有效期内
资料准备	准备好班报表	不准备班报表没有填写钻井液性能，影响数据收集	准备好班报表
备水、配浆	（1）大循环池储备足够量的清水； （2）按配方加入土粉、纯碱等充分搅拌放到储备罐水化备用； （3）根据指令配制重浆	（1）水质不好，导致钻井液性能难处理； （2）加入顺序不对或加量不够，影响坂土浆水化效果	（1）提前化验，合理选择处理剂或换合格用水； （2）按质量顺序加入配浆材料
处理剂分类及堆放	对到场的各种处理剂分类堆放，标识并记录	处理剂不分类堆放和标识，影响钻井液的维护处理	根据药品库房实际情况进行分类堆放，做好标识和记录
钻井液钻前验收	配合分队长进行钻前验收		

2）各开次施工标准化操作规程

钻井液工各开次施工标准化操作规程如表4–6所示。

表4-6 钻井液工各开次施工标准化操作规程

工作内容	操作步骤及标准	风险提示	风险规避措施
施工准备	(1)循环系统试运转正常; (2)备足清水，水泵供水能力达到要求; (3)重晶石粉、重浆储备达到设计要求; (4)学习该开次施工设计; (5)领取班报表、坐岗记录	(1)密封、连接不牢振动后易泄漏; (2)水量不足影响钻进; (3)储备不足，影响井控	(1)经常检查、紧固; (2)确保水源充足，供水能力达到要求; (3)储备达到要求
钻进	(1)配制胶液，按分队长指令配制钻井液胶液; (2)按规定时间测量钻井液性能，并填写好钻井液原始记录; (3)加强液面监测并记录;根据进尺清放沉淀罐; (4)发现电气故障应通知电气工程师及时整改; (5)处理钻井液应根据分队长要求或指令处理，不得大幅度改变钻井液性能; (6)核对储备重浆和加重、堵漏材料是否满足设计要求，以备出现复杂情况时使用; (7)根据井型或取心钻进等不同类型执行相应施工技术措施	(1)环境污染、药剂粉尘污染、机械伤人; (2)不能及时掌握钻井液变化和井下情况; (3)坐岗不认真发生井涌、井漏发现不及时; (4)易触电伤人; (5)大幅度改变钻井液性能，易引起井下故障; (6)重浆，石粉储备不足，耽误压井; (7)不执行技术措施导致井下故障	(1)做好环保措施，穿戴好劳保用品，对机械设备做好防护; (2)按规定测量并填写好资料报表; (3)加强坐岗观察，发现异常及时汇报司钻; (4)出现故障及时通知电器工程师; (5)保持钻井液性能稳定; (6)按时设计要求储备加重材料; (7)严格执行技术措施
短起下钻	(1)短起下钻中核对灌返浆量; (2)根据情况清放沉砂罐和清淘过渡槽; (3)短起下钻中出现复杂的井段做好记录; (4)完成分队长或钻井液技术员临时安排的工作	(1)不核对，易造成浮阀的损坏，不知道是否发生井漏; (2)不清放沉砂罐影响钻井液性能; (3)不记录，对井内复杂情不清楚	(1)核对返浆量是否正常; (2)清放沉砂罐; (3)对井内复杂情况做好记录
起下钻	(1)钻井液工每起3~5柱钻杆记录一次钻井液灌入量，每起一柱钻铤记录一次钻井液灌入量; (2)核对起出钻柱体积与灌入钻井液量是否相符;应立即通知司钻继续灌浆直到返出;若井口已经返出，灌浆误差超过0.5m^3提醒司钻并报告值班干部，误差超过1m^3时，立即报警; (3)下钻钻井液工每隔10~15min记录一次返出量并及时核对; (4)对设备进行维护保养,起下钻中记录井内复杂情况的井段; (5)清淘沉砂罐和过渡槽，根据情况清淘上水罐	(1)坐岗不认真发生井涌、井漏发现不及时;起钻拔活塞易井塌或井涌; (2)对井内复杂井段不记录，影响下步对钻井液性能的维护处理; (3)不清沉砂罐或上水罐，影响钻井液性能控制	(1)加强坐岗观察，发现异常及时汇报司钻;下钻循环好再起钻; (2)及时记录井内复杂井段; (3)及时清淘沉砂罐或上水罐
胶液配制	(1)将药剂罐加入适量的水，开启搅拌机; (2)烧碱直接在罐上加入; (3)通过剪切泵或者混合漏斗先加入小分子后加入大分子，加入大分子时要缓慢，所有处理剂加完后搅拌不低于2h，使处理剂充分溶解	(1)环境污染; (2)机械伤人; (3)烧碱伤人; (4)药剂未充分溶解影响使用效果	(1)穿戴好劳保用品; (2)设备使用前先检查，注意环境保护; (3)危险化学品，使用台账，废旧口袋回收记录

续表

工作内容	操作步骤及标准	风险提示	风险规避措施
烧碱使用	(1)检查劳保是否穿戴整齐; (2)检查包装是否完好; (3)两个责任人同时到场，检查烧碱仓库，钥匙是否完好; (4)检查工作场所，通风情况; (5)检查清水、洗眼器情况; (6)检查工作环境光线; (7)使用完后作业场所是否清洁，记录危险化学品台账	(1)劳保穿戴不整齐，造成人员伤害; (2)包装破损，污染环境，烧伤人员，腐蚀设备; (3)钥匙损坏，烧碱遗失; (4)过度暴露，有腐蚀刺激作用; (5)没有或洗眼器内清水不清洁，不能起到防护作用; (6)光线不好、光线太强易眩晕，造成操作不当; (7)污染环境、腐蚀设备	(1)包装破损及时更换; (2)防酸碱的手套、穿好工作服、工作鞋、戴好滤尘口罩和护目镜，皮肤不能有裸露的部位; (3)及时更换钥匙; (4)定期清洗洗眼器，更换清水
坐岗	(1)负责坐岗并填写坐岗记录; (2)坐岗时间自安装防喷器开始至完井为止; (3)钻进时每10min记录一次钻井液增减量并记录; (4)发现溢流、井漏等复杂情况及时向司钻汇报	(1)无专人坐岗，异常发现不及时，导致事故; (2)未及时坐岗，异常发现不及时，导致事故; (3)填写不及时，数据不准确，影响判断; (4)未及时汇报延误关井时间	(1)专人坐岗，认真观察填写坐岗记录; (2)按时开始坐岗，认真观察填写坐岗记录; (3)及时填写，数据准确; (4)发现溢流，立即汇报司钻
重浆维护	(1)定期搅拌重浆; (2)检测重浆性能并记录	为定期搅拌、检测，重浆沉淀	监督检查，建立维护记录
防喷演习	(1)发现溢流后，迅速到钻台报告司钻; (2)回到循环罐继续测量钻井液液面变化记录溢流量; (3)测量进、出口钻井液的密度和黏度	(1)发现不及时，易造成井喷失控; (2)未观察溢流量，造成井下复杂情况加剧	(1)认真坐岗，加强循环检查; (2)认真测量，做好记录
资料记录	班报、坐岗记录、固控设备维护记录、重浆维护记录、EPBP数据录入	原始资料错误，遗漏影响井下安全	定期检查

3）钻井液性能测定标准化操作规程

钻井液工钻井液性能测定标准化操作规程如表4-7所示。

表4-7 钻井液工钻井液性能测定标准化操作规程

工作内容	操作步骤及标准	风险提示	风险规避措施
马氏漏斗黏度的测定	(1)仪器的校正 在温度为21℃±3℃时，注入1500mL清水，从漏斗中流出946mL清水的时间为26s±0.5s，其误差不得超过0.5s; (2)测量钻井液的温度，用“℃”表示; (3)手握漏斗，用手指堵住流出口，将新取的钻井液通过筛网注入洁净、干燥直立的漏斗中，直到钻井液面与筛网底部平齐为止; (4)保持漏斗垂直，移开手指的同时按动秒表，	(1)仪器损坏; (2)性能检测误差	(1)按规范要求穿戴劳保用品; (2)测定时要记录样品温度; (3)应避免大颗粒进入漏斗，防止气泡产生，必要时加入消泡剂消泡; (4)钻井液倒入漏斗后立即开始测定; (5)测定过程中尽可能使漏斗保持垂直

续表

工作内容	操作步骤及标准	风险提示	风险规避措施
马氏漏斗黏度的测定	测量钻井液注满946mL所需要时间； （5）以“s”为单位记录马氏漏斗黏度，并以“℃”为单位记录钻井液的温度		
密度的测定	（1）仪器的校正； （2）将仪器底座放置在一个水平平面上； （3）测量钻井液的温度并记录在钻井液报表上； （4）记录钻井液密度值，精确到0.01g/cm^3	（1）仪器损坏； （2）性能检测误差	（1）测定时应记录样品温度； （2）测定前应小心搅拌样品，使气泡放出，向杯中注入时也要小心，不要激起气泡，必要时可加入消泡剂； （3）放杯盖时应使钻井液杯保持水平，将杯盖沿杯口平滑推入，使空气全部挤出
流变参数的测定	（1）开机前的检查和校验； （2）将样品注入样品杯内至刻度线处（350mL），立即置于托盘上，上升托盘使杯内液面刚好达到转筒刻度线处； （3）测量并记录钻井液的温度； （4）使转筒在600r/min转速下旋转，待表盘上的读数值恒定（所需时间取决于钻井液的性能）后，读取并记录600r/min时表盘读值；按相同方法分别测定并记录300r/min、200r/min、100r/min、6r/min、3r/min时在表盘上的读值； （5）将钻井液样品在600r/min下搅拌10s；停止搅拌后将钻井液样品静置10s，测定3r/min转速开始旋转后的最大读值，以“Pa”为单位计算初切力（10s切力）； （6）将钻井液样品在600r/min下搅拌10s，而后使其静置10min，测定3r/min转速开始旋转后的最大读值，以“Pa”为单位计算终切力（10min切力）； （7）清洗仪器并擦干，上好内外筒	（1）仪器损坏； （2）性能检测误差； （3）触电伤人	（1）测量时旋转筒的刻线一定刚好被被测钻井液淹完。切力测定是3r/min转动时的最大值； （2）需卸内外筒时，应轻轻卸下，切忌碰撞或用力过猛； （3）测定时必须是从高速到低速依次进行，不能颠倒
中压失水测定	（1）要确保钻井液杯内各部件，尤其是滤网清洁干燥，密封垫圈未变形或损坏； （2）压力达到690kPa ± 35 kPa，放压入钻井液杯内，并保持压力稳定，钻井液杯加压的同时开始计时； （3）当测量时间已到，随即取下量筒，切断中压气源； （4）以“mL”为单位记录API滤失量。当测量时间在7.5min时的失水量大于8mL时，则用7.5min的失水量乘以2，即为该钻井液的失水量；当测量时间在7.5min时的失水量小于8mL时，就继续测量至30min，由量筒内直接读出该钻井液的失水量； （5）以“mm”为单位，测量并记录滤饼的厚度，精确到0.1mm，注意7.5min测量的滤饼厚度乘以2	（1）仪器损坏； （2）性能检测误差； （3）人员伤害	（1）ZNS型钻井液失水量测定仪属气压失水仪，定期检测； （2）滤液接收器(量筒）为计量器具，必须按规定送检； （3）穿戴好劳保用品，按操作规程试验

续表

工作内容	操作步骤及标准	风险提示	风险规避措施
pH值的测定	（1）在测定完钻井液API失水后，用广泛pH试纸在API失水仪的滤液出孔处，使滤液充分浸透并使之变色（不能超过30s），立即与色卡比较读出pH值； （2）也可用酸度计进行分析测定，用pH值试纸测定pH值，通常只能测到0.5pH值单位，如需精确测定应使用酸度计或精密pH试纸	（1）性能检测误差； （2）影响钻井液维护措施	重复试验校正试验结果

4）完井作业标准化操作规程

钻井液工完井作业标准化操作规程如表4-8所示。

表4-8　钻井液工完井作业标准化操作规程

工作内容	操作步骤及标准	风险提示	风险规避措施
中途测试	（1）测试前测量钻井液性能达到润滑性好、防塌能力强的要求，性能稳定性好； （2）加强坐岗，发现异常及时汇报	（1）润滑性差易卡测试仪器； （2）发现异常不及时，造成井下故障或事故	（1）提高润滑防卡能力； （2）按规定坐岗，及时发现并汇报
裸眼测井	（1）钻井液工巡回检查并观察循环罐钻井液量及循环罐液面情况，及时填写好坐岗记录； （2）要求灌钻井液时，钻井液工站在振动筛缓冲箱处，观察钻井液返出情况并及时通知司钻； （3）要求钻井液工坐好岗，发现异常及时汇报	（1）长时间不观察，出现井涌、井漏发现不及时； （2）测井时灌钻井液不及时发生井涌； （3）发现异常不及时，造成井下故障或事故	（1）专人坐岗，及时汇报； （2）按要求坐岗并做好记录； （3）按规定坐岗及时发现及时汇报
下套管	（1）观察钻井液返出情况，下放套管后不返立即报告司钻、值班干部； （2）下套管中认真核对返浆量并记录； （3）记录向套管内灌钻井液量	（1）出现井涌、井漏发现不及时； （2）不认真核对灌返浆量，易出现井涌或井漏	（1）发现异常立即汇报； （2）认真核对灌返浆量，发现异常及时汇报
固井	（1）监测循环时钻井液性能和液面，有异常及时报告； （2）固井注水泥时，钻井液工与配合人员取样测量水钻井液密度，做好记录，并汇报给固井施工指挥； （3）替浆中做好回收钻井液和倒换闸阀的工作； （4）替浆完前观察井口，及时排放返出的隔离液、混浆和水泥浆	（1）有异常不报告，影响固井施工； （2）测水钻井液密度不及时影响固井质量； （3）没有做好倒换闸阀工作，影响替浆量和固井质量； （4）水泥浆返出污染钻井液	（1）发现异常及时汇报； （2）按要求及时测量； （3）储备钻井液充足； （4）观察好返出情况，提前放掉隔离液、混浆和水泥浆
资料填写	（1）收集并整理好各数据和资料； （2）资料要真实、齐全	数据不全、不准误导施工	资料填写真实、准确
钻井液回收	（1）回收钻井液； （2）排放废弃钻井液； （3）清罐	环境污染	建立应急措施，加强监管

续表

工作内容	操作步骤及标准	风险提示	风险规避措施
钻井液材料回收	(1)回收处理剂，装车； (2)回收重晶石； (3)清理场地	(1)环境污染； (2)人身伤害	建立应急措施，加强监管
搬迁	(1)准备好工具、推拉杆、牵引绳等用品，做好搬迁前准备； (2)具体搬迁作业程序服从值班干部、安全员安排； (3)吊装作业执行好相关吊装作业安全操作规程； (4)穿戴齐全劳保用品，岗位配合作业时，做好配合，标准化操作，遵守操作规程； (5)与班组人员按要求装车并固定牢固； (6)与班组人员按要求卸车	(1)工具准备不全，影响使用，耽误搬家生产； (2)违章操作易伤人； (3)配合不好易伤人； (4)安全劳保用品穿戴不齐全易伤人； (5)固定不牢，物件掉落	(1)准备细致齐全； (2)严格执行吊装作业操作规程； (3)加强配合，相互提醒； (4)劳保用品穿戴齐全； (5)装好摆正，固定牢稳

5）设备操作标准化操作规程

钻井液工设备操作标准化操作规程如表4–9所示。

表4–9 钻井液工设备操作标准化操作规程

工作内容	操作步骤及标准	风险提示	风险规避措施
振动筛的使用	(1)钻井作业时，井口返出钻井液100%通过振动筛进行固液分离处理； (2)振动筛使用时周围不能堆积杂物； (3)振动筛启动前应检查并排除周边其他任何可能与筛箱产生干涉的物体，检查并确认箱体内无杂物，检查并确定筛网安装紧固，筛网不破损； (4)振动筛使用中钻井液应能够布满筛面的65%~80%； (5)筛箱倾角调节机构，调节后都应使用锁紧装置进行锁紧，不可使调节装置长期处于受力状态； (6)筛网破损应及时更换或堵孔； (7)同一振动筛应使用相同目数的筛网，如需使用粗目数筛网防止钻井液流失，应在钻井液入筛处使用细目数筛网，且使用不同数目筛网，筛网的目数应尽量接近； (8)振动筛更换筛网或其他检修时，应将筛箱冲洗干净，检查支撑胶条有无破损，然后方可安装新筛网，新筛网安装好后，应在振动筛运转1h后，对筛网固定螺栓或楔块等固定件再次紧固；	(1)人员触电； (2)机械伤害； (3)设备损坏； (4)跑浆造成环境污染； (5)钻井液中劣质固相不能有效清除	(1)穿戴好劳保用品； (2)强化操作责任心； (3)强化操作规程； (4)设备使用前先检查； (5)检查筛网是否破损，及时更换筛网

续表

工作内容	操作步骤及标准	风险提示	风险规避措施
振动筛的使用	(9)激振器故障时应切断电源，排除故障后检查紧固件的状况，无误后方可通电试运转； (10)振动筛停机前应空转3~5min，并冲洗筛网，防止钻井液在筛网上固结导致筛网失效，冬季可用热水或蒸汽冲洗，冲洗后空转至甩干筛面积水后停机； (11)振动筛使用中噪声突然变大，应立即关停振动筛，检查激振器固定螺栓，如松动按要求力矩紧固，紧固后的螺栓使用2h后需再按规定扭矩紧固一遍； (12)振动筛使用中筛网松动会有异常噪声，应立刻关停振动筛，并紧固、张紧或更换筛网； (13)筛网如出现钻屑堵塞，不可用硬物刮、铲，可调节筛箱倾角方便排砂，或用清水冲洗； (14)振动筛使用中应随时进行检查，根据情况调节筛箱倾角或调节入筛钻井液流量，防止钻屑在筛网上堆积或钻井液流失； (15)环境温度超过35℃，连续使用2h以上，应检测一次激振器表面温度		
振动筛的维护和保养	(1)振动筛停机时间超过1h以上，停机前应对筛网进行清洁冲洗； (2)经常需要紧固和调整的螺栓、螺母应进行必要的防护； (3)筛箱隔振或减振用弹簧更换时，应成组更换，试运转正常后方可继续使用； (4)激振器应按使用说明书的要求，加注润滑油或润滑脂，设备停用或存放期超过半年，使用前应更换润滑油或润滑脂； (5)设备表面油漆脱落，应及时修补	(1)人员触电； (2)机械伤害； (3)振动筛过热、润滑脂缺失、轴承有砂、轴承有噪声； (4)设备损坏	(1)穿戴好劳保用品； (2)强化责任心； (3)定期检查并维护保养； (4)检查筛网是否破损，更换筛网
除砂器和除泥器的使用	(1)除砂器和除泥器应保证能够全部处理钻井过程中的最大钻井液循环流量，处理量应为125%的最大钻井液循环流量。进入除砂器的钻井液必须是经过振动筛处理后的钻井液，进入除泥器的钻井液必须使经过振动筛和除砂器处理过的钻井液； (2)除砂器和除泥器工作时，应调节进液口压力至工作压力，旋流器正常工作压力进液压力应保持在0.2~0.35MPa，除泥器进液压力应取较大值，除砂器进液压力应取较小值；	(1)人员触电； (2)机械伤害； (3)设备故障、损坏； (4)跑浆造成环境污染； (5)钻井液中劣质固相不能有效清除； (6)压力表压力不足； (7)底流密度接近进钻井液密度，使用效果差	(1)穿戴好劳保用品； (2)强化操作责任心； (3)强化操作规程； (4)设备使用前先检查； (5)检查砂泵吸入口是否有砂粒堆积并清理； (6)检查泵内是否进空气，进行排空气处理； (7)检查上水闸阀是否全开； (8)钻井液黏度偏高，适当降低黏度

续表

工作内容	操作步骤及标准	风险提示	风险规避措施
除砂器和除泥器的使用	(3)底流口调节到合适的孔隙直径，除砂器和除泥器底流口的排液呈伞状； (4)除砂器和除泥器同时工作时，应由不同的砂泵供液； (5)钻井液加入起泡剂等处理剂时，不宜连续使用除砂器； (6)使用过程中应及时检查清理旋流器底流口		
除砂器和除泥器的维护保养	(1)停机后应及时清理旋流器底流口内的沉砂或者沉泥； (2)停机后应清理旋流器内积液或沉渣，使旋流器内腔排空； (3)每口井开钻前应对旋流器进行检查	(1)人员触电； (2)机械伤害； (3)使用效果差； (4)设备损坏	(1)穿戴好劳保用品； (2)尖嘴堵塞，可卸掉顶部阀门加以清洗； (3)检查旋流器是否被堵，清理旋流器保证畅通； (4)检查砂泵吸入口是否有砂粒堆积并清理
离心机的使用	(1)使用前应检查轴承座等各连接处无松动；盘动转鼓，应无碰擦、卡阻； (2)启动前，确认旋转方向和标示一致；启动时先启动辅电机至转速正常，20s后再启动主电机至运转正常； (3)主电机运转正常后方可启动供液泵，并逐步打开进料阀达到离心机所需排量，不得过快或超量进料； (4)运转2h后，检查主轴承温升不得高于50℃，主轴承最高温度不得高于85℃； (5)当钻井液密度较高时，应适当减小进料量，以免引起离心机过载； (6)使用中如剧烈振动或有其他不正常现象而紧急停机时，应立即切断电源，关闭进料阀，并开启清水阀，利用转动惯性冲洗转鼓和螺旋推料器； (7)正常关机应先停供液泵，关闭进料阀，打开清水阀清洗转鼓，继续运转至溢流口出清水方可关闭清水阀，然后停主电机，在辅助电机自动停机后切断电源； (8)发生安全销切断、易熔塞熔化、耦合器漏油，应重新更换安全销和易熔塞，并向耦合器加注新油	(1)人员触电； (2)机械伤害； (3)设备故障、损坏； (4)排砂口跑浆造成环境污染； (5)钻井液中劣质固相不能有效清除； (6)离心机内外筒抱死； (7)离心机轴承温度高、有异响、安全销剪断	(1)穿戴好劳保用品； (2)强化操作责任心； (3)强化操作规程； (4)设备使用前先检查； (5)供液量大，负荷重，调小供液量； (6)打开外壳，接上清水管线，试着盘转辅机，能转动1圈以上时开启辅机，用清水清洗内筒，清洗干净停清水和辅机； (7)离心机使用时间太长，适当停机

续表

工作内容	操作步骤及标准	风险提示	风险规避措施
离心机的维护和保养	（1）冬季停机时间超过2h后，应打开转鼓护罩，卸下转鼓放水螺钉，放尽转鼓内余水，并放净进出口管线内的钻井液或清水； （2）转鼓内如有沉渣（开机后振动大），连续运转前应多次点动主电机，同时冲洗转鼓内部，消除沉渣后方可连续运转； （3）新差速器的磨合期不应小于150h，磨合期满应更换新差速器油，加注前应彻底清洗差速器内腔，加注时应用100目滤网对新油过滤； （4）液力耦合器每运转5000h应更换新油，加注时应用100目滤网对新油过滤； （5）每运转100h检查三角传送胶带，过松应调整，磨损过度应更换； （6）每运转500h检查差速器、耦合器油位，不足时按要求补充； （7）累计运转8000h，对整机做全面检修	（1）人员触电； （2）机械伤害； （3）使用效果差； （4）设备损坏； （5）离心机轴承温度高、有异响、安全销剪断； （6）排砂口跑浆（离心机内外筒抱死）	（1）穿戴好劳保用品； （2）加注黄油，将原来旧黄油全部顶替出； （3）传动部位松动、轴承或皮带磨损严重或皮带断裂，拧紧各传动部位、检查轴承，必要时更换轴承和皮带； （4）打开外壳，接上清水管线，试着盘转辅机，能转动1圈以上时开启辅机，用清水清洗内筒，清洗干净停清水和辅机
除气器的使用	（1）除气器使用前应检查管线连接、润滑状况、真空表； （2）除气器的气液分离器的液位高度应高于水环真空泵的中心高度； （3）除气器启动：点动检查电机转向，检查电机转向和标示方向一致，离心式除气器先启动真空泵后启动主机；射流式除气器应先关闭离心泵排出管与射流器之间的闸门，启动真空泵，待真空表读数稳定后，打开离心泵排出管与射流器之间的闸门，启动离心泵； （4）除气器使用时应根据钻井液密度不同来调节真空度，调整值在0.03~0.045MPa之间； （5）除气器停机时应先停真空泵后停主机	（1）人员触电； （2）机械伤害； （3）使用效果差； （4）设备损坏	（1）穿戴好劳保用品； （2）强化操作责任心； （3）强化操作规程； （4）设备使用前先检查
混合器	（1）排出管线举升高度不应超过3m，使用前应检查阀门是否正常工作； （2）喷射式混合器，喷嘴应在混合腔内处于中间位置； （3）使用混合器应先关闭加料阀门，待供液压力正常后逐步打开加料口阀门，开始加料，停机前应先关闭加料口阀门，继续循环3min以上方可停止供液； （4）添加增稠、增黏的高分子材料时，应缓慢加入； （5）高分子聚合物或黏土材料应通过剪切系统添加到钻井液罐中； （6）加料时，操作人员应佩戴护目镜、防护手套等必要的劳保用品	（1）人员触电； （2）机械伤害； （3）高压伤人； （4）使用效果差，无法正常配浆，影响钻井施工； （5）设备损坏； （6）环境污染	（1）穿戴好劳保用品；加料时，操作人员应佩戴护目镜、防护手套等必要的劳保用品； （2）强化操作责任心； （3）强化操作规程； （4）设备使用前先检查； （5）停用时应清洗干净，连接管线也应用水冲洗； （6）定期检查喷嘴和阀门

续表

工作内容	操作步骤及标准	风险提示	风险规避措施
剪切泵	(1)使用前应检查各阀门是否处于正常工作状态，检查剪切泵支座油池机油量是否充足； (2)用手转动泵轴，应运转灵活，不得有摩擦声或异响； (3)开启剪切泵电机，检查运转方向是否和标示一致； (4)使用剪切泵前应关闭进料阀，当供液压力正常后逐步打开进料阀，开始加料，停机前应先关闭加料口阀门，继续循环3min以上方可停止供液； (5)添加增稠、增黏的高分子材料时，应缓慢加入； (6)加料时，操作人员应佩戴护目镜、防护手套等必要的劳保用品	(1)人员触电； (2)机械伤害； (3)使用效果差； (4)设备损坏； (5)环境污染	(1)穿戴好劳保用品； 加料时，操作人员应佩戴护目镜、防护手套等必要的劳保用品； (2)强化操作责任心； (3)强化操作规程； (4)设备使用前先检查； (5)定期检查皮带，发现松动及时紧固张紧螺丝，损坏及时更换皮带； (6)定期检查油池里的机油液面，不足时及时补充，机油太脏及时更换； (7)盘根盒出现密封失效，有液体流出时，及时维修或更换
加重下灰装置	(1)加重作业时关闭加重泵的进灰闸阀，先启动加重泵，待加重泵运转正常后，才启动加重装置； (2)开启加重泵的进灰闸阀，打开灰罐的进气阀，压力控制在0.2MPa以内，打开辅吹管线闸阀，保证下灰管线内无加重剂堆积或阻塞； (3)当罐内压力升至0.1MPa时打开灰罐的下灰闸阀开始下灰，确保罐内压力不能超过0.2MPa，根据供灰需求，通过调节进气量大小或调节灰罐下灰阀大小来控制供灰速度； (4)在下灰过程中尽量避免工作压力超过0.3MPa，带压工作时不得用锐器敲击罐体，避免发生意外事故； (5)在下灰过程中发现压力异常升高，下灰量小，供灰不畅时，应立即关闭灰罐进气阀和灰罐下灰阀，打开放气管线泄压；泄压完要仔细检查进灰管线上的各闸阀或管线是否被堵，查找原因后才能继续下灰；如出现连接处有少量灰外溢，可以通过用湿布包裹暂时解决，待使用完成再整改； (6)下灰工作完成后，先关闭灰罐的下灰阀和灰罐的进气阀，打开灰罐的放气阀进行泄压，继续使用灰罐的辅吹管线将下灰管线里的余灰吹净后再关闭辅吹管线进气阀； (7)下灰管线吹净和管线内无压力后打开加重泵连接，清理管线上各闸阀内的杂物，如闸阀有损坏及时更换，确认灰罐内压力卸完才能离开	(1)机械伤害； (2)高压伤人； (3)设备损坏； (4)环境污染	(1)穿戴好劳保用品； (2)强化操作责任心； (3)强化操作规程； (4)设备使用前先检查； (5)灰罐的安全阀开启压力为0.3MPa，每年校验一次，确保处于正常工作状态； (6)定期检查各进气部件、进气阀、下灰阀、下灰管线是否完好，发现损坏及时更换； (7)检查各连接部位的密封是否有漏气现象，如有问题及时处理

第三节　应急处置

钻井液工应急处置程序如表4-10所示。

表4-10　钻井液工应急处置程序

事故类型	处置程序
火灾	（1）高声呼喊“着火了”，切断现场的总电源，初期火灾，立即使用灭火器进行灭火； （2）预判火势难以控制，立即撤离现场，向现场钻井队求救，拨打119求救，向钻井液应急组长报告
人身伤害	（1）发现时高声呼喊或立即报告钻井队应急组长； （2）如是电击伤，保证安全，切断电源，让伤者断开带电体（使用绝缘木棒、塑料塑胶制品、干燥绝缘的棉衣棉被）； （3）酸、碱等化学品所致的伤，用清水冲洗10~15min； （4）伤者外伤出血或骨折，进行止血、包扎处置；伤者有呼吸或心跳，将其就近适宜场地平躺，向井队医生求救或向120、就近医院求救； （5）若无心跳和呼吸立即进行人工呼吸和心肺复苏抢救，向井队医生求救或向120、就近医院求救； （6）烧伤，立即脱离致伤场所，灭掉伤员身上之火，进行处理与抢救
强烈油气侵、井漏、溢流、井涌	（1）发现立即报告操作司钻，再向钻井液应急组长报告； （2）按照规范收集油气钻井液资料，记录关井、点火时间
井喷	（1）收集钻井液资料，向钻井液分队长报告； （2）现场情况危急，立即撤离到安全地点； （3）若井队组织撤离，撤离到紧急集合点，协助清点人数，保证安全前提下组织抢救
硫化氢泄漏	接到警报，根据空气中硫化氢浓度采取相应措施： （1）硫化氢浓度小于10ppm（汽笛报警1短1长），佩戴正压式空气呼吸器，立即报告操作司钻，进入预警，通知现场钻井液所有人员； （2）硫化氢浓度大于等于10ppm、小于20ppm（汽笛报警2短1长），佩戴正压式空气呼吸器，立即报告操作司钻，进入预警,通知现场钻井液所有人员； （3）硫化氢浓度大于等于20ppm、小于100ppm（汽笛报警3短1长），佩戴正压式空气呼吸器，立即报告操作司钻，进入预警； （4）硫化氢浓度大于等于100ppm（防空报警），立即撤离到安全区域待令
地震	（1）确定为地震，在钻台、钻井液罐上就近倚靠在有抓扶地方，营房附近立即进入就近营房（若营房存在滑坡风险则应迅速到钻井液罐或现场指定的开阔紧急集合点）； （2）结束后赶到现场紧急集合点，接受钻井液应急组长安排
食物中毒	（1）发现高声呼喊或立即报告钻井液应急组长； （2）若伤者神志清醒，能够配合时，可先设法引吐、催吐。用手指压舌根或用缠上纱布的筷子刺激咽喉后壁或舌根，引发呕吐；然后饮温水300~500mL，反复进行引吐，直至吐出物已是清水为止； （3）对心跳、呼吸停止者，要及时进行心肺复苏抢救，同时向井队医生求救或向120、就近医院求救
中暑	（1）发现高声呼喊，向周围人员求助，将患者移至阴凉处，报告钻井液应急组长； （2）让患者躺下或坐下，解开上衣纽扣，并抬高下肢； （3）用凉的湿毛巾敷前额和躯干，电风扇或手扇动以促其降温； （4）神志清楚后，喝清凉的饮料或淡盐水

续表

事故类型	处置程序
山体滑坡洪灾	（1）高声呼喊，切断电源，立即撤离到安全集合地点； （2）通知另一名钻井液技术员，报告钻井液应急组长，并听从安排
暴力恐怖袭击	（1）发现可疑暴恐时，在生活区，向营区负责人报告，提醒现场人员，立即进入庇护房； （2）听到井场暴恐警报信号响起，立即穿戴好防暴用具，奔向钻台，听从井队统一安排处置

一旦发生突发事件，按以下顺序进行报告（严重情况下可以越级上报）：

当班人员或第一发现者 → 钻井液现场负责人 → 基层单位应急组织 → 公司应急办公室（钻井液现场负责人 → 公司应急办公室）

岗位主要安全风险	井喷及井喷失控、机械伤害、起重伤害、物体打击、火灾、爆炸、触电、噪声、中毒及其他伤害	岗位主要危险物质	原油、天然气、硫化氢、钻井液处理剂

中篇

定向作业

第五章　定向井技术概况

第六章　定向队长（工程师）岗位操作标准

第七章　测量工程师岗位操作标准

第八章　定向技术员岗位操作标准

第九章　测量技术员岗位操作标准

第五章　定向井技术概况

定向井技术起源于钻井工程，是随着油气田勘探开发的需求增大而逐步发展起来的一门井筒井眼轨迹控制技术，是油气勘探开发技术的重要组成部分。定向井技术的研究包括：剖面设计及轨迹计算方法、井斜控制理论、定向造斜工艺、测量方式和复杂结构井工艺技术等。定向钻井被称为“使井筒按特定方向偏斜，钻遇地下预定目标的一门科学和艺术”，它是指在钻井过程中应用井下造斜工具，通过测量仪器采集井眼轨迹数据并计算、分析，控制井眼沿预先设计的井眼轴线（井眼轨迹）钻达预定目标的钻井过程。

定向井技术主要有以下几个方面的作用：

（1）在地面上难以建立或不允许建立井场的地区，要勘探开发地下的石油等资源，唯一的办法是从该地区附近打定向井。

（2）在海洋或湖泊等水域上勘探开发石油时，建立固定平台或从岸边打定向井和丛式定向井。

（3）可使用定向井绕过所钻遇的地下复杂地层或障碍物等。

（4）可扩大勘探效果及提高开发效益和采收率。

（5）在发生卡钻、断钻及井喷着火等恶性钻井事故的情况下，用侧钻井、救援井来处理这类事故最有效。

第一节　定向井的分类

定向井按施工井类型分为普通定向井、丛式井、侧钻井、水平井、大位移井为分支井等，按定向钻进方式又分为几何导向技术、地质导向技术和旋转导向技术。近年来定向技术朝着智能化、自动化、高可靠、适应范围更广化方向发展，为加快油气勘探事业提供了有力的技术支撑。

第二节　定向施工流程

自接到一口井定向任务开始，需经过现场勘探、物资准备、人员物资入场、实钻轨迹

监测、实钻轨迹剖面优化、实钻轨迹控制、物资清收回迁及资料整理等流程（图5-1），每个步骤须紧密连接，以确保定向井施工任务的完成。

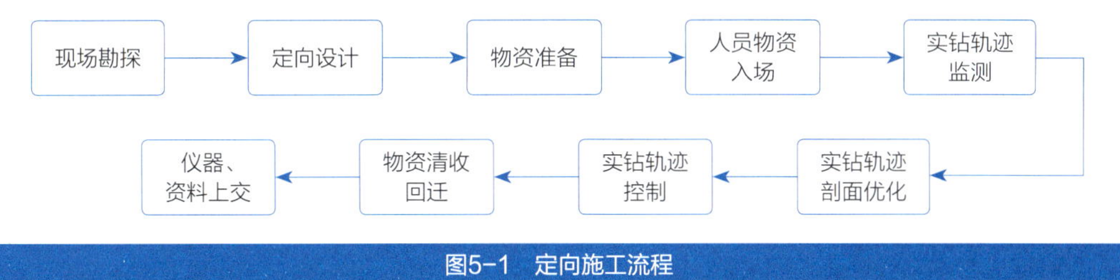

图5-1 定向施工流程

第三节 定向队岗位设置

本书岗位设置主要参考《中国石化岗位类别划分和用工配置规范》《中国石化定向队资质认证标准》等相关标准规范，主要包括定向队长（工程师）、测量工程师、定向技术员和测量技术员4个岗位。

第六章 定向队长（工程师）岗位操作标准

第一节 岗位描述

1. 岗位说明

定向队长（工程师）岗位说明如表6-1所示。

表6-1 定向队长（工程师）岗位说明

项 目		主要内容
工作概述		负责定向井、水平井及套管开窗井等特殊工艺井的技术服务、工作协调；完井资料的整理上交；新技术、新工艺的推广应用；技术的传接，培养新职工
上岗条件	教育程度	大学及以上文化程度，钻井工程及相关专业毕业
	从业资格	持有效的井控证、HSSE管理培训证、硫化氢防护技术培训证等
	技能等级	持相关专业中级及以上职业资格证书
	辅助技能	计算机操作熟练，具有一定的英语阅读能力
	工作经历	2年及以上现场工作经验，具备入厂教育实习经历
	职业道德要求	具有较高的政治素质和职业道德，坚持原则，保守技术秘密，勤奋进取
	身体要求	身体健康，精力充沛，能适合野外工作，具有一定的工作协调能力
岗位关系	纵向关系	（1）接受定向井技术部门负责人的直接领导； （2）接受业务部门的监督指导
	横向关系	与现场施工小组各岗位有协作关系

续表

<table>
<tr><th colspan="2">项 目</th><th>主要内容</th></tr>
<tr><td rowspan="2">岗位职责</td><td>工作职责</td><td>（1）服从并接受上级安排的生产任务，并根据生产任务制定施工预案（方案）；
（2）根据生产任务做好上井前的准备工作，领取与生产、安全、生活有关的资料与设备；
（3）协调与甲方及合作单位的工作，与井队做好技术交底工作；
（4）按照设计要求监测、控制井身轨迹，及时汇报井下复杂情况，收集与汇总施工井的资料、做好保密工件；
（5）出现问题及时协调解决、必要时向本单位领导汇报寻求解决；
（6）做好完井结算资料的签字收集工作；认真填写各种资料并按时上交，
（7）保管好生产设备与设施并按时上交；
（8）负责技术的交流、总结与传接，执行新技术、新工艺的推广应用；
（9）严格遵守《员工守则》，规范个人行为，维护单位形象</td></tr>
<tr><td>安全职责</td><td>（1）严格遵守国家有关安全生产法律法规，严格执行集团钻井工程研究院、油田安全生产方面的制度、标准，按规定权限办事，做到守法依规；
（2）自觉接受安全生产教育培训，掌握本岗位的危害因素及控制措施，提高安全生产意识、业务能力、技能水平，并接受培训考核评估；
（3）严格履行安全生产职责，不违章指挥，不违章作业，不违反劳动纪律；有责任向上级或相关主管部门报告违反油田安全生产制度的行为，自觉抵制违章指挥，纠正违章行为；
（4）负责有关设备、仪器的安全检查并进行整改；
（5）上岗必须按规定穿戴劳保防护用品，确保用电气设备符合安全要求，正确使用各种防护器具和灭火器材；
（6）严格遵守《中国石化安全生产十大禁令》《员工守则》以及作业现场大包方的各项安全管理规章制度</td></tr>
<tr><td colspan="2">工作权限</td><td>（1）有制定定向井、水平井、套管开窗井等特殊服务井技术措施的权利；
（2）有测量、监控井身轨迹的权利；
（3）有收集数据的权利</td></tr>
<tr><td colspan="2">职业生涯发展规划</td><td>（1）业务能力不断提高，有晋升更高级职称的机会；
（2）能力突出有升迁为技术负责人的机会；
（3）可以在相应岗位进行流动或轮换</td></tr>
<tr><td rowspan="2">工作考核</td><td>考核关系</td><td>（1）接受所在部门的业务考核；
（2）接受上级业务部门的工作考核</td></tr>
<tr><td>考核依据</td><td>（1）上级有关规定和本岗位职责；
（2）本单位相关规章制度</td></tr>
</table>

2. 工艺流程

定向队长（工程师）工作工艺流程如图6-1所示。

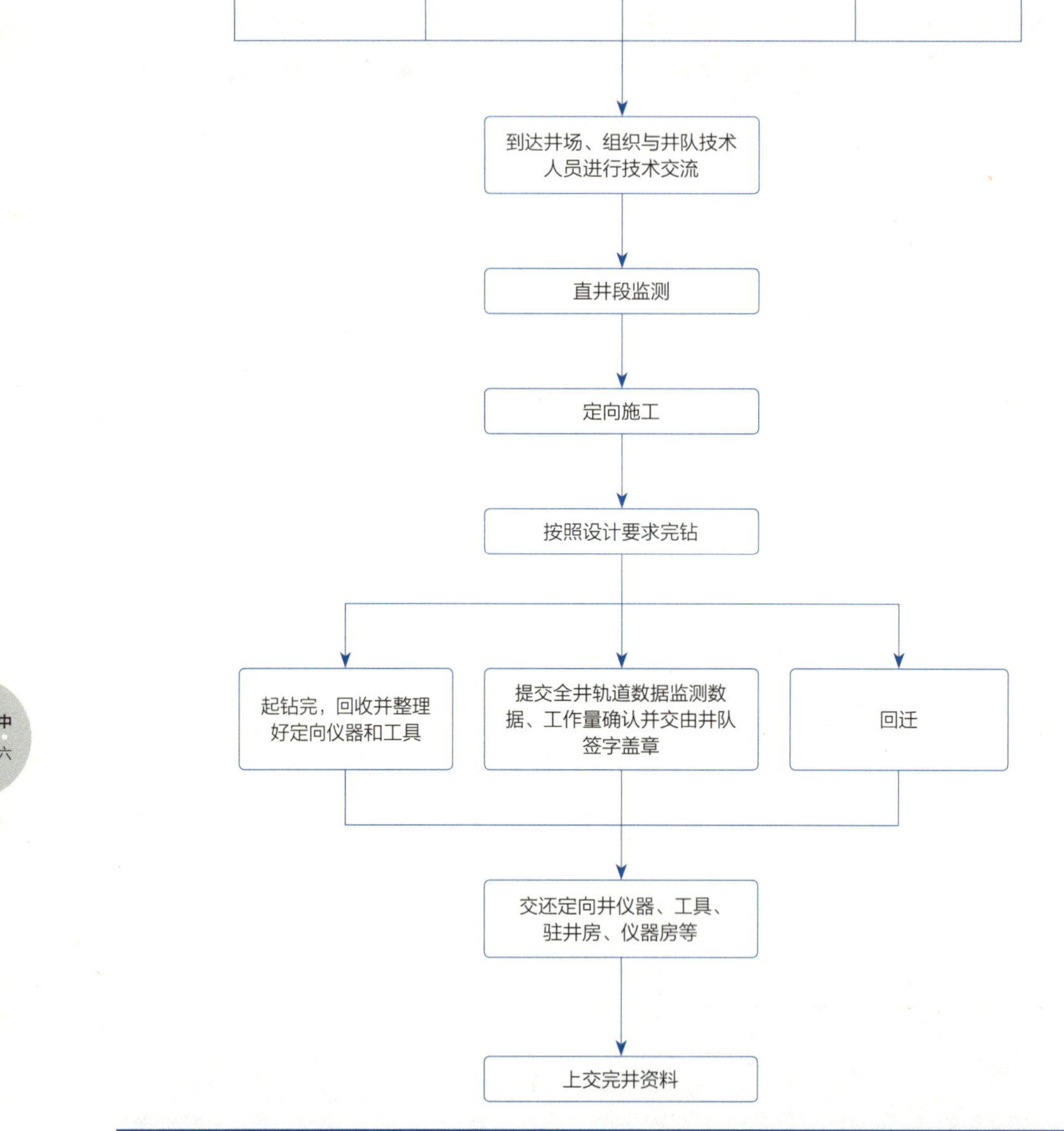

图6-1　定向队长（工程师）工作工艺流程

第二节 岗位标准化操作规程

1. 交接班标准化操作规程

定向队长（工程师）交接班标准化操作规程如表6-2所示。

表6-2 定向队长（工程师）交接班标准化操作规程

工作内容	操作步骤	工作标准	风险提示
交班	（1）交班人员穿戴劳保用品； （2）交班人员对仪器房室内线路、灭火器、仪器设备、各种工具、卫生进行检查，如发现问题及时反馈给接班人员； （3）交班人员向井队司钻、技术员和地质人员详细了解施工工况，内容包括井深、钻压、泵压、悬重等钻井参数；钻井液密度、黏度等钻井液参数，地层岩性、钻时并做好记录； （4）交班人员向接班人员详细交代当前井上工况，内容包括井深、钻压、泵压、悬重等钻井参数；钻井液密度、黏度等钻井液参数，地层岩性、钻时等；当前施工状态和下一步要采取的施工措施和注意事项，重要事项做出书面提示并双方签字； （5）交接班时井上遇到复杂情况或接班者短时间内无法进入工作状态时，酌情延长交接班时间	（1）劳保用品穿戴齐全、规范； （2）仪器房各项检查率100%；问题反馈率100%； （3）详细了解当前施工工况并准确记录； （4）向接班人员详细说明当前施工工况，使其尽快进入工作状态； （5）交班人员与接班人员共同处理井上复杂情况，帮助其尽快进入工作状态	（1）劳保用品穿戴不齐全，易发生人身伤害事故； （2）仪器房检查遗漏，有问题未及时发现，使用过程中如发生故障耽误生产； （3）不了解或者错误的记录当前的施工工况，施工中可能由于误操作导致井下出现复杂情况； （4）施工工况交代不清或遗漏，施工中可能由于误操作导致井下出现复杂情况； （5）接班人员没有进入工作状态，施工中可能由于误操作导致井下出现复杂情况
接班	（1）接班人员穿戴劳保用品； （2）接班人员检查仪器房内仪器设备的工作状况，上钻台检查司显和设备线路完好情况； （3）接班人员向交班人员详细了解当前井上工况，内容包括井深、钻压、泵压、悬重等钻井参数；钻井液密度、黏度等钻井液参数，地层岩性、钻时等；当前施工状态和下一步要采取的施工措施和注意事项，重要事项要求交班人员在电脑上标出或做出书面提示并双方签字；当前施工状态和下一步要采取的施工措施和注意事项，各种施工记录等，尽快进入工作状态	（1）劳保用品穿戴齐全、规范； （2）仪器房等各项检查率100%； （3）详细了解当前施工工况，做到心中有数	（1）劳保用品穿戴不齐全，易发生人身伤害事故； （2）检查遗漏，有问题不能及时发现，使用过程中如发生故障耽误生产； （3）不了解当前施工工况，施工中可能由于误操作导致井下出现复杂情况

2. 巡回检查标准化操作规程

定向队长（工程师）巡回检查标准化操作线路如图6-2所示。

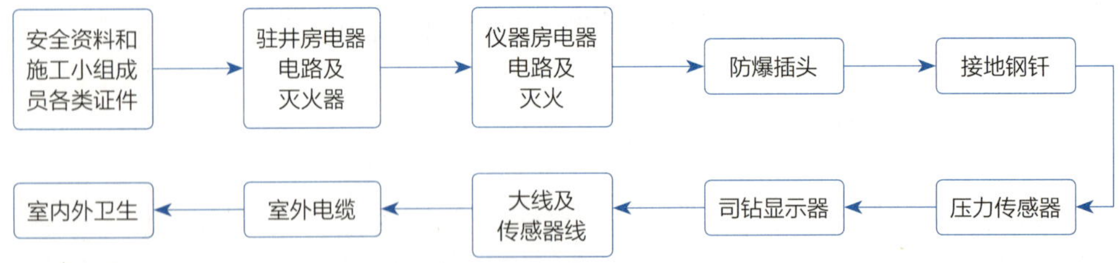

图6-2　定向队长（工程师）巡回检查标准化操作线路

定向队长（工程师）巡回检查标准化操作规程如表6-3所示。

表6-3　定向队长（工程师）巡回检查标准化操作规程

检查路线	工作标准	风险提示	风险规避措施
安全资料和施工小组成员各类证件： （1）安全资料； （2）施工小组成员各类证件	（1）安全资料及时填写，演习记录与井队保持一致； （2）施工小组成员证件齐备率100%，均在有效期内	（1）安全资料和演习记录填写不合格，无法通过上级部门的检查； （2）证件不齐全或过期，无法通过上级部门的检查，不能进行施工	（1）必须按要求详细填写各种安全资料以备上级部门的检查； （2）上井之前必须仔细检查证件，如有过期或即将过期情况及时汇报
驻井房电器电路及安全设施： （1）电器电路； （2）灭火器	（1）室内插头、开关、各种用电设备及电路完好，无隐患； （2）灭火器配备齐全好用，均在有效期内，检查日期填写齐全	（1）因室内线路老化造成短路现象，易发生火灾； （2）灭火器损坏或过期，无法正常使用	（1）必须仔细排查线路，发现安全隐患及时处理； （2）必须仔细检查灭火器状况，有损坏或过期情况及时更换
仪器房电器电路及安全设施： （1）电器电路； （2）灭火器	（1）室内插头、开关、各种用电设备及电路完好，无隐患； （2）灭火器配备齐全好用，均在有效期内，检查日期填写齐全	（1）因室内线路老化造成短路现象，易发生火灾； （2）灭火器损坏或过期，无法正常使用	（1）必须仔细排查线路，发现安全隐患及时处理； （2）必须仔细检查灭火器状况，有损坏或过期情况及时更换
防爆插头	防爆插头外观无损坏，胶皮无开裂情况	防爆插头损害或者胶皮开裂，雨天易进水短路导致跳闸停电	必须仔细检查，确保防爆插头完好无损
接地钢钎	接地钢钎埋地至少0.5m	接地钢钎长度不够或者埋地较浅，不能起到保护作用	接地钢钎必须按照标准要求埋地，确保室内人员及设备安全
压力传感器	压力传感器外观无损坏，胶皮无开裂情况	压力传感器损害或者胶皮开裂，雨天进水导致仪器无信号，耽误生产	必须仔细检查，确保压力传感器完好无损，能够正常使用
司钻显示器	司钻显示器外观无损坏	司钻显示器在露天环境下工作，雨天接口处进水导致设备损坏	在司钻显示器接口处缠上防水胶布，确保雨天正常工作
大线及传感器线	大线及传感器线完好，保护胶皮无开裂现象，高度足够	大线及传感器线两端太紧，风大时容易扯断；大线高度不够，易被进井场车辆刮断	大线及传感器线安装时必须考虑周全，避免因不可抗力或人为因素导致损坏

续表

检查路线	工作标准	风险提示	风险规避措施
室外电缆	电缆保护胶皮完好无损，铜线无老化现象，电缆搭金属部位时需要绑胶皮	电缆铜线老化，易发生短路和火灾	必须仔细检查，确保无安全隐患
室内外卫生	室内地面、桌椅等打扫干净，垃圾及时清理；室外杂物及时清除	室内灰尘过多易损坏仪器设备	必须及时打扫清理室内外卫生，保持一个干净舒适的工作环境

3. 施工作业标准化操作规程

1）定向井钻井工艺技术标准化操作规程

定向队长（工程师）定向井钻井工艺技术标准化操作规程如表6-4所示。

表6-4 定向队长（工程师）定向井钻井工艺技术标准化操作规程

工作内容	操作步骤及标准	风险提示	风险规避措施
技术准备： （1）接受任务； （2）详细阅读设计书及补充设计书、并组织施工分队人员学习设计； （3）查阅本地区定向井的施工资料； （4）到仪器管理中心领取定向仪器； （5）检查并确认定向井仪器是否配套齐全； （6）组织施工人员到达现场，确定驻井房、仪器房的放置； （7）核对井场周围的防碰井，做防碰预案； （8）资料准备	（1）定向井施工分队接受业务主管部门所发施工通知单，查找地质设计书及钻井工程设计书（必须有地质补充设计书及钻井工程补充设计书）； （2）重点了解地质分层、岩性提示、复杂情况提示、产层位置和防碰井情况等； （3）了解所在地区施工井的注意事项； （4）按照定向井仪器操作规程中的测试步骤进行测试，确定仪器工作正常后签字领取； （5）重点检查抗压筒两端端面是否损变，密封圈是否全、新等； （6）与井队技术员核对井型、井号、井眼尺寸以及井身剖面相关数据（如造斜点、造斜率、靶区半径等），根据设计情况提醒井队准备相应的工具； （7）按施工要求做好防碰预案，若防碰井与设计不符，及时向所领导汇报并重新制定预案； （8）资料准备： ①钻井设计、防碰资料、HSSE体系文件、安全监督反馈表、施工技术措施、施工信息反馈表、技术标准及相关应急预案； ②计算机及资料处理软件，打印纸等	（1）没有补充设计书，用井口初测坐标进行防碰扫描结果不准确； （2）没有检查确认工具和设备是否完好，使用过程中可能发生故障，耽误生产； （3）没有做出详细的防碰预案，发现问题不及时汇报，可能导致两井相碰事故； （4）上井前资料准备不全，现场不及时填写完善各项资料，上级部门检查出问题将受到处罚	（1）现场定向人员必须得到补充设计书后方能进行施工； （2）必须仔细检查上井所带工具和设备，确保能够正常使用； （3）必须做好防碰预案，发现问题后及时向所领导汇报； （4）上井前仔细检查资料是否带全；上井后及时填写各项资料以备上级部门检查

续表

工作内容	操作步骤及标准	风险提示	风险规避措施
技术交底： （1）与现场相关负责人进行技术交底； （2）落实施工中所需钻具和工具的准备情况； （3）落实井底钻井液密度、地温梯度	（1）钻井设计数据、施工工序、施工中各环节的注意事项等； （2）落实好无磁钻铤、螺杆钻具、配合接头等，当设计方位角为90°或270°（正东或正西附近）、井斜角超过30°时，无磁钻铤总长度不小于15m，且测量仪器在无磁环境的中间位置； （3）根据钻井液密度计算井底压力；根据地温梯度计算井底温度	（1）技术交底不全面，施工过程中易出现工程质量问题； （2）无磁钻铤长度不够，无磁环境不足，导致测量数据不准确； （3）仪器抗压能力达不到要求，仪器会被高压钻井液压坏；温度达到不要求，仪器不能正常工作	（1）必须与现场相关负责人进行全面的技术交底，避免出现人为操作失误； （2）必须确保测量仪器有足够的无磁环境，减小测量误差； （3）选择相应抗压、抗温能力定向井仪器
直井段施工	（1）采用塔式钻具或大钟摆钻具等防斜钻具组合小钻压钻进； （2）井深在100m左右为第一个监测点，以后每隔80～100m井段进行一次监测；控制井斜在设计要求的范围内； （3）若钻井设计中对测斜间距有明确要求的，应遵照执行	（1）钻压过大，易导致井斜超出设计要求； （2）未按要求进行监测，未及时采取措施导致井斜超标	（1）采取小钻压均匀送钻的方式钻进，确保井斜符合设计要求； （2）必须按照设计要求进行监测，发现问题及时采取措施并向所领导汇报
直井段多点测量及计算： （1）多点测量； （2）投测多点； （3）直井段数据处理	（1）多点测量： ①出现下列情况不投测：悬重不正常、泵压不正常、井下不正常、钻井设备不正常； ②投测前检查杆件底部减震器、杆件丝扣、台阶、密封圈、悬挂胶棒等是否完好，杆件外筒是否弯曲变形； （2）投测多点： ①仪器设置：按照《YSS型电子多点测斜仪操作规程》中的设置步骤进行； ②组装仪器：拨一下双向开关，启动仪器，装入外筒，上紧杆件并用管钳紧扣； ③在钻台把测量仪器投入钻杆水眼，预计仪器到底后，钻具静止2min后起钻，同时记录每柱钻具的坐吊卡静止时间，计算每柱钻具的测量井深； ④起钻完，盖好井口，先取仪器，后卸钻头	（1）多点测量： ①违反“四不投测”原则，可能导致井下复杂情况的发生； ②投测前没有检查杆件各个部件，如有部件缺失或损坏可能导致投测失败； （2）投测多点： ①没有按照相应规程中的设置步骤进行设置，导致仪器入井后不工作； ②双向开关忘记打开，仪器入井后不工作；杆件扣没有紧好，导致钻井液进入损坏仪器； ③起钻过程中没有记录坐吊卡静止时间，测量数据和测量井深没有对应，导致数据处理后轨迹与实际轨迹相差较大； ④井口没有盖好或者先卸钻头，可能发生仪器落井事故；	（1）多点测量： ①必须严格遵守“四不投测”原则，投测前仔细观察，确保投测成功； ②投测前必须仔细检查杆件，如有缺失或损坏及时更换，确保投测成功； （2）投测多点： ①必须按照相应规程中的设置步骤进行设置； ②仪器装入外筒前必须拨双向开关；必须多人配合把杆件扣紧好，确保投测成功； ③必须按照要求准确记录坐吊卡静止时间； ④起钻完必须盖好井口，先取仪器，后卸钻头，防止仪器落井； ⑤必须按照《规程》中的步骤进行数据读取； （3）直井段数据处理： ①必须用方位修正角

中·六

续表

工作内容	操作步骤及标准	风险提示	风险规避措施
直井段多点测量及计算： （1）多点测量； （2）投测多点； （3）直井段数据处理		⑤没有按照《规程》中的步骤进行读取，可能造成数据丢失或损坏； （3）直井段数据处理： ①没有对井斜方位角进行修正，导致测量数据不准确； ②井口或者井斜角为零的点的井斜方位角没有用下一点数据，计算轨迹与实际轨迹偏差较大； ③测量间隔过大，计算轨迹与实际轨迹偏差较大	对井斜方位角进行修正，确保测量数据准确； ②井口或井斜角为零的点的井斜方位角必须与下一点的井斜方位角相同，减小轨迹计算误差； ③必须按照要求取数据，测量间隔不能超标
定向段施工前准备	（1）坚持以下情况不定向：井底不干净不定向、井眼不畅通不定向、井下有复杂情况不定向、螺杆钻具试运转和测量仪器不正常不定向、井口坐标不复核不定向； （2）检查定向专用接头的丝扣是否完好、定向键是否牢固、内外方向是否一致； （3）如有磁干扰现象，应使用陀螺测斜仪进行定向测量	（1）在异常工况下施工，易导致井下事故的发生； （2）定向专用接头检查不仔细，随钻仪器不能够正常坐键，更换接头影响施工进度； （3）有磁干扰的情况下，无线随钻仪器测量数据不准确	（1）必须确保各种工况正常后再进行定向施工； （2）施工前必须仔细检查定向专用接头，确保能够正常使用， （3）有磁干扰现象时应使用陀螺测斜仪进行测量，确保数据准确
定向段施工技术措施	（1）定向施工人员根据设计造斜率选择弯度合适的螺杆钻具，常用钻具组合如下：钻头+螺杆钻具+定向专用接头+无磁钻铤（MWD）+加重钻杆+钻杆；根据施工地区具体情况确定是否下入回压凡尔，当设计方位角位于90° 或270° 左右30° 的范围内，井斜角超过30° 时，无磁钻铤的总长度不小于15m； （2）定向施工人员在钻台监督现场操作人员装配钻具组合，按每种钻具要求扭矩上紧钻具丝扣，和测量施工人员一起丈量螺杆钻具的弯曲方向与仪器测点的角差并反复对照； （3）监督测量人员将角差及相关地磁参数输入MWD工作机中；进行螺杆钻具及测量仪器的浅层测试，浅试正常后方可下钻	（1）设计方位角指向正东或正西方向时，无磁钻铤长度不够可能出现磁干扰，影响测量数据的准确性； （2）紧扣扭矩未达到要求扭矩、丈量角差时定向和测量施工人员未能同时确认，易造成工程质量问题； （3）测量人员输入角差或相关地磁参数有误，将造成工程质量问题	（1）确保无磁环境总长度达到要求，减轻磁干扰的影响； （2）紧扣扭矩必须达到要求扭矩；定向和测量施工人员必须同时丈量并确认角差； （3）定向和测量施工人员一同确认并将角差和相关地磁参数输入工作机

续表

工作内容	操作步骤及标准	风险提示	风险规避措施
定向段施工	（1）正常滑动钻进时，观察并记录好立压、钻压、工具面、重力和（Gt）、磁力和（Bt）、磁场强度、磁倾角等数值，随时监测工具面，发现有数值异常变化及时处理调整； （2）定向增斜过程中严格控制全角变化率，必要时采用复合钻进和滑动钻进相结合的方法； （3）复合钻进时，一定要将钻头提离井底，先慢慢启动转盘试转数圈，待确认扭矩正常后，下放钻具至井底钻进，转盘转速控制在30～45r/min	（1）未能及时监测钻进参数，施工过程中出现的异常情况不能及时发现，造成工程质量问题； （2）全角变化率超过设计要求，易导致井下复杂情况的发生； （3）复合钻进时，未将钻头提离井底并进行试转，易导致井下复杂情况的发生	（1）应时刻关注和掌握各种钻进参数； （2）必须严格按设计要求施工，控制好全角变化率； （3）复合钻进前必须先将钻具提离井底，再转动转盘下放钻具
稳斜段施工	（1）常规钻具组合：钻头+双母稳定器+短钻铤+稳定器+无磁钻铤（MWD）+稳定器+钻铤+加重钻杆+钻杆；使用常规钻具组合钻进时，应根据实钻的稳、降或增斜效果调整钻压等钻井参数，当通过调整钻井参数的实际效果不能满足轨迹要求时，应起钻更换钻具组合； （2）螺杆钻具稳斜钻具组合：钻头+螺杆钻具+螺杆扶正器+无磁钻铤（MWD）+加重钻杆+钻杆	（1）未能及时了解和掌握钻井参数，施工过程中出现异常情况不能及时发现，易导致工程质量问题； （2）螺杆钻具稳斜钻具组合复合钻进稳斜时注意螺杆钻具的使用时间，防止螺杆钻具使用后期事故的发生	（1）必须时刻了解和掌握各种钻井参数，确保稳斜段井身轨迹符合设计要求； （2）必须时刻了解和掌握螺杆钻具的参数
降斜段施工	常规钻具组合：钻头+钻铤（1～2根）+稳定器+无磁钻铤（MWD）+稳定器+钻铤+加重钻杆+钻杆使用螺杆钻具组合降斜的，可参照增斜段施工之规程；使用常规钻具组合钻进时，应根据实钻的稳、降或增斜效果调整钻压等钻井参数，当通过调整钻井参数的实际效果不能满足轨迹要求时，应起钻更换钻具组合	未能及时了解和掌握钻井参数，施工过程中出现的异常情况不能及时发现，易导致工程质量问题	必须时刻了解和掌握各种钻井参数，确保降斜段井身轨迹符合设计要求
轨迹监控	（1）测量时记录仪器显示的重力和（Gt）、磁力和（Bt）、磁场强度、磁倾角数值，发现异常情况分析原因并采取相应措施； （2）若钻进过程中甲方要求轨迹变动或者其他原因造成轨迹变动，各方经过充分协调，由甲方书面签字确认后方能继续施工； （3）施工过程中如出现复杂情况及时向所领导汇报； （4）中靶预测：依据靶点数据进行轨迹中靶预测，计算出井斜角、方位角的调整量	（1）重力和（Gt）、磁力和（Bt）、磁场强度、磁倾角数值异常时未能及时发现并采取措施，可能导致井下事故的发生； （2）轨迹变动未得到甲方书面签字认可，易导致施工质量问题； （3）出现复杂情况未及时汇报，将导致施工质量问题	（1）防碰距离近时必须勤观察测量磁参数，防止发生两井相碰事故； （2）如需变动轨迹，应先得到甲方书面签字认可； （3）出现复杂情况时应及时汇报，避免出现人为操作失误

续表

工作内容	操作步骤及标准	风险提示	风险规避措施
每日汇报： 井深、井斜角、方位角、施工工况、钻具组合、下步如何施工等内容	（1）次数：每天不少于2次； （2）时间：根据本单位规定时间上报，重要情况（井下突发复杂情况如卡钻、断钻具、井喷、人员伤害）随时汇报； （3）重要情况汇报流程：重要情况（井下突发复杂情况如卡钻、断钻具、井喷、人员伤害）立即向分队长汇报，并提醒分队长立即电话汇报本部门负责人以及业务主管部门负责人	未及时汇报，本部门负责人以及业务主管部门负责人不清楚井况，出现复杂情况如处理不当造成较大损失	必须按相应照规制度汇报井上施工情况
资料整理上交	（1）完钻后打印“井身轨迹计算表”和“完井基本数据表”交给井队技术员、地质组长，及时要求井队确认工作量签字盖章； （2）仪器和工具使用完后要清洗干净，并认真填写仪器跟踪记录本； （3）资料上交： ①完钻3日之内，向本部门资料员以书面形式上交所有完井资料； ②资料做到准确、齐全、完整，并交付完井报告电子版； ③资料员检查登记后交本部门领导复查，复查合格后，部门领导签字； ④把完井报告、防碰预案、施工技术措施和施工日报表等上交单位资料室进行审查，若审查不合格，重新整理上交	（1）工作量确认签字不及时，可能给本单位带来经济损失； （2）仪器和工具回收时没有及时清洗干净，再次使用易造成损坏；仪器跟踪记录本没有及时填写，影响仪器的再次使用和上交； （3）整理不全或者不合格无法通过本部门资料人员的审核，资料没有在规定期限内上交或扣分过多将受到处罚	（1）如无误工等特殊情况，完钻后必须及时签工作量确认； （2）完钻后必须将拆卸的仪器部件清洗干净，认真填写仪器跟踪记录本； （3）资料整理完后首先让资料员检查验收，合格后再让本部门领导复查、签字，确保资料审核一次性通过

2）丛式井钻井工艺技术标准化操作规程

定向队长（工程师）丛式井钻井工艺技术标准化操作规程如表6-5所示。

表6-5 定向队长（工程师）丛式井钻井工艺技术标准化操作规程

工作内容	操作步骤及标准	风险提示	风险规避措施
井组的设计： （1）井组中各井井眼轨迹的组合原则； （2）井组的施工顺序	（1）井组中各井井眼轨迹的组合原则： ①应避免井组中的井眼轨迹存在空间交叉； ②井组中各邻井的水平位移应长短结合，便于错开造斜点； ③丛式井后续井的钻具组合、钻井参数应尽量与第一口井的一致； （2）井组的施工顺序： ①丛式井总体设计时，建议先钻水平位移大、造斜点浅的井，后钻水平位移小、造斜点深的井和	（1）井组中各井井眼轨迹的组合原则： ①井组中的井眼轨迹存在空间交叉，易造成两井相碰事故； ②没有考虑邻井水平位移，造斜点没有错开，影响定向施工； ③丛式井后续井的钻具组合、钻井参数不一致容易造成相碰事故；	（1）井组中各井井眼轨迹的组合原则： ①对各井进行优化设计，避免井眼轨迹在空间交叉； ②相邻两井造斜点必须错开一段距离； ③丛式井后续井的钻具组合、钻井参数应尽量与第一口井的一致；

中·六

续表

工作内容	操作步骤及标准	风险提示	风险规避措施
井组的设计： （1）井组中各井井眼轨迹的组合原则； （2）井组的施工顺序	直井； ②大门方向的确定应以按顺序施工的各井防碰距离最大为原则，在此条件下，为便于井架整拖和避免井眼轨迹的二维或三维绕障，大门方向应指向后实施井	（2）井组的施工顺序： ①丛式井总体设计时没有根据各井情况排列施工顺序，不利于防碰绕障施工； ②大门方向没有按照施工井防碰距离最大的原则确定后实施井，导致防碰绕障施工困难	（2）井组的施工顺序： ①必须按照先钻水平位移大、造斜点浅的井，后钻水平位移小、造斜点深的井和直井的顺序施工； ②在各井防碰间距最大原则下，大门方向指向后实施井
轨道防碰设计： （1）造斜点的选择； （2）空间安全距离要求； （3）剖面类型选择； （4）甲方书面签字确认	（1）造斜点的选择： ①造斜点应选择在比较稳定、可钻性较好的地层； ②井组中相邻两井的造斜点应错开50m以上； （2）空间安全距离要求： 斜井段设计轨道的空间最小距离要求：垂深2000m以内时不小于30m，垂深大于2000m时不小于40m； （3）剖面类型选择： 剖面类型优先选择三段制； （4）甲方书面签字确认： 优化后的轨道设计或施工方案必须经过甲方的书面签字确认	（1）造斜点的选择： ①在不稳定或可靠性差的地层开始定向，工具面难控制，不易增斜； ②井组中相邻两井的造斜点距离近，不利于防碰绕障施工； （2）空间安全距离要求： 斜井段设计轨道的空间安全距离太小，易造成两井相碰事故； （3）剖面类型选择： 选择复杂的剖面类型，后期施工困难，容易导致井下事故的发生	（1）造斜点的选择： ①查阅地质及邻井资料，在稳定及可钻性好的地层确定造斜点； ②相邻两井的造斜点必须错开50m以上的距离； （2）空间安全距离要求： 斜井段设计轨道的空间最小距离必须满足要求； （3）剖面类型选择： 优选较为简单的三段制剖面进行设计和施工
丛式井组防碰施工技术要求： （1）测斜要求； （2）现场施工	（1）测斜要求： ①直井段单点测斜间距不大于100m，直井段超过300m测多点，点距不大于30m； ②丛式井的第一口井直井段必须保证数据准确，为同台其他井的防碰工作做好基础；如果井眼向整拖方向发展，应低钻压吊打； ③普通定向井造斜、降斜和稳斜井段的测斜间距不大于30m；水平井造斜、降斜和稳斜井段的测斜间距不大于10m；防碰、绕障井段的测斜间距不大于10m，必要时加密测斜； （2）现场施工： ①认真阅读丛式井设计书，熟悉设计书中各井的施工次序、造斜点的位置、整拖方向和单井设计方位，确定施工的整体方案，并根据设计书写出施工预案； ②控制直井段与邻井的距离不小于3m，确保井斜、位移不超设计标准； ③从第二口井开始，直井段钻进时提醒钻井队值班司钻和钻井液工，密切观察，如出现蹩跳或振	（1）测斜要求： ①直井段测斜间距过大，测斜数据太少将导致防碰扫描结果不准确； ②丛式井第一口井多点数据不准确或井眼向整拖方向发展，将影响后续井的防碰绕障施工； ③普通定向井或水平井的测斜间距过大，将导致计算轨迹与实际轨迹出现较大偏差；井底钻头位置判断不准确，易发生两井相碰事故； （2）现场施工： ①对设计书中内容不熟悉，没有整体方案和防碰预案，施工中出现复杂情况不知如何处理，将导致施工质量问题或工期延误； ②在直井段与邻井距离小于3m或者井斜、位移超标情况下，如不采取措施可能导致两井相碰事故；	及时进行防碰扫描计算，调整井眼轨迹，确保施工顺利进行

中·六

续表

工作内容	操作步骤及标准	风险提示	风险规避措施
丛式井组防碰施工技术要求： （1）测斜要求； （2）现场施工	动筛有水泥返出等现象时立即停钻； ④每测一点都要扫描、搜索出正钻井与邻井的最近空间距离，预测出井眼轨迹的发展趋势以及与邻井是否有“相碰”的危险；做出施工预案，并及时与钻井队进行技术交底，提示钻井队（书面）危险井段注意防碰；如果施工时已经存在防碰危险（如出现磁干扰现象、扫描距离比较近等）或者已经碰套管，则进行防碰绕障或者填井侧钻作业	③直井段施工过程中如出现蹩跳或振动筛有水泥返出等现象而继续钻进，可能发生钻穿套管事故； ④没有根据测斜数据计算出最近空间距离，不能判断出轨迹趋势，可能发生钻穿套管事故	

3）侧钻工艺技术标准化操作规程

（1）定向队长（工程师）锻铣式套管开窗侧钻工艺技术标准化操作规程如表6-6所示。

表6-6 定向队长（工程师）锻铣式套管开窗侧钻工艺技术标准化操作规程

工作内容	操作步骤及标准	风险提示	风险规避措施
开钻前准备： （1）接受任务； （2）详细阅读设计和防碰资料； （3）查阅邻井施工资料； （4）技术交底； （5）制定防碰预案； （6）资料准备	（1）接受任务： 定向井施工分队接受业务主管部门所发施工通知单，查找地质设计书及钻井工程设计书（必须有地质补充设计书及钻井工程补充设计书）； （2）详细阅读设计、借阅防碰资料： 地质设计书重点了解地质分层、岩性提示、复杂情况提示、产层位置和储层分布、防碰井情况等；若有防碰井，向设计单位资料室借阅防碰井资料；工程设计书重点了解井型、井身结构、设计造斜率、靶区形状、施工难点、重点提示、技术安全提示、测量要求等；准确计算开窗点空间位置，如果原井眼是定向井，以原井眼相应的测量数据为基准计算；如果原井眼是直井，则以套管陀螺测量数据为基准计算； （3）查阅邻井施工资料： 查阅本地区定向井或水平井的施工资料，了解施工井的注意事项。如果该地区没有水平井施工，则参考定向井或直井施工的相关资料；	（1）接受任务： 没有补充设计书，用井口初测坐标进行防碰扫描结果不准确； （2）详细阅读设计、借阅防碰资料： 防碰资料没有借阅或者没有借全，无法进行防碰扫描； （3）查阅邻井施工资料： 没有查阅邻井资料而盲目施工，容易造成工程质量问题或人身伤害； （4）技术交底： 定向施工人员到井后没有与井队进行沟通交流和技术交底，出现人为失误将影响施工质量及进度；所带定向专用接头、开窗工具等与井眼尺寸不符，重新更换将延误工期； （5）制定防碰预案： 没有仔细核对附近防碰井，如现场出现报废井而设计没有标出，施工	（1）接受任务： 现场施工人员必须得到补充设计书后方能进行施工； （2）详细阅读设计、借阅防碰资料： 开钻前必须借全防碰资料，制定详细的防碰预案； （3）查阅邻井施工资料： 参考邻井的钻井资料及注意事项，如是否含有硫化氢，地层有无井漏等，提前做好预案； （4）技术交底： 定向施工人员到井后首先与井队技术员进行充分的沟通交流与技术交底；在现场要仔细检查定向专用接头、回压凡尔、锻铣器等是否完好、扣型是否匹配； （5）制定防碰预案： 施工人员在现场核实

中 · 六

续表

工作内容	操作步骤及标准	风险提示	风险规避措施
开钻前准备： （1）接受任务； （2）详细阅读设计和防碰资料； （3）查阅邻井施工资料； （4）技术交底； （5）制定防碰预案； （6）资料准备	（4）技术交底： 定向施工人员到达现场后，与井队技术员核对井号、井型、井眼尺寸以及井身剖面相关数据（如造斜点、造斜率、靶区范围等），根据设计向井队做技术交底；检查定向专用接头是否与设计井眼尺寸相符，套管尺寸、内径、钢级、壁厚等，落实施工所需各种钻具和工具的准备情况并制定每一步施工技术措施； （5）制定防碰预案：核对井场周围的防碰井，做出防碰预案；防碰井与设计不符合时，及时汇报并重新制定防碰预案； （6）资料准备： ①钻井设计、防碰资料、HSSE体系文件、安全监督反馈表、施工技术措施、施工信息反馈表、技术标准及相关应急预案等； ②计算机及资料处理软件，打印纸等	中可能导致两井相碰事故； （6）资料准备： 上井前资料准备不全，在现场不及时完善各种资料，上级部门检查出问题将受到处罚	附近每一口井，仔细与设计井位图进行对照，发现问题须及时汇报； （6）资料准备： 上井前仔细检查确风险规避措施认资料是否带全；上井后及时填写各项资料以备上级检查
锻铣施工： （1）井眼准备：通径、洗井； （2）锻铣工具准备； （3）锻铣工具下井前安装调试； （4）下钻至开窗位置； （5）开始锻铣，观察铁屑返出量和形状，分析锻铣工具工作状况； （6）定期循环清洗井眼； （7）定期上提钻具，检查锻铣工具； （8）时刻记录磨进速度； （9）换锻铣刀片继续磨进； （10）锻铣作业结束	（1）用比套管内径小2~4mm的通径规通至锻铣井段以下30m；通完后循环洗井，将井内杂物冲洗干净，并调整好钻井液性能； （2）锻铣式套管开窗工具主要有锻铣器本体、锻铣器扶正器和刀片，套管锻铣器的本体应比套管内径小8~15mm； （3）开泵检查刀片能否全部张开，停泵检查刀片能否收回；确保工具能正常使用后将刀片捆住； （4）钻具下井过程中控制下放速度，严禁猛刹、猛放，中途不得开泵循环，不能转动转盘； （5）磨进过程中钻压不能超过10kN； （6）每磨进0.5m，停止转盘转动，增大钻井液排量清洗井眼，观察铁屑返出情况； （7）每磨进套管2m，停泵、停转盘，慢慢上提钻具，检查锻铣工具刀片闭合、开启情况；上提钻具，观察锻铣工具经过窗顶时有无挂卡现象； （8）注意记录磨进速度，当磨进速度明显降低时，应及时起钻检查锻铣工具以及刀片磨损情况，分析原因并制定下一步措施； （9）每次更换刀片下钻到上窗口位置，	（1）没有进行通径施工，无法判断套管是否损坏变形，可能导致斜向器下不到位；没有进行洗井，井内存在杂物，可能导致斜向器坐封失败； （2）锻铣工具规格不符合要求，导致下钻遇阻或开窗失败； （3）下钻前刀片未捆绑好，会导致下井过程中刀片误打开，损坏套管及刀片； （4）下钻过程中猛刹、猛放或中途开泵循环，将导致下井过程中刀片打开，损坏套管及刀片； （5）磨进过程中钻压过大，将损坏锻铣工具，导致磨进困难； （6）未及时清洗井眼，铁屑在井内形成“鸟窝”状铁屑团，易发生卡钻等事故； （7）锻铣工具经过窗顶时有挂卡现象，易破坏窗口，影响侧钻等后续施工；	（1）必须按照要求选用合适的通径规进行通径施工，并将井筒彻底洗净，保证斜向器顺利坐封； （2）仔细检查锻铣工具，如发现问题及时更换； （3）下井前必须捆绑好刀片； （4）必须严格控制下钻速度，严禁中途开泵和转动转盘； （5）严格控制磨进钻压，确保磨穿套管； （6）及时清洗井眼，避免井下复杂情况的发生； （7）及时检查锻铣工具刀片闭合、开启情况，观察锻铣工具经过窗顶时有无挂卡现象，必要时采取修窗等措施； （8）必须及时记录磨进速度； （9）更换刀片后在上窗口位置反复划眼，修整窗口，确保后续施工顺利进行

续表

工作内容	操作步骤及标准	风险提示	风险规避措施
锻铣施工： （1）井眼准备：通径、洗井； （2）锻铣工具准备； （3）锻铣工具下井前安装调试； （4）下钻至开窗位置； （5）开始锻铣，观察铁屑返出量和形状，分析锻铣工具工作状况； （6）定期循环清洗井眼； （7）定期上提钻具，检查锻铣工具； （8）时刻记录磨进速度； （9）换锻铣刀片继续磨进； （10）锻铣作业结束	开泵转动转盘，慢慢反复划眼； （10）锻铣作业结束后，调整钻井液性能大排量循环洗井，下入强磁打捞器清除井底铁屑，并用稠钻井液将锻铣井段封住	（8）未记录磨进速度，不能及时发现异常情况而导致开窗失败； （9）更换刀片后未在上窗口处划眼，窗口质量无法保证	
打水泥塞封固锻铣井段作业： （1）确认水泥塞封固位置及质量； （2）彻底清洗井眼； （3）候凝48h	（1）为了确保水泥塞封固质量，封固井段应为窗底以下50m到窗顶以上50m，打水泥前应做水钻井液性能测试，流动试验和凝固时间试验； （2）观察记录水钻井液返出量，确定井眼内多余水钻井液全部返出井眼后，起钻候凝； （3）候凝48h，钻水泥塞至设计侧钻井深，停泵下压钻具以检查水泥塞凝固质量	（1）水泥塞封固位置不对、封固长度不够、凝固质量不合格等将导致侧钻失败； （2）未彻底清洗井眼，井底残留过多水泥，将导致井下复杂情况的发生； （3）候凝时间短，凝固质量不合格，将导致侧钻失败	（1）打水泥前仔细确认水泥塞封固位置，按照要求做水钻井液性能测试，流动试验和凝固时间试验； （2）起钻前必须彻底清洗井眼； （3）必须按照设计要求候凝48h，检查候凝质量
定向侧钻作业： （1）配钻具并进行井口测试； （2）下钻； （3）控时钻进； （4）捞取砂样	（1）按设计要求配好钻具，进行螺杆钻具和随钻仪器的井口测试，正常后开始下钻； （2）下钻过程中控制下放速度，钻具在套管内不能转动转盘和大排量循环； （3）控时钻进： ①定向侧钻时，首先让钻头空转20～30min，使其能在井壁造出台阶，严禁上下活动钻具和转动	（1）未经过井口测试或井口测试不正常，仪器入井后不能正常工作，耽误生产； （2）下钻速度过快或者中途开泵、转动转盘，可能损坏套管和钻头； （3）侧钻时转动转盘、未按照要求进行控时钻进，导致钻头回到老井眼；	（1）井口测试发现问题及时更换，确保仪器入井后能够正常工作； （2）严格控制钻具下放速度，禁止大排量开泵和转动转盘； （3）在方钻杆上画小格并将技术措施向司钻交代清楚，严格控制钻压，确保侧钻一次成功；

续表

工作内容	操作步骤及标准	风险提示	风险规避措施
定向侧钻作业: (1)配钻具并进行井口测试; (2)下钻; (3)控时钻进; (4)捞取砂样	转盘; ②钻压在10kN以内均匀送钻，根据地层情况控制送钻速度，避免钻头重新回到老井眼; (4)根据砂样中地层岩屑的含量判断侧钻情况，当砂样全部为岩屑时表明钻头已进入地层，侧钻成功	(4)没有及时捞取砂样进行分析判断，因操作失误而导致侧钻失败	(4)及时捞取砂样，根据含砂量的多少来判断钻头所处位置

(2)定向队长(工程师)复式铣锥套管开窗侧钻井工艺技术标准化操作规程如表6-7所示。

表6-7 定向队长(工程师)复式铣锥套管开窗侧钻井工艺技术标准化操作规程

工作内容	操作步骤及标准	风险提示	风险规避措施
开钻前准备: (1)接受任务; (2)详细阅读设计和防碰资料; (3)查阅邻井施工资料; (4)技术交底; (5)制定防碰预案; (6)资料准备	(1)接受任务: 定向井施工分队接受业务主管部门所发施工通知单，查找地质设计书及钻井工程设计书(必须有地质补充设计书及钻井工程补充设计书); (2)详细阅读设计、借阅防碰资料: 地质设计书重点了解地质分层、岩性提示、复杂情况提示、产层位置和储层分布、防碰井情况等;若有防碰井，向设计单位资料室借阅防碰井资料;工程设计书重点了解井型、井身结构、设计造斜率、靶区形状、施工难点、重点提示、技术安全提示、测量要求等;准确计算开窗点空间位置，如果原井眼是定向井，以原井眼相应的测量数据为基准计算;如果原井眼是直井，则以套管陀螺测量数据为基准计算; (3)查阅邻井施工资料: 查阅本地区定向井或水平井的施工资料，了解施工井的注意事项;如果该地区没有水平井施工，则参考定向井或直井施工的相关资料; (4)技术交底: 定向施工人员到达现场后，与井队技术员核对井号、井型、井眼尺寸以及井身剖面相关数据(如造斜点、造斜率、靶区范围等)，根据设计向井队做技术交底;检查定向专用接头是否与设计井眼尺寸相符，套管尺寸、内径、钢	(1)接受任务: 没有补充设计书，用井口初测坐标进行防碰扫描结果不准确; (2)详细阅读设计、借阅防碰资料: 防碰资料没有借阅或者没有借全，无法进行防碰扫描; (3)查阅邻井施工资料: 没有查阅邻井资料而盲目施工，容易造成工程质量问题或人身伤害; (4)技术交底: 定向施工人员到井后没有与井队进行沟通交流和技术交底，出现人为失误将影响施工质量及进度;所带定向专用接头等与井眼尺寸不符，重新更换将延误工期; (5)制定防碰预案: 没有仔细核对附近防碰井，如现场出现报废井而设计没有标出，施工中可能导致两井相碰事故; (6)资料准备: 上井前资料准备不全，在现场不及时完善各种资料，上级部门检查出问题将受到处罚	(1)接受任务: 现场施工人员必须得到补充设计书后方能进行施工; (2)详细阅读设计、借阅防碰资料: 开钻前必须借全防碰资料，制定详细的防碰预案; (3)查阅邻井施工资料参考邻井的钻井资料及注意事项，如是否含有硫化氢，地层有无井漏等，提前做好预案;详细了解裸眼侧钻井段的地层、岩性、钻时、井径、钻井参数、钻井液性能，及时制定相应的侧钻措施; (4)技术交底: 定向施工人员到井后首先与井队技术员或队长进行充分的沟通交流与技术交底;在现场要仔细检查定向专用接头、回压凡尔等是否完好、扣型是否匹配; (5)制定防碰预案: 施工人员在现场核实附近每一口井，仔细与设计井位图进行对

续表

工作内容	操作步骤及标准	风险提示	风险规避措施
开钻前准备： （1）接受任务； （2）详细阅读设计和防碰资料； （3）查阅邻井施工资料； （4）技术交底； （5）制定防碰预案； （6）资料准备	级、壁厚等，落实施工所需各种钻具和工具的准备情况，制定每一步施工的技术措施； （5）制定防碰预案： 核对井场周围的防碰井，做出防碰预案；防碰井与设计不符合时，及时汇报并重新制定防碰预案； （6）资料准备： ①钻井设计、防碰资料、HSSE体系文件、安全监督反馈表、施工技术措施、施工信息反馈表、技术标准及相关应急预案等； ②计算机及资料处理软件，打印纸等		照，发现问题须及时汇报； （6）资料准备： 上井前仔细检查确认资料是否带全；上井后及时填写各项资料以备上级检查
开窗前施工： （1）井眼准备； （2）确定开窗位置； （3）下斜向器作业； （4）定向坐封斜向器总成	（1）井眼准备： ①洗井：用配浆替出井内原油或其他液体。静止观察井下是否有井涌或漏失现象，如有则进行压井或堵漏作业； ②如果窗口以上有射孔段，挤注水泥封固原射孔段套管； ③套管试压，保持15min压力稳定不降； ④通径和刮管：用比斜向器直径大2～3mm，比斜向器长度长0.5～12m的通径规通径，检查套管是否变形；用相应尺寸的刮管器刮壁，以清除附着在套管壁上的油污、铁锈及其他杂物；在设计开窗位置上10m范围内反复进行刮壁清理，保证卡瓦坐封牢固。循环洗井，将井内杂物冲洗干净，并调整好钻井液性能； （2）确定开窗位置： ①要求开窗位置内径磨损小，管外水泥封固良好； ②窗口以上套管密封性良好，窗口应避开套管接箍、套管扶正器、不稳定地层及硬地层，以砂泥岩地层为宜； （3）下斜向器作业： ①检查并确认斜向器总成完好无损。斜向器吊、放、上下钻台时尽量避免碰撞； ②准确丈量斜向器斜面与定向专用接头的角差； ③斜向器入井过程中严禁转动转盘；要求缓慢均匀下放，严禁猛刹猛放；	（1）井眼准备： ①井内存在原油等液体，可能导致斜向器坐封失败； ②窗口以上套管的射孔段没有用水泥挤封，循环时将导致钻井液漏失； ③试压时压力下降，套管可能有破损处，后续施工存在风险； ④没有进行通径施工，无法判断套管是否损坏变形，可能导致斜向器下不到位；没有进行刮管和洗井施工，井内存在杂物，可能导致斜向器坐封失败； （2）确定开窗位置： ①开窗位置套管内径磨损严重或者管外水泥封固不好，开窗施工无法顺利进行； ②如在套管接箍和套管扶正器处开窗，开窗周期过长，易导致开窗失败； （3）下斜向器作业： ①斜向器不合格或因碰撞损坏，将导致斜向器坐封失败； ②斜向器斜面与定向专用接头的角差丈量不准确，将导致窗口定位不准确，影响侧钻和定向施工；	（1）井眼准备： ①必须按照要求彻底洗净井筒； ②必须按要求封固射孔井段，确保后续施工顺利进行； ③必须按照要求试压，确保后续施工顺利进行； ④必须严格按照要求在设计开窗位置上下10m反复刮削； （2）确定开窗位置： ①根据直井段完井资料避开不利于开窗的位置； ②根据直井段套管资料避开套管接箍、扶正器等位置； （3）下斜向器作业： ①斜向器入井前必须进行详细检查；吊、放、上下钻台等时小心操作避免发生碰撞； ②必须准确丈量斜向器斜面与定向专用接头的角差，画出草图并保存； ③斜向器入井后必须将转盘锁死；下入过程中必须缓慢匀速，严禁猛刹猛放； ④下钻过程中严禁开泵循环，确保斜向器顺利坐封；

续表

工作内容	操作步骤及标准	风险提示	风险规避措施
开窗前施工： （1）井眼准备； （2）确定开窗位置； （3）下斜向器作业； （4）定向坐封斜向器总成	④所有入井钻具必须用钻杆通径规进行通径，中途严禁开泵循环，以防提前坐封； （4）定向坐封斜向器总成： ①斜向器下入到预定位置后，使用陀螺测量仪测量斜向器斜面方位； ②转动转盘和上下活动钻具，调整斜向器斜面方位与设计方位一致，将转盘锁死； ③憋压坐封时，先投球，待球落到底后开泵打压，一般压力控制在20～23MPa即可满足坐封要求，反复进行2～3次； ④慢慢上提或下放钻具，遇卡或遇阻10～50kN，反复数次，静止阻卡不变，可确定斜向器已坐封，否则起钻检查； ⑤把钻具提放至原悬重，正转转盘20圈，适当上提钻具，正转转盘20圈，即可完成丢斜向器作业，坐封完成	③斜向器入井后转动转盘，可能发生斜向器落井事故；下放速度过快，井内产生压力激动，可能导致斜向器中途坐封； ④下钻过程中开泵循环，将导致斜向器中途坐封； （4）定向坐封斜向器总成： ①斜向器斜面方位测量不准确，导致窗口定位出现偏差，影响侧钻和定向施工； ②斜向器斜面方位与设计方位没有调整一致，影响侧钻后定向施工的轨迹控制；转盘没有锁死，斜向器发生转动将导致坐封失败； ③开泵打压时压力过高或者过低将导致斜向器坐封失败	（4）定向坐封斜向器总成： ①地锚斜向器下入到预定位置后，必须下入陀螺测量仪测量斜向器斜面方位； ②必须按照要求调整斜面方位，其与设计方位一致后必须锁死转盘； ③憋压坐封时必须按照要求将泵压控制在20～23MPa，反复进行2～3次
开窗施工： （1）下复式铣锥； （2）开窗磨铣	（1）下复式铣锥： ①常用钻具组合：复式铣锥+钻铤3柱+钻杆； ②下钻至斜向器顶端以上10m，开泵循环，探方入； ③钻头距斜向器顶端0.5m时启动转盘，低转速慢慢下放，先磨出一个均匀光滑的接触面； （2）开窗磨铣： ①开窗第一阶段：从铣锥磨铣斜向器顶部到铣锥底部与套管内壁接触为开窗第一阶段。此段开始要轻压慢转，然后中压中速磨铣，钻压应控制在5～10kN，转速50～60r/min，使铣鞋先磨铣出一个均匀接触面并达到磨铣切削的目的； ②开窗第二阶段：从铣锥底圆接触套管内壁到底圆刚出套管外壁为开窗第二阶段；此段加大钻压容易提前外滑，反之不容易磨铣切削套管，因此钻压应控制在15～40kN，转速60～80r/min，使铣锥沿套管外壁均匀磨铣，保证窗口长度； ③开窗第三阶段：从铣锥底圆出套管到铣锥最大直径全部铣过套	（1）下复式铣锥： 磨铣时钻压过大或转速过快，与套管的接触面粗糙不平，影响后续施工； （2）开窗磨铣： ①钻进参数选择不好，接触面凹凸不平，影响后续施工； ②钻压过大或者过小，将降低磨铣效率甚至导致开窗失败； ③钻压过大可能导致铣锥滑出套管，影响窗口质量； ④没有进行修窗施工，起下钻过程出现挂卡现象，破坏窗口； ⑤钻井液上返速度慢，磨铣套管过程中的铁屑不能及时返出，易造成卡钻等井下事故	（1）下复式铣锥： 使用复式铣锥需要轻压慢钻，确保磨出均匀光滑的接触面； （2）开窗磨铣： ①必须严格按照要求进行操作，确保接触面均匀光滑； ②适当提高钻压和转速，确保套管外壁均匀磨铣； ③必须严格按照要求进行操作，适当提高钻压和转速，确保窗口光滑； ④必须按照要求反复修整窗口，做到上提下放畅通无阻； ⑤保证钻井液上返速度达到要求，在循环出口处放置强磁铁吸附铁屑

续表

工作内容	操作步骤及标准	风险提示	风险规避措施
开窗施工： （1）下复式铣锥； （2）开窗磨铣	管为开窗第三阶段；此段是保证窗口圆滑的关键阶段，只要稍加压就会滑出套管，因此钻压应控制在5～15kN，转速80～120r/min，磨铣至斜向器底部； ④反复上提下放进行修窗，无任何碰挂后起钻进行后续施工； ⑤钻井液上返速度应大0.6m/s，确保磨铣过程中的铁屑全部返出		
试钻进增斜或稳斜钻进作业： （1）钻具组合及钻进参数； （2）具体措施	（1）试钻进钻具组合及钻进参数： 钻头+单弯螺杆钻具+回压凡尔+定向专用接头+无磁钻铤（MWD）+钻杆钻进参数：钻压20～40kN、泵压10～12MPa、排量10～12L/s、转速20～40r/min； （2）下钻至窗口位置时注意控制下钻速度，避免出现严重挂卡情况，保护好窗口； （3）试钻进20m后，没有异常情况，可采用MWD进行正常的定向井作业	（1）下钻速度过快可能会破坏窗口，影响后续施工； （2）开窗后没有稳斜钻进一段距离，后期施工中套管磁干扰将影响仪器测量结果	（1）下钻至窗口位置附近必须严格控制下钻速度，确保窗口完好； （2）开窗后必须按照要求钻进一段距离，减轻套管磁干扰的影响

（3）定向队长（工程师）裸眼定向侧钻工艺技术标准化操作规程如表6-8所示。

表6-8 定向队长（工程师）裸眼定向侧钻工艺技术标准化操作规程

工作内容	操作步骤及标准	风险提示	风险规避措施
开钻前准备： （1）接受任务； （2）详细阅读设计和防碰资料； （3）查阅邻井施工资料； （4）技术交底； （5）制定防碰预案； （6）资料准备	（1）接受任务： 定向井施工分队接受业务主管部门所发施工通知单，查找地质设计书及钻井工程设计书（必须有地质补充设计书及钻井工程补充设计书）； （2）详细阅读设计、借阅防碰资料： 地质设计书重点了解地质分层、岩性提示、复杂情况提示、产层位置和储层分布、防碰井情况等；若有防碰井，向设计单位资料室借阅防碰井资料；工程设计书重点了解井型、井身结构、设计造斜率、靶区形状、施工难点、重点提示、技术安全提示、测量要求等；准确计算开窗点空间位置，如果原井眼是定向井，以原井眼相应的测量数据为基准计算；如果原井眼是直井，则以套管陀螺测量数据为基准计算；	（1）接受任务： 没有补充设计书，用井口初测坐标进行防碰扫描结果不准确； （2）详细阅读设计、借阅防碰资料： 防碰资料没有借阅或者没有借全，无法进行防碰扫描； （3）查阅邻井施工资料没有查阅邻井资料而盲目施工，容易造成工程质量问题或人身伤害；若不详细了解裸眼侧钻井段的地层、岩性、钻时、井径、钻井参数、钻井液性能，就不能合理制定相应的侧钻措施，造成侧钻失败； （4）技术交底：	（1）接受任务： 现场施工人员必须得到补充设计书后方能进行施工； （2）详细阅读设计、借阅防碰资料： 开钻前必须借全防碰资料，制定详细的防碰预案； （3）查阅邻井施工资料参考邻井的钻井资料及注意事项，如是否含有硫化氢，地层有无井漏等，提前做好预案；详细了解裸眼侧钻井段的地层、岩性、钻时、井径、钻井参数、钻井液性能，及时制定相应的侧钻措施；

中 六

续表

工作内容	操作步骤及标准	风险提示	风险规避措施
开钻前准备： （1）接受任务； （2）详细阅读设计和防碰资料； （3）查阅邻井施工资料； （4）技术交底； （5）制定防碰预案； （6）资料准备	（3）查阅邻井施工资料： 查阅本地区定向井或水平井的施工资料，了解施工井的注意事项。如果该地区没有水平井施工，则参考定向井或直井施工的相关资料；详细了解裸眼侧钻井段的地层、岩性、钻时、井径、钻井参数、钻井液性能，以便制定相应的侧钻措施； （4）技术交底： 施工人员到达现场后，与井队技术员核对井号、井型、井眼尺寸以及井身剖面相关数据（如造斜点、造斜率、靶区范围等），根据设计向井队做技术交底；检查定向专用接头是否与设计井眼尺寸相符，落实施工所需各种钻具和工具的准备情况，制定每一步施工的技术措施； （5）制定防碰预案： 核对井场周围的防碰井，做出防碰预案。防碰井与设计不符合时，及时汇报并重新制定防碰预案； （6）资料准备： ①钻井设计、防碰资料、HSSE体系文件、安全监督反馈表、施工技术措施、施工信息反馈表、技术标准及相关应急预案等； ②计算机及资料处理软件，打印纸等	定向施工人员到井后没有与井队进行沟通交流和技术交底，出现人为失误将影响施工质量及进度；所带定向专用接头等与井眼尺寸不符，重新更换将延误工期； （5）制定防碰预案： 没有仔细核对附近防碰井，如现场出现报废井而设计没有标出，施工中可能导致两井相碰事故； （6）资料准备： 上井前资料准备不全，在现场不及时完善各种资料，上级部门检查出问题将受到处罚	（4）技术交底： 定向施工人员到井后首先与井队技术员或队长进行充分的沟通交流与技术交底；在现场要仔细检查定向专用接头、回压凡尔等是否完好、扣型是否匹配； （5）制定防碰预案： 施工人员在现场核实附近每一口井，仔细与设计井位图进行对照，发现问题须及时汇报； （6）资料准备： 上井前仔细检查确认资料是否带全；上井后及时填写各项资料以备上级检查
侧钻工艺技术： （1）选择侧钻点； （2）选用、落实所需工具仪器； （3）下钻、探水泥塞； （4）开泵，读取测量数据； （5）控时钻进； （6）观察岩屑返出情况； （7）侧钻后续施工	（1）选择侧钻点： ①侧钻点选择的总原则：地层稳定易钻、井径规则； ②侧钻方位选择的总原则：不能沿原井眼的井斜、方位进行侧钻； ③先进行侧钻轨迹设计，经剖面优化后，再综合确定侧钻点位置； （2）选用、落实所需工具仪器： ①选用侧向切削能力强的钻头，一般情况下中、软地层采用PDC钻头+1.5°单弯螺杆钻具组合侧钻；硬地层采用牙轮钻头+弯接头+直螺杆钻具进行侧钻； ②根据侧钻后新井眼的曲率要求、井眼尺寸以及地层硬度来选择弯接头或单弯螺杆钻具； （3）下钻时严禁硬压硬砸，遇阻后不能用螺杆钻具划眼，禁止定点循环，下钻到底后准确计量方入，探水泥塞；	（1）侧钻点选择不合理，易导致侧钻失败； （2）侧钻钻具组合选用不合适，易导致侧钻失败； （3）下钻时硬压硬砸、遇阻后用螺杆钻具划眼或定点循环，易带来井下复杂； （4）未将钻头提离井底或开泵过快，将导致憋泵； （5）控时钻进期间顿、溜钻或转动转盘，将导致侧钻失败； （6）岩屑分析判断错误，导致侧钻失败； （7）下部钻具经过侧钻点时速度过快或在侧钻点循环划眼，将破坏窗口附近的夹壁墙，造成侧钻失败，带来井下复杂	（1）必须根据原则合理选取侧钻点； （2）选用合适的工具和仪器，确保侧钻成功； （3）如下钻遇阻，情况严重时可采用常规钻具通井； （4）必须将钻头提离井底后再缓慢开泵； （5）侧钻期间严格控制钻压、钻时，严禁顿、溜钻或转动转盘； （6）及时捞取砂样并记录分析，根据含砂量的多少来判断侧钻是否成功； （7）下部钻具临近侧钻点时要严格控制下放速度，严禁在侧钻点开泵循环或划眼

续表

工作内容	操作步骤及标准	风险提示	风险规避措施
侧钻工艺技术： （1）选择侧钻点； （2）选用、落实所需工具仪器； （3）下钻、探水泥塞； （4）开泵，读取测量数据； （5）控时钻进； （6）观察岩屑返出情况； （7）侧钻后续施工	（4）将钻头提离井底，开泵小排量循环，待返出正常后，开泵至正常排量，获取仪器测量数据：井斜、方位、工具面； （5）摆好工具面下放钻具至探准的方入，控时钻进造台阶；均匀加压，一般不超过10kN，防止顿、溜钻，侧钻期间严禁转动转盘； （6）观察地层岩屑的返出情况，分析地层岩屑比例，判断是否形成新井眼；连续出现地层岩屑且比例逐渐增大，加压至正常钻压后钻时稳定无异常，或测量出的井斜和方位与原井眼相同深度的数值明显不同，表明出现新井眼； （7）后续施工中，下钻至侧钻点位置前要控制下放速度，缓慢通过；遇阻禁止侧钻井段特别是窗口点前后12m开泵循环或转动转盘划眼，防止夹壁墙被破坏		

4）水平井钻井工艺技术标准化操作规程

（1）定向队长（工程师）普通水平井钻井工艺技术标准化操作规程如表6-9所示。

表6-9 定向队长（工程师）普通水平井钻井工艺技术标准化操作规程

工作内容	操作步骤及标准	风险提示	风险规避措施
开钻前准备： （1）接受任务； （2）详细阅读设计书及补充设计书、并组织施工分队人员学习设计； （3）查阅本地区定向井的施工资料； （4）到仪器管理中心领取定向仪器； （5）检查并确认定向井仪器是否配套齐全； （6）组织施工人员到达现场，确定住	（1）定向井施工分队接受业务主管部门所发施工通知单，查找地质设计书及钻井工程设计书（必须有地质补充设计书及钻井工程补充设计书）； （2）重点了解地质分层、岩性提示、复杂情况提示、产层位置和防碰井情况等； （3）了解所在地区施工井的注意事项； （4）按照定向井仪器操作规程中的测试步骤进行测试，确定仪器工作正常后签字领取； （5）重点检查抗压筒两端端面是受损变，密封圈是否全、新等； （6）与井队技术员核对井型、井号、井眼尺寸以及井身剖面相关数据（如造斜点、造斜率、靶区半径等），根据设计情况提醒井队准备相应的工具； （7）按钻井工程研究院规定做好防碰预案，若防碰井与设计不符，及	（1）接受任务： 没有补充设计书，用井口初测坐标进行防碰扫描结果不准确； （2）详细阅读设计、借阅防碰资料： 防碰资料没有借阅或者没有借全，无法进行防碰扫描； （3）查阅邻井施工资料： 没有查阅邻井资料而盲目施工，容易造成工程质量问题或人身伤害； （4）技术交底： 施工人员到井后没有与井队进行充分的沟通交流和技术交底，出现人为失误影响施工质量及进度；所带定向专用接头等与井眼尺寸不符，重新更换延误生产；	（1）接受任务： 现场施工人员必须得到补充设计书后方能进行施工； （2）详细阅读设计、借阅防碰资料： 开钻前必须借全防碰资料，制定详细的防碰预案； （3）查阅邻井施工资料： 参考邻井的钻井资料及注意事项，如是否含有硫化氢，地层有无井漏等，提前做好预案； （4）技术交底： 施工人员到井后首先与井队技术员进行充分的沟通交流与技术交底；在现场要仔细检查定向专用接头、

续表

工作内容	操作步骤及标准	风险提示	风险规避措施
井房、仪器房的放置； （7）核对井场周围的防碰井，做防碰预案； （8）资料准备	时向所领导汇报并重新制定预案； （8）资料准备： ①钻井设计、防碰资料、HSSE体系文件、安全监督反馈表、施工技术措施、施工信息反馈表、技术标准及相关应急预案； ②计算机及资料处理软件，打印纸等	（5）制定防碰预案： 没有仔细核对附近防碰井，如现场出现报废井而设计没有标出，施工中可能导致两井相碰事故； （6）资料准备： 上井前资料准备不全，在现场不及时完善各种资料，上级部门检查出问题将受到处罚	回压凡尔等是否完好、扣型是否匹配； （5）制定防碰预案： 施工人员在现场核实附近每一口井，仔细与设计井位图进行对照，发现异常情及时汇报； （6）资料准备： 上井前仔细检查资料是否带全；上井后及时填写各类资料以备上级检查
多点测量及计算： （1）多点测量； （2）投测多点； （3）直井段数据处理	（1）多点测量： ①出现下列情况不投测：悬重不正常、泵压不正常、井下不正常、钻井设备不正常； ②投测前检查杆件底部减震器、杆件丝扣、台阶、密封圈、悬挂胶棒等是否完好，杆件外筒是否弯曲变形； （2）投测多点： ①仪器设置：按照《YSS型电子多点测斜仪操作规程》中的设置步骤进行； ②组装仪器：拨一下双向开关，启动仪器，装入外筒，上紧杆件并用管钳紧扣，防止仪器进钻井液； ③在钻台把测量仪器投入钻杆水眼，预计仪器到底后，钻具静止2min后起钻，同时记录每柱钻具的坐吊卡静止时间，计算每柱钻具的测量井深； ④起钻完，盖好井口，先取仪器，后卸钻头； ⑤取多点数据：按《YSS型电子多点测斜仪操作规程》中的步骤进行； （3）直井段数据处理： ①计算井斜方位角时要用方位修正角进行修正； ②井口或者井斜角为零的点的井斜方位角要用下一点的井斜方位角计算； ③测量间隔小于30m； ④测量数据处理一律选用曲率半径法	（1）多点测量： ①违反“四不投测”原则，可能导致井下复杂情况的发生； ②投测前没有检查杆件各个部件，如有部件缺失或损坏可能导致投测失败； （2）投测多点： ①没有按照《规程》中的步骤进行设置，导致仪器入井后不工作； ②双向开关忘记打开，仪器入井后不工作；杆件扣没有紧好导致钻井液进入损坏仪器； ③起钻时没有记录坐吊卡静止时间，测量数据和测量井深没有对应，导致数据处理后轨迹与实际轨迹偏差大； ④井口没有盖好或者先卸钻头，可能发生仪器落井事故； ⑤没有按照《规程》中的步骤进行读取，可能造成数据丢失或损坏； （3）直井段数据处理： ①没有对井斜方位角进行修正，导致数据不准确； ②井口或者井斜角为零的点的井斜方位角没有用下一点数据，计算轨迹与实际轨迹存在较大偏差；	（1）多点测量： ①必须严格遵守“四不投测”原则，确保投测成功； ②投测前必须仔细检查杆件，如有缺失或损坏及时更换，确保投测成功； （2）投测多点： ①必须按照《规程》中的设置步骤进行设置； ②仪器装入外筒前必须拨双向开关；必须多人配合把杆件扣紧好，确保投测成功； ③必须按照要求准确记录坐吊卡静止时间； ④起钻完必须盖好井口，先取仪器，后卸钻头，防止仪器落井； ⑤必须按照《规程》中的步骤进行数据读取； （3）直井段数据处理： ①必须用方位修正角对井斜方位角进行修正，确保数据准确； ②井口或井斜角为零的点的井斜方位角必须与下一点的井斜方位角相同，减小轨迹计算误差； ③必须按照要求取数据，间隔不能超标

中·六

续表

工作内容	操作步骤及标准	风险提示	风险规避措施
多点测量及计算： （1）多点测量； （2）投测多点； （3）直井段数据处理		③测量间隔过大，计算轨迹与实际轨迹存在较大偏差	
轨迹控制： （1）钻具组合的类型 （2）施工前准备 （3）施工技术措施 （4）增斜井段 （5）水平井段 （6）相关安全措施	（1）钻具组合的类型： 坐键式无线随钻测斜仪：钻头＋单弯螺杆钻具＋回压凡尔+定向专用接头＋无磁钻挺＋无磁承压钻杆+加重钻杆+钻杆；悬挂式无线随钻测斜仪：钻头＋单弯螺杆钻具＋回压凡尔+配合接头＋无磁钻挺＋MWD悬挂短节＋无磁承压钻杆+加重钻杆+钻杆；钻头＋弯壳体螺杆钻具＋配合接头＋LWD短节+MWD悬挂短节＋无磁承压钻杆+加重钻杆+钻杆若设计方位角位于90°或270°左右30°的范围内，井斜角超过30°，无磁钻铤的长度应大于15m； （2）施工前准备： ①坚持以下情况不定向：井底不干净不定向、井眼不畅通定向、井下有复杂情况不定向、螺杆钻具试运转和测量仪器不正常不定向； ②检查定向专用接头丝扣是否完好、键块是否牢固、内外方向是否一致； （3）施工技术措施： ①以书面方式向井队下达技术措施，内容包括：钻具结构、钻进参数、钻进措施、注意事项、特殊要求等； ②根据设计造斜率选择单弯螺杆钻具；根据施工地区井控要求确定是否下入回压凡尔； ③按施工技术措施在钻台指挥现场操作人员配钻具，按标准扭矩上紧钻具丝扣，配合测量施工人员丈量好螺杆钻具的弯曲方向与定向仪器高边的角差，反复对照并记录，螺杆钻具试运转正常后下钻； （4）增斜井段： ①按直井段的实钻轨迹数据修正轨道设计，整个斜井段测点间距不大于10m； ②根据钻头类型和地层可钻性确定钻压等钻井参数； ③正常钻进时，观察并记录好立	（1）钻具组合的类型： ①无磁钻挺长度不符合要求，导致测量结果误差大； ②钻具、稳定器尺寸的选择不符合井眼和轨迹控制的要求，将造成工具面不稳定、造斜率偏低、起下钻次数过多等情况； （2）施工前准备： ①井下存在安全隐患或者仪器工作不正常时进行定向施工，影响施工质量，仪器安全无法保证； ②定向专用接头丝口损坏，钻进过程中可能发生刺漏、断裂；键块不牢导致仪器无法坐键；内外方向不一致造成角差测量错误； （3）施工技术措施： ①没有以书面方式下达技术措施，井队未按照要求进行操作，措施执行不到位； ②单弯螺杆钻具造斜率达不到设计要求，影响井身轨迹质量，起下钻更换螺杆钻具耽误工期；没有按照井控要求下入回压凡尔，可能导致井喷等事故； ③角差丈量不准确或井队配钻具时没有按标准扭矩上紧钻具丝扣，钻进过程中出现紧扣，将导致起钻甚至填井侧钻；螺杆钻具不进行井口测试，入井后工作不正常导致起钻，延误工期； （4）增斜井段： ①斜井段测点间距过	（1）钻具组合的类型： ①可以按照实际情况增加无磁钻铤数量，保证仪器在良好的无磁环境下工作； ②钻具、稳定器在入井前必须用专用工具进行丈量，确保尺寸满足井眼和轨迹控制的要求； （2）施工前准备： ①定向前或者定向过程中必须仔细了解井下情况，确保正常后再下钻； ②施工前必须仔细检查定向专用接头、循环套及键块，确保地面角差测量准确； （3）施工技术措施： ①必须以书面方式向井队下达技术措施； ②必须根据设计造斜率选择相匹配的单弯螺杆钻具；根据施工地区井控要求确定是否下入回压凡尔； ③必须按标准扭矩上紧钻具丝扣，测量角差时必须和测量人员相互配合，反复对照，确保测量准确；必须进行井口测试，确保螺杆钻具和仪器入井后正常工作； （4）增斜井段： ①必须按照要求每钻完一根钻杆进行测斜； ②根据钻头类型、地层可钻性等确定钻井参数； ③钻进时必须观察并记录好各种钻进参数，与司钻沟通保持顺畅，维持工具面稳

中 六

续表

工作内容	操作步骤及标准	风险提示	风险规避措施
轨迹控制： （1）钻具组合的类型 （2）施工前准备 （3）施工技术措施 （4）增斜井段 （5）水平井段 （6）相关安全措施	压、钻压、工具面等数据，随时监测调整工具面，发现异常及时处理； ④对轨迹进行随钻监控。实钻增斜率偏大时，通过调整滑动钻进和复合钻进井段的比例，控制实钻平均增斜率符合设计要求；实钻增斜率偏小时，应起钻更换大弯度钻具组合； ⑤入靶前的增斜井段，可根据斜井段长度对钻柱进行倒桩； （5）水平井段： ①使用MWD或LWD随钻监测，根据标志层计算目的层的垂深，通过调整滑动钻进和复合钻进井段的比例，对轨迹进行实时调控，控制进入油层的井斜，保持适当的井斜提前量钻进； ②使用LWD随钻监测地层变化，当钻头进入产层后，电阻率和伽马值先后出现明显的变化，根据变化情况及时调整井斜，保证钻头始终钻遇产层理想位置； ③在水平段以复合钻进为主，根据实钻井斜的变化，及时通过滑动钻进调整轨迹； （6）相关安全措施： ①增斜井段和水平井段应定期采用短起下钻和分段循环的方法清除岩屑床； ②起下钻遇阻卡时应开泵循环，采取正、倒划眼措施，以冲、通为主，不应用单弯螺杆钻具划眼； ③钻井液应具有良好的润滑性、抑制性和携岩性； ④LWD施工时，设计和实际的最大狗腿度不得超过25°/100m	大，造成计算轨迹与实际轨迹相差大； ②单弯螺杆钻具造斜率达不到设计要求、地层可钻性差等都可能导致起钻； ③钻进参数发生异常变化没有及时处理，可能导致轨迹失控； ④实钻增斜率偏大、定向增斜段过长都可能导致着陆点滞后而脱靶；实钻增斜率小于设计要求，造成定向段过长，影响井身质量，过低则可能导致提前着陆而脱靶； ⑤增斜段没有及时倒桩钻柱或倒桩不合理，将导致钻压加不到钻头处，定向困难且效果差； （5）相关安全措施： ①增斜井段和水平井段钻进过程中没有及时进行短起下作业，井下形成岩屑床可能导致卡钻事故； ②用螺杆钻具在遇阻井段划眼，容易划出新井眼，导致回填侧钻；起下钻遇阻时采取的处理措施不当，易导致井下复杂情况的发生； ③钻井液性能不好，将导致井内岩屑堆积、滑动钻进时摩阻大、起下钻困难等井下复杂情况； ④施工时造斜率过大将对LWD仪器造成损坏	定，有复杂情况及时处理； ④实钻增斜率偏大时，根据实际情况多复合钻进少滑动钻进，使实钻平均增斜率达到设计要求；实钻增斜率偏小时及时起钻，更换弯度更大的螺杆钻具进行施工； ⑤增斜井段要计算好倒桩钻柱的长度，使加重钻杆处于30°井斜以上位置，确保钻压能够传有效递到钻头； （5）相关安全措施： ①必须按要求进行短起下作业，破坏岩屑床，确保井下钻具的安全； ②起下钻遇阻卡必须采取正确的措施，必要时起钻换常规钻具通井，不可盲目划眼，确保井下安全； ③必须确保钻井液性能符合设计要求，必要时停钻，循环处理好钻井液后再继续钻进； ④设计和实际的最大造斜率必须小于25°/100m，确保仪器安全，工作正常
每日汇报：井深、井斜角、方位角、施工工况、钻具组合、下步如何施工等工作内容	（1）次数：每天不少于2次； （2）时间：根据本单位规定时间上报，重要情况随时立即向分队长和部门领导汇报； （3）途径：通过即时通信工具汇报	未及时汇报，若出现复杂情况处理不当将造成损失	
资料整理上交	（1）完钻后打印“井身轨迹计算表”和“完井基本数据表”交给井队技术员、地质组长，及时找井队进行工作量确认，并签字盖章	（1）工作量确认不及时，可能耽误结算； （2）仪器和工具回收时没有及时清洗干净，再次使	（1）如无误工等特殊情况，完钻后必须及时找井队进行工作量确认； （2）完钻后必须将拆卸的

续表

工作内容	操作步骤及标准	风险提示	风险规避措施
资料整理上交	（2）仪器和工具使用完后要清洗干净，并认真填写仪器跟踪记录本； （3）资料上交： ①完钻3日之内，向本单位资料室以书面形式上交所有完井资料； ②资料做到准确、齐全、完整，并交付完井报告电子版； ③资料员检查登记后交所领导复查，经复查合格后所领导签字； ④将完井报告、防碰预案、施工技术措施和施工日报表等上交本单位资料室进行审查，若审查不合格，重新整理上交	用易造成损坏；仪器跟踪记录本没有及时填写，影响仪器的再次使用和上交； （3）整理不全或者不合格无法通过本单位资料室的审核；资料没有在规定期限内上交或扣分过多将受到处罚	仪器部件清洗干净，认真填写仪器跟踪记录本； （3）资料整理完后首先让资料员检查验收，合格后再让所领导复查、签字，确保资料上交一次成功

（2）定向队长（工程师）分支水平井钻井工艺技术标准化操作规程如表6-10所示。

表6-10 定向队长（工程师）分支水平井钻井工艺技术标准化操作规程

工作内容	操作步骤及标准	风险提示	风险规避措施
设计原则	（1）井区储层分布稳定，油砂体井控程度高； （2）油层厚度大于6m； （3）有一定单井控制地质储量； （4）在分支长度都相等的情况下，对称分支井在分支数上不超过4个； （5）分支井眼稳斜段延长线与主井眼夹角不大于45°	（1）油层厚度小，则施工难度大，经济效益差； （2）没有单井控制储量，开采价值低； （3）在分支长度都相等的情况下，对称分支井数目过多产量增幅不明显，存在施工风险	（1）应选择油层厚度大的区域施工，降低施工难度，增加经济效益； （2）应首先选择地质储量大的地区施工； （3）分支长度相等的情况下对称分支井数目不超过4个
操作步骤	（1）按照《YSS型电子多点测斜仪操作规程》中的测试步骤进行测试，确定仪器工作正常后签字领取； （2）重点查看有无密封圈，杆件是否弯曲等； （3）与井队技术员核对井型、井号、井眼尺寸以及井身剖面相关数据（如造斜点、造斜率、靶区半径等），根据设计情况提醒井队准备相应的工具； （4）按施工要求做好防碰预案，若防碰井与设计不符，及时向本部门领导汇报并重新制定预案； （5）资料准备： ①钻井设计、防碰资料、HSSE体系文件、安全监督反馈表、施工技术措施、施工信息反馈表、技术标准及相关应急预案； ②计算机及资料处理软件，打印纸等	（1）没有补充设计书，用井口初测坐标进行防碰扫描结果不准确； （2）没有检查确认工具和设备是否完好，使用过程中可能发生故障，耽误生产； （3）没有做出详细的防碰预案，发现问题不及时汇报，可能导致两井相碰事故； （4）上井前资料准备不全，现场不及时填写完善各项资料，上级部门检查出问题将受到处罚	（1）现场定向人员必须得到补充设计书后方能进行施工； （2）必须仔细检查上井所带工具和设备，确保能够正常使用； （3）必须做好防碰预案，发现问题后及时向所领导汇报； （4）上井前仔细检查资料是否带全；上井后及时填写各项资料以备上级部门检查

续表

工作内容	操作步骤及标准	风险提示	风险规避措施
分支水平井施工原则	(1)主井眼的井眼轨迹采用微降的设计，采用地质导向钻井技术控制井眼轨迹至着陆点，并用技术套管封固着陆点以上地层； (2)水平段主井眼与各分支井眼的井眼尺寸相等或偏大； (3)主井眼完成后，起钻换通井钻具通井，可下入MWD随钻测斜仪器随时监控钻头的走向； (4)完井下筛管时，要保证筛管柱顺利进入主井眼而不是各分支井眼	(1)主井眼的井眼轨迹为增斜趋势，可能发生分支井眼重复进入的情况； (2)水平段主井眼尺寸小于分支井眼的井眼尺寸，下钻时易进入分支井眼； (3)通井时没有下入MWD仪器，如进入分支井眼不能及时判断纠正，导致井下事故的发生； (4)筛管进入分支井眼，需要起钻重新下入，导致工期延长	(1)主井眼必须采用微降设计以避免分支井眼重复进入； (2)水平段主井眼使用的钻头尺寸应略大于分支井眼钻头尺寸，确保下钻时顺利下入主井眼； (3)通井时必须下入MWD仪器进行监控，确保进入目的井眼； (4)下筛管快到窗口位置时要缓慢下放，确保筛管柱顺利进入主井眼
分支水平井水平段钻具组合设计	(1)钻具结构要满足快速侧钻、主井眼中的钻具或完井管柱下入时摩阻适中的要求； (2)导向钻具的刚性要大于完井管柱的刚性	(1)主井眼中的钻具或完井管柱下入时摩阻过大，易导致井下复杂情况的发生； (2)导向钻具的刚性小于完井管柱的刚性，完井管柱可能下入分支井眼	(1)钻具结构必须进行优化，避免管柱与井壁摩阻过大； (2)必须保证导向钻具的刚性大于完井管柱，避免完井管柱下入分支井眼
分支水平井主井眼及分支井眼施工	(1)主井眼形成后，当下钻到分支侧钻点处，将钻具工具面调整至180°，确保钻具依靠自身重力的作用顺利进入主井眼中； (2)在松散地层悬空侧钻，要坚持按照划槽、造台阶和控时钻进三个步骤进行施工；以左上侧或者右上侧的方向作为侧起始方向进行分支井眼的侧钻，分支轨迹要呈上翘趋势，使新井眼偏离原来的轨迹，钻具在下钻过程中不容易进入到分支井眼内； (3)必须保证分支井眼与主井眼之间快速形成夹壁墙； (4)每个分支井眼完钻后短起下一次，并替入完井液；	(1)下钻到侧钻点时没有调整好工具面，可能导致下钻遇阻； (2)没有按照划槽、造台阶和控时钻进三个步骤施工，或者起始方向错误，可能导致侧钻失败；分支轨迹没有呈上翘趋势，钻具在下钻过程中容易进入分支井眼； (3)夹壁墙形成慢，易坍塌，可能导致井下复杂情况发生； (4)分支井眼完钻后没有进行短起下作业，影响井身轨迹质量；	(1)下钻到分支侧钻点，必须将钻具工具面调整至180°后匀速缓慢下放，确保顺利进入主井眼； (2)进行定向增斜、扭方位施工使分支轨迹呈上翘趋势，避免钻具进入分支井眼； (3)必须采取措施确保夹壁墙快速形成； (4)每个分支井眼完钻后，短起下一次，确保井眼畅通；
井下安全措施	实钻过程中要根据上提下放摩阻情况及时加入润滑剂，确保施工安全；使用固控设备及时清除钻井液中的岩屑和有害固相，保持钻井液的低固相，及时补充水基润滑剂等处理剂，控制钻井液含砂量小于0.3%；钻进过程中每钻200m（或根据施工情况）进行短起下钻作业，破坏并清除岩屑床，以保证井眼通畅	井下摩阻大时没有及时加入润滑剂，导致定向托压严重，影响施工安全；没有及时进行短起下作业，井眼不通畅，可能导致井下复杂情况的发生	井下摩阻大时及时加入润滑器并充分循环处理钻井液，确保施工安全；必须严格按照要求及时进行短起下作业，确保后续施工顺利

（3）定向队长（工程师）短半径水平井钻井工艺技术标准化操作规程如表6-11所示。

表6-11 定向队长（工程师）短半径水平井钻井工艺技术标准化操作规程

工作内容	操作步骤及标准	风险提示	风险规避措施
技术准备： （1）工具准备； （2）数据收集	（1）工具准备： 由于短半径水平井设计造斜率高，因此单弯螺杆钻具的度数选择十分重要；根据施工经验，在地层较稳定的情况下，3.5° ϕ 120mm单弯螺杆钻具造斜率能达到（140°～160°）/100m，3° ϕ 120mm单弯螺杆钻具造斜率能达到（120°～140°）/100m，2.75° ϕ 120mm单弯螺杆钻具造斜率能达到（90°～120°）/100m，2.5° ϕ 120mm单弯螺杆钻具造斜率能达到（70°～90°）/100m，2° ϕ 120mm单弯螺杆钻具造斜率能达到（50°～70°）/100m，1.75° ϕ 120mm单弯螺杆钻具造斜率能达到（40°～60°）/100m； （2）数据收集	所选单弯螺杆钻具的造斜率达不到设计要求，无法进行短半径水平井的施工；	必须根据设计造斜率并结合地层因素选择弯度合适的单弯螺杆钻具；
侧钻段技术要点	直井段测陀螺数据，并根据直井段实际轨迹数据修正轨道剖面； 目前常用的套管开窗侧钻方式是斜向器开窗；斜向器坐封前利用陀螺仪器确定好方位，侧钻成功后待MWD测量仪器进入裸眼段后，根据实测方位对轨迹进行调整；侧钻施工中，由于仪器测斜零长为10m左右，且仪器在套管内工作时受磁干扰现象比较严重，不利于侧钻定向施工，因此斜向器坐封位置一般选择略高于设计开窗点（开窗点要避开套管接箍或井径较大区域）；开窗成功后，先用常规钻具试钻进8～10m，然后下入单弯螺杆钻具定向钻进；	（1）侧钻初始阶段，受原井眼套管磁干扰的影响，难以确定准确的造斜方向，影响侧钻及定向施工； （2）受原井眼套管尺寸的限制，大度数螺杆很难下入；由于井眼曲率变化大，井眼中钻具易发生脱落、折断事故； （3）侧钻短半径水平井造斜井段短、造斜率高，测点滞后问题突出，增加了井眼轨迹控制的难度	（1）开窗成功后必须按照要求用常规钻具钻进一段距离，降低套管磁干扰的影响； （2）大度数螺杆钻具在窗口遇阻时，可采取转动不同角度下放的方法通过；若仍无法通过则下入陀螺定向找准高边，定向使钻具的弯角与窗口方向一致，确保钻具的下入
增斜段施工（以5～7/8"井眼为例，仪器类型MWD350）： （1）钻具组合； （2）增斜井段施工技术措施	（1）钻具组合： ϕ 149.2mm牙轮钻头+ ϕ 120mm单弯螺杆钻具（度数根据造斜率而定）+331×310配合接头+ ϕ 120mm无磁短钻铤+ ϕ 120mm MWD悬挂短节+ ϕ 120mm无磁承压钻杆+ ϕ 88.9mm斜坡钻杆×X柱（斜坡钻杆的数量根据井斜大小以及井段长度确定）+ ϕ 88.9mm加重钻杆×15柱+ ϕ 88.9mm钻杆 （2）增斜段施工技术措施： ①增斜段初期为确保造斜率不落	由于短半径水平井的造斜段较短，施工中井斜和方位调整余量很小	必须严格控制垂深以及实钻轨迹超前或置后设计轨迹的程度

续表

工作内容	操作步骤及标准	风险提示	风险规避措施
增斜段施工（以5～7/8"井眼为例，仪器类型MWD350）： （1）钻具组合； （2）增斜井段施工技术措施	后，建议采用牙轮钻头加单弯螺杆钻具的组合，以确定地层的实际造斜率； ②在实际造斜率高于设计造斜率的情况下，下入1.5°单弯螺杆钻具采取滑动钻进和复合钻进相结合的钻进方式调整轨迹，有效降低摩阻和扭矩；在快到达水平段时上提垂深，降低井斜，为水平段复合钻进留下足够的余地； ③增斜段测量间隔不大于3m，施工中定向施工人员应及时分析实测轨迹数据，总结出井下造斜工具的造斜率，及时预测中靶情况，合理选择下一步施工所需的单弯螺杆钻具		
水平段施工： （1）钻具组合； （2）水平井段施工技术措施	（1）钻具组合： ϕ149.2mm牙轮钻头（或PDC）+ϕ120mm单弯螺杆钻具（1.25°或1.5°）+311×310回压凡尔+ϕ120mm无磁钻铤+311×310无磁接头+ϕ120mm无磁承压钻杆+ϕ88.9mm斜坡钻杆×X柱（斜坡钻杆的数量根据井斜大小以及井段长短确定）+ϕ88.9mm加重钻杆×15柱+ϕ88.9mm钻杆 （2）水平段技术措施： ①水平段施工初期，采用小度数单弯螺杆钻具滑动钻进一段距离后再进行复合钻进，主要目的是让井下仪器及刚性大的下部钻具全部进入低造斜率的井段，保证井下钻具的安全 ②尽可能使用相同度数的单弯螺杆钻具，以便准确预测螺杆的造斜率，保证井斜、方位预测的可靠性，准确指导施工；采用小度数螺杆钻具小钻压（20～30kN）、低转速（小于30r/min）复合钻进； ③加强钻具倒换，进入水平段之前全部钻具探伤，最大限度地提高钻具的安全性； ④根据井下实际情况，搞好短起下钻工作，及时消除岩屑床，净化井眼； ⑤尽量提高钻进液的润滑性能和排量，充分携岩，保证井眼畅通和井下安全	（1）在水平段滑动钻进过程中，由于钻具刚性弱，钻压不能有效的施加到钻头上，定向效果差，机械钻速慢； （2）处于高曲率井段的钻柱由于受到较大弯曲应力的影响，易发生疲劳破坏，可能导致井下复杂情况的发生； （3）井内岩屑床没有及时清除，易导致卡钻等井下事故的发生； （4）钻井液性能达不到要求，影响井身质量，易导致井下复杂情况的发生	（1）调整好钻井液性能，摩阻大时加入足量润滑剂，保证定向施工效果； （2）起下钻及时倒换钻具，保证井下钻具的安全； （3）必须按照要求进行短起下作业，破坏岩屑床； （4）钻井液性能达到设计要求后才能进行施工，否则停钻循环处理钻井液，确保井下安全

中·六

（4）定向队长（工程师）精确连通水平井钻井工艺技术标准化操作规程如表6-12所示。

表6-12 定向队长（工程师）精确连通水平井钻井工艺技术标准化操作规程

工作内容	操作步骤及标准	风险提示	风险规避措施
技术准备	（1）了解钻井设计数据、施工工序、施工中各主要环节的注意事项； （2）落实施工中所需各种钻具和工具准备情况，如：无磁钻具、螺杆钻具、配合接头、加重钻杆等； （3）取直井（排采井）井身轨迹数据，确定洞穴深度，并根据水平井（工程井）井口的海拔高度校正到同一基准面	（1）没有仔细阅读钻井设计，不了解主要环节的注意事项，易导致人身伤害和工程质量事故； （2）施工中所需钻具和工具没有准备或准备不全，导致施工工期延误，影响工程质量	（1）必须仔细阅读钻井设计书，了解主要环节的注意事项，确保施工顺利进行； （2）施工前必须准备好各种钻具和工具，确保施工顺利进行
直井（排采井）技术要求	（1）严格控制钻井参数，采取小钻压吊打的方式，每30m测量一次井斜，把井斜控制在设计要求范围内； （2）直井洞穴的直径不小于550mm	（1）直井井斜超标，连通施工难度大； （2）洞穴直径太小，连通施工难度大	（1）直井必须打直，确保后续施工顺利进行； （2）直井洞穴直径大有利于连通施工
水平井（工程井）井眼轨迹控制： （1）直井段轨迹控制； （2）二开造斜段； （3）三开水平段； （4）水平末端对接	（1）直井段轨迹控制： ①一开直井段：一开采取吊打的方式钻进，控制井斜角＜1°，起钻需投测多点； ②二开直井段：按设计要求做好防斜打直工作，起钻需投测多点； （2）二开造斜段： 井段：造斜点到入煤层1m； 施工要求： ①造斜段施工的关键是卡准煤层位置并钻至煤层，因而要求甲方地质人员必须向定向工程师提供准确的煤层位置； ②钻井队净化设备要运转正常，保证钻井液性能稳定，达到设计要求； ③造斜段施工过程中如需要维修设备，必须将钻具起至套管内； （3）三开水平段： 井段：煤层以上2m到连通前100m 施工要求： ①根据斜井段长度倒桩钻具，并根据实际情况调整钻井参数。当实钻效果不能满足轨迹要求时，起钻更换钻具组合； ②使用MWD或LWD随钻监测，根据煤层标志层预测目的层垂深，对轨迹进行实时调整，控制轨迹进入煤层的井斜； ③水平段钻进坚持复合钻进为主、	（1）直井段轨迹控制： ①一开直井段没有投测多点，计算井身轨迹与实际轨迹误差大，影响后期连通施工； ②二开直井段没有按照要求进行监测，井斜或位移超标，给后续定向施工造成困难； （2）二开造斜段： ①甲方地质导向人员没有提供或者错误提供煤层位置，导致无法按照设计入目的层位； ②钻井液性能达不到要求，将导致井下复杂情况的发生； ③井队维修设备时钻具处于裸眼段，时间过长易导致井下复杂情况的发生； （3）三开水平段： ①没有根据斜井段长度倒桩钻具，造成滑动钻进托压严重，影响施工进度，易导致井下复杂情况的发生； ②没有根据煤层垂深的变化及时调整轨迹，造成进入煤层井斜过大或者过小，影响井身质量；	（1）直井段轨迹控制： ①一开直井段必须按照要求投测多点，确保直井段轨迹数据准确； ②二开直井段必须按照要求进行监测，起钻前必须投测多点，确保后续施工顺利进行； （2）二开造斜段： ①必须与甲方地质导向人员及时沟通，了解准确的煤层位置，确保后续施工顺利进行； ②钻井队净化设备必须运转正常，保证钻井液性能稳定，施工能够顺利进行； ③维修设备前必须将钻具起入套管内，保证井下钻具和仪器安全； （3）三开水平段： ①必须根据斜井段长度对钻柱进行倒桩。实钻效果不能满足轨迹要求时及时起钻更换钻具组合； ②必须根据煤层标志

续表

工作内容	操作步骤及标准	风险提示	风险规避措施
水平井（工程井）井眼轨迹控制： （1）直井段轨迹控制； （2）二开造斜段； （3）三开水平段； （4）水平末端对接	滑动钻进为辅的原则，根据甲方要求调整轨迹； ④水平段钻进过程中要确保钻井液性能达到设计要求，净化设备运转正常； ⑤水平段每钻进200m进行短起下作业； ⑥水平段钻进过程中，如需要维修设备，必须将钻具起入套管内； （4）水平末端对接： 井段：连通前100m到连通点； 末端对接的原理： 在正钻水平井内下入RMRS专用强磁接头，同时在造斜井内用有线设备下入RMRS仪器，校准井深后将RMRS仪器探管下至玻璃钢套管内；RMRS作为接收端将不断检测强磁接头的磁参数，通过解码分析后，形成磁接头相对RMRS仪器的位置和方向数据，数据通过无线信号发射到安装在工程井仪器房内的接收器上，定向人员根据这些数据不断修正待钻井眼轨迹，通过调整螺杆钻具的钻进姿态，使井眼轨迹朝直井洞穴方向钻进直到最终连通； 末端对接主要措施： ①末端水平段钻进时，要根据水平井段轨迹要求，合理选择单弯螺杆钻具； ②钻进到合适位置，测试精确连通仪器及传输设备，确认工作正常后方可钻进； ③连通过程中，如通过轨迹调整无法实现连通，定向人员必须重新设计连通轨迹剖面，侧钻后重新连通直至连通成功； ④当钻至最后3m时，从直井中取出RMRS仪器；当直井中有钻井液返出时或者正钻水平井立管压力突然下降表明连通成功；施工要求：准备连通时，在直井井场要提前准备有线设备，组装好RMRS仪器串，校正电缆计数器，确保计数准确无误；按甲方提供的直井玻璃钢套管位置，将RMRS平稳下放到洞穴中心；按照甲方提供的造斜井多点数据，重新计算造斜井全井井身轨迹；为了保持数据的一致性，双井采用同一种数据计算方法	③水平段钻滑动钻进过多过长，易造成大的狗腿，影响井身质量和后期完井作业； ④水平段钻进钻井液性能不稳定，易发生煤层垮塌、卡钻等复杂情况； ⑤水平段没有及时进行短起下作业，井内形成岩屑床，易导致井下事故的发生； ⑥井队维修设备时钻具处于裸眼段，时间过长易造成卡钻等井下复杂情况； （4）水平末端对接： ①螺杆钻具弯度大易造成大的狗腿；螺杆钻具角度小，定向效果差，调整次数多； ②连通前精确连通仪器信号及传输设备没有经过测试或者测试不合格，测量误差大导致连通失败； ③连通时，RMRS没有平稳下放到洞穴中心，导致连通失败	层计算出目的层预测垂深，对轨迹进行实时调控，确保控制轨迹进入煤层的井斜符合设计要求； ③水平段施工以复合钻进为主，根据甲方地质导向要求及时调整轨迹； ④水平段钻进过程中必须保证钻井液性能达到设计要求，净化设备运转正常，确保施工顺利进行； ⑤水平段每钻进200m进行短起下，确保井眼畅通； ⑥维修设备前必须将钻具起入表层套管内，确保井下工具仪器安全； （4）水平末端对接： ①必须根据水平井段轨迹要求选择单弯螺杆钻具，保证轨迹平滑； ②精确连通仪器信号及传输设备必须经过测试，确认工作正常后方可进行连通施工； ③必须按照甲方提供的直井玻璃钢套管位置将RMRS平稳下放到洞穴中心

第三节 应急处置

定向队长（工程师）应急处置程序如表6-13所示。

表6-13 定向队长（工程师）应急处置程序

事故类型	处置程序
火灾事故	（1）第一发现人发现火灾后，立即大声呼喊示警，关闭电源，项目组组长组织指挥灭火救护，抢救伤员； （2）联系井队值班干部，落实警戒，防止事故扩大； （3）对伤员进行伤情处理，不能处理的联系送医； （4）根据火灾的具体情况，决定是否有必要采取以下措施： ①向当地119汇报并寻求支援； ②向本部门应急领导小组报告，本部门应急领导小组向单位应急指挥中心报告； （5）火灾扑灭后，及时查找火灾隐患并及时消除，恢复生产
人身伤害	（1）第一发现人发现施工现场有人受伤（或本人受伤），应通知项目组组长、井队值班干部、本部门负责人； （2）确认受伤人员的伤害情况，并根据情况组织现场救护； （3）收集受伤部位、严重程度、现场急救措施等资料；向上级安全部门及医疗救助单位报告、求助，拨打120报警电话； （4）根据伤员的情况，制定救护方案，组织现场救护，保护好现场，联系运送伤员的车辆、最近的医疗救助中心，安排陪护人员；积极配合医院的抢救和救护工作； （5）检查整改安全隐患，制定恢复生产的安全防范措施；配合上级部门事故调查，制定预防措施避免事故的再次发生
触电事故	（1）关闭总开关，短时间无法关闭电源时，可利用绝缘体，断掉触电部位与电源的连接； （2）根据触电的情况，采取必要的现场救护和心肺复苏术，并及时通知井队值班干部和部门领导； （3）根据伤员的情况，向上级安全部门及医疗救助单位报告、求助，拨打120急救电话，并积极配合医院的抢救和救护； （4）需要应急救护时，项目组长在关键的路口安插引导救护车辆的人员； （5）应急终止后，按上级指令开展现场恢复工作
井喷事故	（1）发现井喷突发事件，立即大声呼喊示警； （2）联系钻井队值班干部、配合制定工程技术措施； （3）向定向井工艺所领导汇报，现场服从指挥，未佩戴救生工具不能进入警戒范围； （4）必要时拨打火警及救援电话，关键路口安排引导人员； （5）按总体预案要求，做好应急终止后的生产恢复以及善后处置、应急总结以及配合事件调查等工作
硫化氢泄漏	（1）听到硫化氢泄漏警报后，立即通知井组人员；硫化氢泄漏浓度超过20ppm时立即佩戴空气呼吸器； （2）停止当前作业，穿戴好劳保，判断风向，组织人员自救并撤离现场同时要服从更高级别指挥人员的领导安排； （3）及时向定向井工艺所应急领导小组进行汇报； （4）险情结束且硫化氢浓度降至安全浓度以下后，恢复生产
突发公共卫生事件	（1）发生食物中毒时立即向项目组组长、井队值班干部、定向井工艺所领导汇报； （2）对食物样本进行封存，防止中毒扩大； （3）拨打120急救电话，救治伤员； （4）发生重大传染病、群体性不明疾病时及时向定向井工艺所应急领导小组进行汇报； （5）积极配合相关应急部门和专业医疗机构救助病人，做好疫区封锁工作； （6）病人治愈、毒源或疫情得到控制、影响消除、恢复生产，配合有关部门做好事故调查和隐患治理工作

续表

<table>
<tr><th>事故类型</th><th colspan="3">处置程序</th></tr>
<tr><td>工艺流程简介</td><td colspan="3">接到定向施工任务后，将依次进行运输驻井房和仪器设备、仪器设备的安装和调试、按照工程设计要求进行定向施工；在施工过程中包括驻井房接电、仪器吊装、上钻台摆工具面及整口井施工结束后的仪器回收、搬迁至新的井场，整个工艺流程中可能存在多种应急情况</td></tr>
<tr><td>岗位主要安全风险</td><td>火灾事故、人身伤害、触电事故、井喷事故、硫化氢泄漏、突发公共卫生事件</td><td>岗位主要危险物质</td><td>电器设备，特种设备，带电设备、电线、开关，有毒、有害气体，硫化氢、有毒食物、重大传染病或群体性不明疾病</td></tr>
<tr><td colspan="4">注意事项：
（1）穿戴好劳保用品，使用好绝缘防护器具，硫化氢防护用品；
（2）在进行吊装作业时，要有专业的吊装指挥在场，严格遵守“十不吊”规定；
（3）在帮助触电者脱离电源时，应注意防止触电者被摔伤，防止自己触电和事故扩大；
（4）发生火灾爆炸或有毒气体泄漏时，将人员撤离至安全地带并警戒；
（5）灾后应当做好现场保护工作，等待有关部门组织事故调查；
（6）施工期间禁止食用可疑食物或水源</td></tr>
<tr><td colspan="4">应急物资装备：
（1）量程100ppm便携式硫化氢监测仪2套；
（2）正压式空气呼吸器2套；
（3）MFZ/ABC 8A型手提式干粉灭火器2台；
（4）急救药品和急救器械若干（包括但不局限于担架、止血带、消毒用品、酒精、急救药品）；
（5）应急行动时，可同时使用钻井队消防房内的消防器材和空气呼吸器</td></tr>
<tr><td colspan="4">应急联络电话：
公司应急办公室电话；甲方应急办公室电话；就近医院电话；急救电话：120；火警电话：119</td></tr>
</table>

第七章　测量工程师岗位操作标准

第一节　岗位描述

1. 岗位说明

测量工程师岗位说明如表7-1所示。

表7-1　测量工程师岗位说明

项　目		主要内容
工作概述		具体负责各种现场测量施工任务；负责施工现场的仪器、设备和人员的安全和HSSE体系的现场管理与实施
上岗条件	教育程度	中专及以上文化程度，石油工程、测量技术、企业管理及相关专业毕业
	从业资格	持有效的井控证、HSSE管理培训证、硫化氢防护技术培训证等
	技能等级	持相关专业中级及以上职业资格证书
	辅助技能	计算机操作熟练，英语具有较强的阅读能力
	工作经历	3年及以上现场工作经验，具备入厂教育实习经历
	职业道德要求	具有较高的政治素质和职业道德，坚持原则，保守技术秘密，勤奋进取
	身体要求	身体健康，精力充沛，具有一定的工作协调能力
岗位关系	纵向关系	（1）接受定向井工程师的直接领导； （2）接受本部门领导和业务主管部门的监督
	横向关系	与现场施工小组各岗位有协作关系
岗位职责	工作职责	（1）上井生产准备及仪器领取：标准为根据生产任务进行生产准备；根据施工井井深、钻井液密度、井底温度领取匹配的定向仪器，在库房检查仪器的工作状态是否良好；领取生活日用品、驻井房和工具； （2）驻井施工：进行仪器的组装、测试、下井、监视保障生产顺利进行；定向井仪器和测量数据资料的收集、记录、处理；进行技术交流和总结；新技术、新工艺的推广应用；技术的传接，培养新人员
	安全职责	（1）对施工分队成员的安全负责，带领施工人员严格执行安全生产法律法规、政策法令和安全技术操作规程； （2）组织各种安全活动，使施工小组成员牢固树立“安全第一、预防为主”的思想；

续表

项　目		主要内容
岗位职责	安全职责	（3）检查监督施工小组成员正确使用劳保用品，检查保养消防、救生设施，确保灵活好用； （4）认真履行开工、施工、完工安全检查，发现不安全因素及时消除，及时上报； （5）严格遵守集团公司和油田《安全生产禁令》，履行《中国石化职工守则》，执行“七想七不干”规定
工作权限		（1）对现场测量施工方案措施有决定权； （2）有权向本部门领导和上级领导汇报或请示工作； （3）有收集数据的权利
职业生涯发展规划		（1）业务能力不断提高，有晋升为高级工程师的机会； （2）能力突出将有升迁为分队长的机会； （3）可以本部门内部进行相应岗位流动或轮换
工作考核	考核关系	（1）接受本单位的业务考核； （2）接受上级业务部门的工作考核
	考核依据	（1）上级有关规定和本岗位职责； （2）本部门相关规章制度

2. 工艺流程

测量工程师工作工艺流程如图7-1所示。

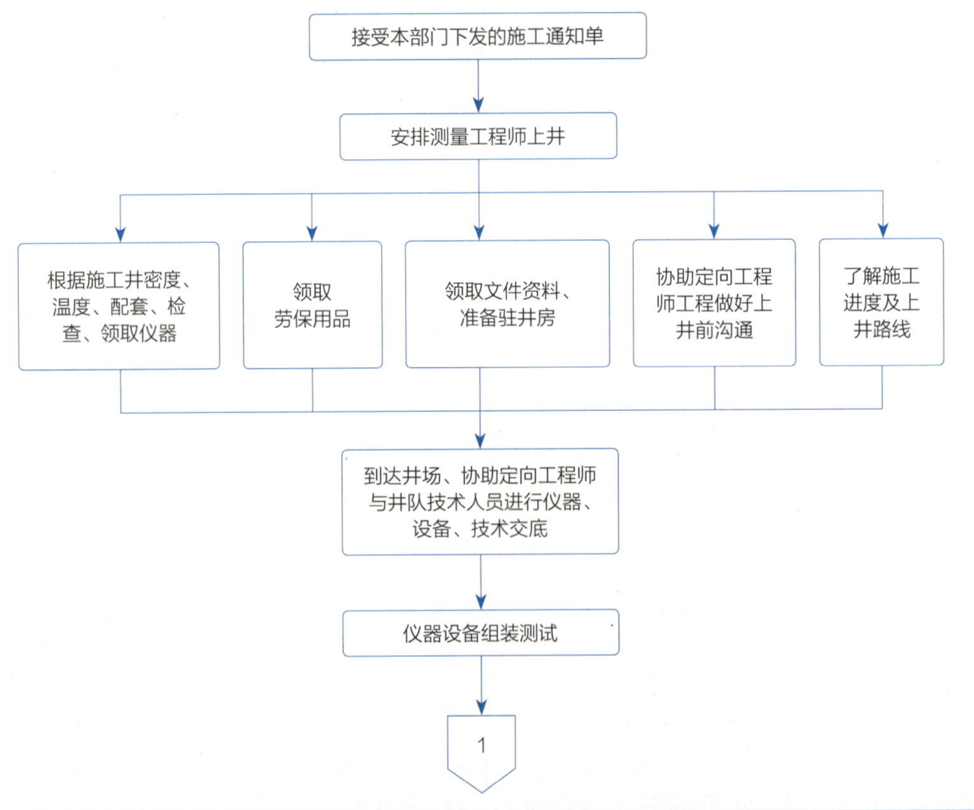

图7-1　测量工程师工作工艺流程

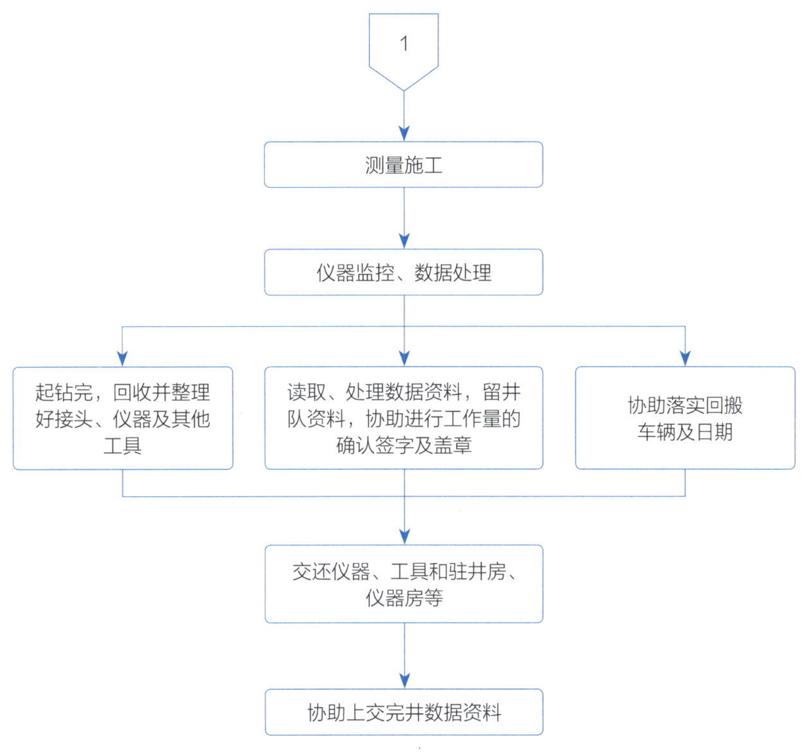

图7-1 测量工程师工作工艺流程（续）

第二节 岗位标准化操作规程

1. 交接班标准化操作规程

测量工程师交接班标准化操作规程如表7-2所示。

表7-2 测量工程师交接班标准化操作规程

工作内容	操作步骤	工作标准	风险提示
交班	(1)交班人员穿戴劳保用品; (2)交班人员对仪器房室内线路、灭火器、仪器设备、各种工具、卫生进行检查，如发现问题及时反馈给接班人员; (3)交班人员向井队司钻、技术员和地质人员详细了解施工工况，内容包括井深、钻压、泵压、悬重等钻井参数；钻井液密度、黏度等钻井液参数，地层岩性、钻时并做好记录; (4)交班人员向接班人员详细交代当前井下仪器的工况，内容包括仪器的使用时间、循环时间、井队维修设备情况；仪器测量情况；内容包括：测量时记录仪器显示的井	(1)劳保用品穿戴齐全、规范; (2)仪器房各项检查率100%；问题反馈率100%; (3)详细了解当前施工工况和仪器运行、配件情况并准确记录; (4)向接班人员详细说明当前施工工况，使其尽快进入工作状态; (5)交班人员与接班人员共同处理井上复杂情	(1)劳保用品穿戴不齐全，易发生人身伤害事故; (2)仪器房检查遗漏，有问题未及时发现，使用过程中如发生故障耽误生产; (3)井深跟踪异常导致实时曲线与井深不对应，影响目的层判断；转子转速异常导致仪器无法正常工作; (4)施工工况、仪器配件交代不清或遗漏，造

续表

工作内容	操作步骤	工作标准	风险提示
交班	斜、方位、重力和（Gt）、接班人员通知磁力和（Bt）、磁场强度、磁倾角数值、LWD的地质参数；仪器配件的使用情况：需要仪器配件时及时提醒当前通知补充配件；重要事项做出书面提示并双方签字； （5）交接班时井上遇到复杂情况或接班者短时间内无法进入工作状态时，酌情延长交接班时间	况，帮助其尽快进入工作状态	成工作失误或停待； （5）接班人员没有进入工作状态，施工中可能由于误操作导致井下出现复杂情况
接班	（1）接班人员穿戴劳保用品； （2）接班人员检查仪器房内仪器设备的工作状况，上钻台检查司显和设备线路完好情况； （3）接班人员向交班人员详细了解当前井上工况，内容包括仪器的使用时间、循环时间、井队维修设备情况；仪器测量情况；内容包括：测量时记录仪器显示的井斜、方位、重力和（Gt）、接班人员通知磁力和（Bt）、磁场强度、磁倾角数值、LWD的地质参数；仪器配件的使用情况：需要仪器配件时及时提醒当前通知补充配件；重要事项做出书面提示并双方签字；对当前施工状态和下一步要采取的施工措施和注意事项充分交接，尽快进入工作状态；	（1）劳保用品穿戴齐全、规范； （2）仪器房等各项检查率100%； （3）详细了解当前施工工况，做到心中有数	（1）劳保用品穿戴不齐全，易发生人身伤害事故； （2）检查遗漏，有问题不能及时发现，使用过程中如发生故障耽误生产； （3）不了解当前施工工况，施工中可能由于误操作导致井下出现复杂情况

2. 巡回检查标准化操作规程

测量工程师巡回检查标准化操作线路如图7–2所示。

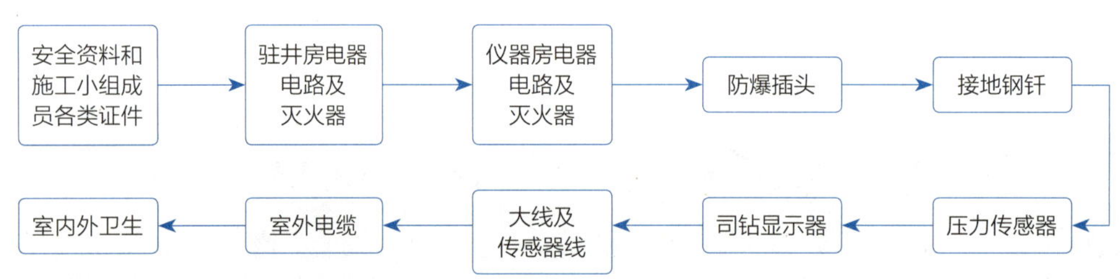

图7–2 测量工程师巡回检查标准化操作线路

测量工程师巡回检查标准化操作规程如表7–3所示。

表7–3 测量工程师巡回检查标准化操作规程

检查路线	工作标准	风险提示	风险规避措施
操作前准备： （1）穿好劳动保护用品 （2）准备好所用工具			

续表

检查路线	工作标准	风险提示	风险规避措施
安全资料和施工小组成员各类证件： （1）安全资料； （2）施工小组成员各类证件	（1）安全资料及时填写，演习记录与井队保持一致； （2）施工小组成员证件齐备率100%，均在有效期内	（1）安全资料和演习记录填写不合格，无法通过上级部门的检查； （2）证件不齐全或过期，无法通过上级部门的检查，不能进行施工	（1）必须按要求详细填写各种安全资料以备上级部门的检查； （2）上井之前必须仔细检查证件，如有过期或即将过期情况及时汇报
驻井房电器电路及安全设施： （1）电器电路； （2）灭火器	（1）室内插头、开关、各种用电设备及电路完好，无隐患； （2）灭火器配备齐全好用，均在有效期内，检查日期填写齐全	（1）因室内线路老化造成短路现象，易发生火灾； （2）灭火器损坏或过期，无法正常使用	（1）必须仔细排查线路，发现安全隐患及时处理； （2）必须仔细检查灭火器状况，有损坏或过期情况及时更换
仪器房电器电路及安全设施： （1）电器电路； （2）灭火器	（1）室内插头、开关、各种用电设备及电路完好，无隐患； （2）灭火器配备齐全好用，均在有效期内，检查日期填写齐全	（1）因室内线路老化造成短路现象，易发生火灾； （2）灭火器损坏或过期，无法正常使用	（1）必须仔细排查线路，发现安全隐患及时处理； （2）必须仔细检查灭火器状况，有损坏或过期情况及时更换
防爆插头	防爆插头外观无损坏，胶皮无开裂情况	防爆插头损害或者胶皮开裂，雨天易进水短路导致跳闸停电	必须仔细检查，确保防爆接头完好无损
接地钢钎	接地钢钎埋地至少0.5m	接地钢钎长度不够或者埋地较浅，不能起到保护作用	接地钢钎必须按照标准要求埋地，确保室内人员及设备安全
压力传感器	压力传感器外观无损坏，胶皮无开裂情况	压力传感器损害或者胶皮开裂，雨天进水导致仪器无信号，耽误生产	必须仔细检查，确保压力传感器完好无损，能够正常使用
司钻显示器	司钻显示器外观无损坏	司钻显示器在露天环境下工作，雨天接口处进水导致设备损坏	在司钻显示器接口处缠上防水胶布，确保雨天正常工作
大线及传感器线	大线及传感器线完好，保护胶皮无开裂现象，高度足够	大线及传感器线两端太紧，风大时容易扯断；大线高度不够，易被进井场车辆刮断	大线及传感器线安装时必须考虑周全，避免因不可抗力或人为因素导致损坏
室外电缆	电缆保护胶皮完好无损，铜线无老化现象，电缆搭金属部位时需要绑胶皮	电缆铜线老化，易发生短路和火灾	必须仔细检查，确保无安全隐患
室内外卫生	室内地面、桌椅等打扫干净，垃圾及时清理；室外杂物及时清除	室内灰尘过多易损坏仪器设备	必须及时打扫清理室内外卫生，保持一个干净舒适的工作环境

3. 施工作业标准化操作规程

1）MWD仪器技术标准化操作规程

测量工程师MWD仪器技术标准化操作规程如表7–4所示。

中七

表7-4 测量工程师MWD仪器技术标准化操作规程

工作内容	操作步骤及标准	风险提示	风险规避措施
上井前的准备： （1）测量仪器配备； （2）工作间； （3）探管总成； （4）脉冲发生器总成； （5）仪器专用短节； （6）地面操作系统	（1）测量仪器配备： 根据设计井的钻井液密度、井底温度配置相应抗压、抗温的MWD仪器，做好室内测试；按甲方要求应保证双配置，配件充足完好可用，各种工具齐全，螺纹带有保护帽； （2）工作间： ①应配备温控设备，工作间温度宜在15~25℃； ②供电装置应符合SY 5225—2012中3.2.5的要求，工作间中配备不间断电源； ③在设计中含硫化氢的井，应按SY/T 5087中的有关规定配备硫化氢监测仪和正压式空气呼吸器； ④在有易燃易爆、有毒有害气体的危险区域施工应使用正压式防爆房； （3）探管总成： ①探管校准合格并在有效期内，校准证书齐备； ②探管外观无损坏、无弯曲变形，接口、螺纹洁净，更新密封圈，地面检查工作正常； ③仪器供电电池的电压、电量满足施工要求，锂电池的储运符合锂电池使用安全要求； （4）脉冲发生器总成： ①脉冲发生器检验合格并在有效期内，检验证书齐备； ②脉冲发生器检验性能正常，本体外观无损坏变形，接口、螺纹清洁无损坏，配件清洁，更新密封圈； ③负脉冲的压力开关、泄压阀工作正常； ④脉冲发生器的螺纹配有保护帽； （5）仪器专用短节： ①脉冲发生器悬挂短节应按规定要求进行探伤； ②脉冲发生器悬挂短节，两端螺纹及端面光滑无伤，内键或固定螺孔完好，密封面光滑无划痕，内孔清洁； （6）地面操作系统： ①地面计算机、防爆箱、接口箱测试正常； ②司钻阅读器、压力传感器测试正常	（1）测量仪器配备： 仪器配件不齐、配件不可用、工具确实会造成仪器无法顺利下井，影响施工进度；抗压级别和抗温级别达不到要求容易造成仪器的损坏； （2）工作间： ①温控设备损坏会造成施工环境恶劣； ②供电装置损坏会造成工作间无法使用； ③缺少硫化氢检测及防护设备会对施工人员的生命安全造成威胁； ④普通仪器房无法应对突发的爆炸和有害气体扩散等情况； （3）探管总成： ①探管超出有效期； ②密封圈失效； ③电池电量不足造成仪器误工； （4）脉冲发生器总成： ①脉冲发生器超出使用时间； ②未按步骤要求检验脉冲发生器，损坏的脉冲发生器无法下井施工； ③负脉冲压力开关损坏或泄压阀工作异常； ④脉冲发生器螺纹缺少保护帽导致丝扣损坏无法使用； （5）仪器专用短节 ①脉冲发生器悬挂短节未按规定要求进行探伤导致现场无法使用； ②脉冲发生器悬挂短节在运输过程中未安装护丝护帽会导致端面受损或螺纹受伤，无法使用； （6）地面操作系统： ①未测试地面计算机、防爆箱、接口箱可能导致损坏的设备无法在现场使用； ②未发现司钻阅读器，压力传感器失效影响现场施工	（1）测量仪器配备： 配置工作间时要按照仪器工具清单进行配置，仔细清点配件工具并检查是否可用；使用抗压级别和抗温级别达到要求仪器； （2）工作间： ①上井前要检查工作间的温控设备是否完好； ②检查供电装置是否完好； ③提前查看设计，遇到含有硫化氢的井，配备硫化氢检测仪和正压式空气呼吸器； ④提前与甲方或井队现场人员联系，按情况决定是否配备正压式防爆房； （3）探管总成： ①领取探管时注意检查校准证书及探管的有效使用日期； ②注意检查密封圈是否失效，及时更换密封圈； ③合理安排电池使用时间，下井前检查电池电压、电量； （4）脉冲发生器总成： ①注意查看脉冲发生器使用时间； ②严格按步骤要求检查脉冲发生器； ③在使用负脉冲前检查压力开关和泄压阀； ④在运输过程中要确保脉冲发生器的螺纹配有保护帽； （5）仪器专用短节 ①使用过的脉冲发生器悬挂短节要按规定要求及时探伤； ②脉冲发生器悬挂短节在运输和存放过程中要安装护丝和护帽； （6）地面操作系统： ①确保地面计算机、防爆箱、接口箱都能正常工作； ②检查并确认司钻阅读器、压力传感器正常

续表

工作内容	操作步骤及标准	风险提示	风险规避措施
施工现场准备: (1)工作间的摆放; (2)地面设备安装; (3)软件设置	(1)工作间的摆放: 仪器工作间宜摆放在井场安全平整易于观察井口的位置，距离井口不宜小于30m; (2)地面设备安装: ①各种地面传感器安装在指定位置; ②司钻阅读器安装在司钻易于观察的安全位置; ③按井场安全要求布线，连接地线，接入电源; ④连接地面仪器并通电，工作正常; ⑤各地面传感器与操作系统连接，测试正常; (3)软件设置: 收集现场数据，建立数据库文件	(1)工作间的摆放: 工作间摆放位置太远数据线电缆无法接到传感器上; (2)地面设备安装: ①压力传感器倒装; ②司钻阅读器安装位置不易司钻观察造成施工不便; ③忘记连接地线，造成安全隐患; ④带电连接地面仪器; ⑤连接线接头处没做好防水，受潮或淋湿后无法正常传递信号; (3)软件设置: 现场仪器角差数据输入有误，造成仪器测量误差	(1)工作间的摆放: 合理观察工作间与井架之间的距离，在满足摆放条件的尽量接近井架; (2)地面设备安装: ①压力传感器一定要正向安置，切莫因为安装口倒装而倒装传感器; ②司钻阅读器安装在便于司钻观察的位置; ③在接电前要确保地线已经连接好; ④先连接好地面仪器，再通电源; ⑤用绝缘胶带将接头处缠好; (3)软件设置: 仔细核对输入的现场角差数据，确保数据的准确性
仪器组装与测试: (1)仪器组装; (2)地面测试; (3)浅层及中途测试	(1)仪器组装: ①按仪器的操作规程组装仪器; ②下井仪器组装完整，测量仪器角差修正值，录入计算机; (2)地面测试: ①仪器串与计算机、数据处理专用机连接，进行地面测试; ②将下井仪器总成与下井钻具连接，计算钻具工具面角修正值，录入计算机; ③确定各井下传感器的位置参数并录入计算机; (3)井口及中途测试: ①井口不接钻头，测量好螺杆与仪器的角差;下钻30～60m进行测试，测试正常则下钻并准确记录测试数据; ②下钻出套管后做中途测试，测试正常则下钻并准确记录测试数据，否则排除故障	(1)仪器组装: ①组装仪器过程中忘记装密封圈; ②内部角差测量或输入错误; (2)地面测试: ①未按要求进行地面测试，导致井下仪器出现问题无法及时发现; ②钻具工具面角修正值计算错误; ③传感器通道选择错误导致仪器无法使用; (3)井口及中途测试: ①井口测试接钻头打坏表层套管; ②在深井施工下钻过程中未做中途测试，无法及时发现仪器可能出现的问题	(1)仪器组装: ①仪器组装必须严格按照步骤执行; ②测量仪器角差必须所有人进行量取、核对正确后输入角差; (2)地面测试: ①严格按照要求进行地面测试，仪器地面测试通过后方可下井; ②测量仪器角差必须所有人进行量取、核对正确后输入角差; ③正确选择传感器通道; (3)浅层及中途测试: ①浅层测试不要接钻头; ②测量仪器、螺杆角差必须所有人进行量取、核对正确后输入角差; ③在深井、超深井施工过程中要求做仪器中途测试

续表

工作内容	操作步骤及标准	风险提示	风险规避措施
测量： （1）下钻要求； （2）仪器的测量	（1）下钻要求： ①下钻速度控制均匀； ②每下钻20柱，钻柱内灌满钻井液； ③如有高温地层，在下钻时宜采取分段循环降温的措施； ④下钻到底后，开泵循环一段时间，观察悬重，泵压变化情况并记录； （2）仪器的测量： ①停泵测量：在不转动钻具的开泵状态下，钻具放置在测量位置，静止1min，停泵测量，停泵时间按仪器规定执行；开泵循环，直到测量数据传输完毕；记录测量数据； ②开泵测量：在不转动钻具的停泵状态下，钻具放置在测量位置，开泵测量；在仪器规定时间内循环，直到测量数据传输完毕；记录测量数据	（1）下钻要求： ①下钻速度过快导致仪器受损； ②未按要求灌浆会导致正脉冲油囊受损； ③高温地层下钻不降温会烧坏仪器； ④下钻到底后循环时间不够，仪器无法正常解码； （2）仪器的测量： ①钻具静止时间不够导致测斜数据不准确； ②在停泵状态下钻具转动导致测斜数据不准确	（1）下钻要求： ①监督井队控制下钻速度； ②按要求20柱一灌浆； ③按要求采取分段循环降温措施； ④下钻到底充分循环钻井液后开始打钻； （2）仪器的测量： ①钻具要按要求静止1min后测斜； ②停泵测斜时禁止钻具转动
回收与保养： （1）井口回收仪器； （2）拆卸并清理仪器； （3）保养仪器	（1）井口回收仪器： 井口操作仪器时检查提升杆件，做好安全措施； （2）拆卸并清理仪器： ①拆卸仪器时避免损伤仪器传感器、固定螺孔部位，仪器拆卸完戴上保护帽； ②仪器总成置于安全位置，拆卸并清洗装入保护箱； ③回收连接电缆、地面仪器、工具与传感器，擦拭干净，装入保护箱； ④悬挂短节、脉冲发生器循环短节冲洗干净，涂润滑油脂，戴上保护帽，放置安全处； （3）保养仪器： ①仪器及配套钻具运回车间探伤并保养； ②填写仪器档案和使用记录	（1）井口回收仪器： 未检查提升杆件是否牢固就进行操作导致安全事故； （2）拆卸并清理仪器： ①拆卸压力传感器后未安装戴上保护帽，一旦开泵后会造成安全事故； ②清洗完仪器总成后没有擦干就装入保护箱，造成仪器生锈； ③未擦拭干净就装入保护箱，影响施工环境整洁，不利于仪器设备的保护； ④未按要求戴上保护帽导致丝扣受伤； （3）保养仪器： ①配套钻具没有及时探伤，影响施工使用； ②未填写仪器使用记录或填写不全，导致仪器维修人员无法分析仪器使用情况	（1）井口回收仪器： 在提取仪器前要检查提升杆件是否锁紧牢固； （2）拆卸并清理仪器： ①拆卸完压力传感器后要加装戴上保护帽； ②仪器总成清洗后要擦干； ③仪器工具擦拭干净后再装入保护箱； ④按要求给悬挂短节、脉冲发生器短节戴上保护帽； （3）保养仪器： ①及时探伤配套钻具； ②按要求准确填写仪器档案和使用记录

2）LWD仪器技术标准化操作规程

测量工程师LWD仪器技术标准化操作规程如表7–5所示。

表7-5 测量工程师LWD仪器技术标准化操作规程

工作内容	操作步骤及标准	风险提示	风险规避措施
上井前的准备: (1)测量仪器配备; (2)工作间; (3)探管总成; (4)脉冲发生器总成; (5)仪器专用短节; (6)地面操作系统; (7)LWD地质参数测量仪器总成	(1)测量仪器配备: 根据设计井的钻井液密度、井底温度配置相应抗压、抗温的LWD仪器，做好室内测试；按甲方要求应保证双配置，配件充足完好可用，各种工具齐全，螺纹带有保护帽；仪器应保证双配置，配件充足完好可用，各种工具齐全，螺纹带有保护帽; (2)工作间: ①应配备温控设备，工作间温度宜在15~25℃; ②供电装置应符合SY 5225—2012中3.2.5的要求，工作间中配备不间断电源; ③在设计中含硫化氢的井，应按SY/T 5087中的有关规定配备硫化氢监测仪和正压式空气呼吸器; ④在有易燃易爆、有毒有害气体的危险区域施工应使用正压式防爆房; (3)探管总成: ①探管校准合格并在有效期内，校准证书齐备; ②探管外观无损坏、无弯曲变形，接口、螺纹洁净，更新密封圈，地面检查工作正常; ③仪器供电电池的电压、电量满足施工要求，锂电池的储运符合锂电池使用安全要求; (4)脉冲发生器总成: ①脉冲发生器检验合格并在有效期内，检验证书齐备; ②脉冲发生器检验性能正常，本体外观无损坏变形，接口、螺纹清洁无损坏，配件清洁，更新密封圈; ③脉冲发生器的螺纹配有保护帽; (5)仪器专用短节: ①脉冲发生器悬挂短节应按规定要求进行探伤; ②脉冲发生器悬挂短节，两端螺纹及端面光滑无伤，内键或固定螺孔完好，密封面光滑无划痕，内孔清洁; (6)地面操作系统: ①地面计算机、防爆箱、接口箱测试正常; ②司钻阅读器、压力传感器测试正常;	(1)测量仪器配备: 仪器配件不齐、配件不可用、工具确实会造成仪器无法顺利下井，影响施工进度；抗压级别、抗温级别达不到要求的LWD仪器容易损坏; (2)工作间: ①温控设备损坏会造成施工环境恶劣; ②供电装置损坏会造成工作间无法使用; ③缺少硫化氢检测及防护设备会对施工人员的生命安全造成威胁; ④普通仪器房无法应对突发的爆炸和有害气体扩散等情况; (3)探管总成: ①探管超出有效期; ②密封圈失效; ③电池电量不足造成仪器误工; (4)脉冲发生器总成: ①脉冲发生器超出使用时间; ②未按步骤要求检验脉冲发生器，损坏的脉冲发生器无法下井施工; ③脉冲发生器螺纹缺少保护帽导致丝扣损坏无法使用; (5)仪器专用短节: ①脉冲发生器悬挂短节未按规定要求进行探伤导致现场无法使用; ②脉冲发生器悬挂短节在运输过程中未安装护丝护帽会导致端面受损或螺纹受伤，无法使用; (6)地面操作系统: ①未测试地面计算机、防爆箱、接口箱可能导致损坏的设备无法在现场使用; ②未发现司钻阅读器，压力传感器失效影响现场施工; (7)LWD地质参数测量仪	(1)测量仪器配备: 配置工作间时要按照仪器工具清单进行配置，仔细清点配件工具并检查是否可用；择抗压级别、抗温级别达到要求的LWD仪器; (2)工作间: ①上井前要检查工作间的温控设备是否完好; ②检查供电装置是否完好; ③提前查看设计，遇到含有硫化氢的井，配备硫化氢检测仪和正压式空气呼吸器; ④提前与甲方或井队现场人员联系，按情况决定是否配备正压式防爆房; (3)探管总成: ①领取探管时注意检查校准证书及探管的有效使用日期; ②注意检查密封圈是否失效，及时更换密封圈; ③合理安排电池使用时间，下井前检查电池电压、电量; (4)脉冲发生器总成: ①注意查看脉冲发生器使用时间; ②严格按步骤要求检查脉冲发生器; ③在运输过程中要确保脉冲发生器的螺纹配有保护帽; (5)仪器专用短节: ①使用过的脉冲发生器悬挂短节要按规定要求及时探伤; ②脉冲发生器悬挂短节在运输和存放过程中要安装护丝和护帽; (6)地面操作系统: ①确保地面计算机、防爆箱、接口箱都能

续表

工作内容	操作步骤及标准	风险提示	风险规避措施
上井前的准备： （1）测量仪器配备； （2）工作间； （3）探管总成； （4）脉冲发生器总成； （5）仪器专用短节； （6）地面操作系统； （7）LWD地质参数测量仪器总成	（7）LWD地质参数测量仪器总成： ①LWD地质参数仪器校准合格并在有效期内，校准证书齐备； ②专用钻铤和仪器无外伤，探伤合格； ③悬挂器和对接接头无外伤，内部通讯畅通，绝缘良好； ④整体管串测试，性能正常	器总成： ①LWD校准合格证过期； ②专用钻铤母口端面有贯通外伤； ③悬挂器母口有外伤； ④整体管串测试未通过	正常工作； ②检查并确认司钻阅读器、压力传感器正常； （7）LWD地质参数测量仪器总成： ①检查LWD校准合格证是否在有效期内； ②检查专用钻铤母口端面是否有外伤； ③检查悬挂器母口是否有外伤； ④重新测试整体管串、检查，直到通过测试
施工现场准备： （1）工作间的摆放； （2）地面设备安装； （3）软件设置	（1）工作间的摆放： 仪器工作间宜摆放在井场安全平整易于观察井口的位置，距离井口不宜小于30m； （2）地面设备安装： ①各种地面传感器安装在指定位置； ②司钻阅读器安装在司钻易于观察的安全位置； ③按井场安全要求布线，连接地线，接入电源； ④连接地面仪器并通电，工作正常； ⑤各地面传感器与操作系统连接，测试正常； （3）软件设置： 收集现场数据，建立数据库文件	（1）工作间的摆放： 工作间摆放位置太远数据线电缆无法接到传感器上； （2）地面设备安装： ①压力传感器倒装； ②司钻阅读器安装位置司钻不易观察造成施工不便； ③忘记连接地线，造成安全隐患； ④带电连接地面仪器； ⑤连接线的接头处没做好防水，受潮或淋湿后无法正常传递信号； （3）软件设置： 现场数据输入有误，造成仪器测量误差	（1）工作间的摆放： 合理观察工作间与井架之间的距离，在满足摆放条件的尽量接近井架； （2）地面设备安装： ①压力传感器一定要正向安置，切莫因为安装口倒装而倒装传感器； ②司钻阅读器安装在便于司钻观察的位置； ③在接电前要确保地线已经连接好； ④先连接好地面仪器，再通电源； ⑤用绝缘胶带将接头处缠好； （3）软件设置： 仔细核对输入的现场数据，确保数据的准确性
仪器组装与测试： （1）仪器组装； （2）地面测试； （3）LWD井口测试； （4）浅层及中途测试	（1）仪器组装： ①按仪器的操作规程组装仪器； ②下井仪器组装完整，测量仪器工具面角修正值，录入计算机； （2）地面测试： ①仪器串与计算机、数据处理专用机连接，进行地面测试； ②将下井仪器总成与下井钻具连接，计算钻具工具面角修正值，录入计算机； ③确定各井下传感器的位置参数并录入计算机；	（1）仪器组装： ①组装仪器过程中忘记装密封圈； ②内部角差测量或输入错误； （2）地面测试： ①未按要求进行地面测试，导致井下仪器出现问题无法及时发现； ②钻具工具面角修正值计算错误； ③传感器通道选择错误	（1）仪器组装： ①仪器组装必须严格按照步骤执行； ②测量角差或输入角差后必须严格核实是否准确； （2）地面测试： ①严格按照要求进行地面测试，仪器地面测试通过后方可下井； ②工具面角修正值计算后要核实准确后录

续表

工作内容	操作步骤及标准	风险提示	风险规避措施
仪器组装与测试： （1）仪器组装； （2）地面测试； （3）LWD井口测试； （4）浅层及中途测试	（3）LWD井口测试： ①LWD仪器与计算机连接，进行可信度测试，检查工作参数正常并形成可信度测试报告； ②对LWD仪器进行工作指令设置，形成仪器工作指令下载报告； （4）浅层及中途测试： ①浅层不宜接钻头，下钻30～60m进行测试，如仪器工作正常则接钻头下钻； ②下钻出套管后做中途测试，测试正常则下钻，否则排除故障	导致仪器无法使用； （3）LWD井口测试： ①可信度测试失败； ②工作指令设置不利于定向工作； （4）浅层及中途测试： ①浅层测试接钻头打坏表层套管； ②在深井施工下钻过程中未做中途测试，无法及时发现仪器可能出现的问题	入计算机； ③正确选择传感器通道； （3）LWD井口测试： ①检查探管和硬链接对接情况，更换探管、多次测试直到通过方可下井； ②与工程人员共同具体需要后进行设置工作指令； （4）浅层及中途测试： ①浅层测试尽量不要接钻头； ②在深井、超深井施工过程中要求做仪器中途测试
测量： （1）下钻要求； （2）仪器的测量	（1）下钻要求： ①下钻速度控制均匀； ②每下钻600m左右，钻柱内灌满钻井液； ③如有高温地层，在下钻时宜采取分段循环降温的措施； ④下钻到底后，开泵循环一段时间，观察悬重，泵压变化情况并记录； （2）仪器的测量： ①停泵测量：在不转动钻具的开泵状态下，钻具放置在测量位置，静止1min，停泵测量，停泵时间按仪器规定执行；开泵循环，直到测量数据传输完毕；记录测量数据； ②开泵测量：在不转动钻具的停泵状态下，钻具放置在测量位置，开泵测量；在仪器规定时间内循环，直到测量数据传输完毕；记录测量数据； （3）LWD的测量： ①下钻到井底前，设置深度传感器的参数并与井深进行校正，准备测井图模板； ②随钻测量并显示测井参数和曲线； ③测取实时地质参数和绘制测井曲线图； ④起钻完，下载并回放仪器存储的测井数据，绘制测井曲线，并保存	（1）下钻要求： ①下钻速度过快导致仪器受损； ②未按要求灌浆会导致正脉冲油囊受损； ③高温地层下钻不降温会烧坏仪器； ④下钻到底后循环时间不够，仪器无法正常解码； （2）仪器的测量： ①钻具静止时间不够导致测斜数据不准确； ②在停泵状态下钻具转动导致测斜数据不准确； （3）LWD的测量： ①深度传感器参数设置错误，井深偏差大； ②测井曲线数据库设置错误； ③测井曲线出现断点； ④数据无法读取	（1）下钻要求： ①监督井队控制下钻速度； ②按要求20柱一灌浆； ③按要求采取分段循环降温措施； ④下钻到底充分循环钻井液后开始打钻； （2）仪器的测量： ①钻具要按要求静止1min后测斜； ②停泵测斜时禁止钻具转动； （3）LWD的测量： ①根据井深偏差不断调整深度传感器参数直到井深跟踪正常； ②按照要求设置测井曲线数据库； ③控制钻时防止测井曲线出现断点； ④多次读取数据，防止出现电磁干扰，如果一直无法读取，回单位后在拆开仪器读取

续表

工作内容	操作步骤及标准	风险提示	风险规避措施
回收与保养： （1）井口回收仪器； （2）拆卸并清理仪器； （3）保养仪器	（1）井口回收仪器： 井口操作仪器时检查提升杆件，做好安全措施； （2）拆卸并清理仪器： ①拆卸仪器时避免损伤仪器传感器、固定螺孔部位，仪器拆卸完戴上保护帽； ②仪器总成置于安全位置，拆卸并清洗装入保护箱； ③回收连接电缆、地面仪器、工具与传感器，擦拭干净，装入保护箱； ④悬挂短节、脉冲发生器循环短节冲洗干净，涂润滑油脂，戴上保护帽，放置安全处； （3）保养仪器： ①仪器及配套钻具运回车间探伤并保养； ②填写仪器档案和使用记录； ③整体组装的LWD运回车间保养； ④确认电池组无发热、膨胀现象后，方可拆卸电池；否则，立即将电池组件隔离、放置到远离人员活动的区域，进行专门处理； ⑤废旧电池返回厂家或专业机构进行处理	（1）井口回收仪器： 未检查提升杆件是否牢固就进行操作导致安全事故； （2）拆卸并清理仪器： ①拆卸压力传感器后未安装丝堵，一旦开泵后会造成安全事故； ②清洗完仪器总成后没有擦干就装入保护箱，造成仪器生锈； ③未擦拭干净就装入保护箱，影响施工环境整洁，不利于仪器设备的保护； ④未按要求戴上保护帽导致丝扣受伤； （3）保养仪器： ①配套钻具没有及时探伤，影响施工使用； ②未填写仪器使用记录或填写不全，导致仪器维修人员无法分析仪器使用情况； ③LWD双公接头被拆开； ④电池组进入钻井液、膨胀无法拆卸； ⑤废旧电池未及时上交	（1）井口回收仪器： 在提取仪器前要检查提升杆件是否锁紧牢固； （2）拆卸并清理仪器： ①拆卸完压力传感器后要加装丝堵； ②仪器总成清洗后要擦干； ③仪器工具擦拭干净后再装入保护箱； ④按要求给悬挂短节、脉冲发生器短节戴上保护帽； （3）保养仪器： ①及时探伤配套钻具； ②按要求准确填写仪器档案和使用记录； ③拆卸仪器串时在钻台监督，防止LWD双公接头被拆开； ④安装347密封圈时保证密封圈的完整度，电池无法拆卸或存在不安全因素时要保持距离； ⑤废旧电池时上交

第三节 应急处置

测量工程师应急处置程序如表7–6所示。

表7–6 测量工程师应急处置程序

事故类型	处置程序
火灾事故	协助定向队长（工程师）组织现场应急，定向队长不在位时履行其职责： （1）第一发现人发现火灾后，立即大声呼喊示警，关闭电源，挥灭火救护，抢救伤员； （2）联系井队值班干部，落实警戒，防止事故扩大； （3）对伤员进行伤情处理，不能处理的联系送医； （4）根据火灾的具体情况，决定是否有必要采取以下措施： ①向当地119汇报并寻求支援； ②向分队长应急领导小组报告，分队长应急领导小组向定向井应急指挥中心报告； （5）火灾扑灭后，及时查找火灾隐患并及时消除，恢复生产
人身伤害	（1）第一发现人发现施工现场有人受伤（或本人受伤），应通知项目组组长、井队值班干部、分队长；

续表

事故类型	处置程序
人身伤害	（2）确认受伤人员的伤害情况，并根据情况组织现场救护； （3）收集受伤部位、严重程度、现场急救措施等资料；向上级安全部门及医疗救助单位报告、求助，拨打120报警电话； （4）根据伤员的情况，制定救护方案，组织现场救护，保护好现场，联系运送伤员的车辆、最近的医疗救助中心，安排陪护人员；积极配合医院的抢救和救护工作； （5）检查整改安全隐患，制定恢复生产的安全防范措施；配合上级部门事故调查，制定预防措施避免事故的再次发生
触电事故	（1）关闭总开关，短时间无法关闭电源时，可利用绝缘体，断掉触电部位与电源的连接； （2）根据触电的情况，采取必要的现场救护和心肺复苏术，并及时通知井队值班干部和分队长领导； （3）根据伤员的情况，向上级安全部门及医疗救助单位报告、求助，拨打120急救电话，并积极配合医院的抢救和救护； （4）需要应急救护时，项目组长在关键的路口安插引导救护车辆的人员； （5）应急终止后，按上级指令开展现场恢复工作
井喷事故	（1）发现井喷突发事件，立即大声呼喊示警； （2）联系钻井队值班干部、配合制定工程技术措施； （3）向分队长、所领导汇报，现场服从指挥，未佩戴救生工具不能进入警戒范围； （4）必要时拨打火警及救援电话，关键路口安排引导人员； （5）按总体预案要求，做好应急终止后的生产恢复以及善后处置、应急总结以及配合事件调查等工作
硫化氢泄漏	（1）听到硫化氢泄漏警报后，立即通知井组人员；硫化氢泄漏浓度超过20ppm时立即佩戴空气呼吸器； （2）停止当前作业，穿戴好劳保，判断风向，组织人员自救并撤离现场同时要服从更高级别指挥人员的领导安排； （3）及时向分队长、所应急领导小组进行汇报； （4）险情结束且硫化氢浓度降至安全浓度以下后，恢复生产
突发公共卫生事件	（1）发生食物中毒时立即向项目组组长、井队值班干部、分队长领导汇报； （2）对食物样本进行封存，防止中毒扩大； （3）拨打120急救电话，救治伤员； （4）发生重大传染病、群体性不明疾病时及时向分队长应急领导小组进行汇报； （5）积极配合相关应急部门和专业医疗机构救助病人，做好疫区封锁工作； （6）病人治愈、毒源或疫情得到控制、影响消除、恢复生产，配合有关部门做好事故调查和隐患治理工作
工艺流程简介	接到测量施工任务后，将依次进行运输驻井房和仪器设备、仪器设备的安装和调试、按照工程设计要求进行测量施工；在施工过程中包括驻井房接电、仪器吊装、上钻台安装仪器及整口井施工结束后的仪器回收、搬迁至新的井场，整个工艺流程中可能存在多种应急情况
岗位主要安全风险	火灾事故、人身伤害、触电事故、井喷事故、硫化氢泄漏、滩海陆岸突发事件、突发公共卫生事件
岗位主要危险物质	电器设备，特种设备，带电设备、电线、开关，有毒、有害气体，硫化氢，溺水、风暴潮，有毒食物、重大传染病或群体性不明疾病

注意事项：

（1）穿戴好劳保用品，使用好绝缘防护器具，硫化氢防护用品；

（2）在进行吊装作业时，要有专业的吊装指挥在场，严格遵守“十不吊”规定；

（3）在帮助触电者脱离电源时，应注意防止触电者被摔伤，防止自己触电和事故扩大；

（4）发生火灾爆炸或有毒气体泄漏时，将人员撤离至安全地带并警戒；

（5）灾后应当做好现场保护工作，等待有关部门组织事故调查；

（6）施工期间禁止食用可疑食物或水源

续表

<table>
<tr><th>事故类型</th><th>处置程序</th></tr>
<tr><td colspan="2">应急物资装备：
（1）量程100ppm便携式硫化氢监测仪2套；
（2）正压式空气呼吸器2套；
（3）MFZ/ABC 8A型手提式干粉灭火器2台；
（4）急救药品和急救器械若干（包括但不局限于担架、止血带、消毒用品、酒精、急救药品）；
（5）应急行动时，可同时使用钻井队消防房内的消防器材和空气呼吸器</td></tr>
<tr><td colspan="2">应急联络电话：
公司应急办公室电话；甲方应急办公室电话；就近医院电话；急救电话：120；火警电话：119</td></tr>
</table>

第八章 定向技术员岗位操作标准

第一节 岗位描述

1. 岗位说明

定向技术员岗位说明如表8-1所示。

表8-1 定向技术员岗位说明

项 目		主要内容
工作概述		协助定向井工程师进行定向工程方面的工作；负责本井施工井的上井施工质量控制记录、钻具记录；对现场人员的工时、成本支出，技术服务时间进行统计；负责培训学习记录的发放、记录及各类有效文件的收发和管理，确保质量体系认证和各类检查的合格
上岗条件	教育程度	高中及以上文化程度
	从业资格	持有生产初级职业资格证书
	技能等级	持相关专业初级工及以上职业资格证书
	辅助技能	了解定向井基本知识，持有计算机中级证书
	工作经历	2年及以上工作经历
	职业道德要求	具有良好的政治素质和职业道德，坚持原则、工作勤奋
	身体要求	身体健康，有良好的心理素质

续表

项目		主要内容
岗位关系	纵向关系	接受本部门领导及分队长的领导
	横向关系	与本所、其他分队的岗位有协作关系
岗位职责	工作职责	(1)上井前及时领取质量控制施工记录发给上井施工人员，施工完成后及时收回并检查是否填写齐全、准确，确保符合质量体系认证的要求； (2)负责现场施工有关工程、QHSSE资料的统计；做好现场人员考勤工时的统计；执行钻井工程研究院和定向井工艺所的有关规定； (3)对现场收到的各种文件资料及时进行分类登记并妥善保管； (4)按照基层建设达标验收的要求，及时准确地填写、记录各项活动情况和相关资料； (5)做好定向工程方面的工作量的统计，为工作量确认提供依据
	安全职责	(1)严格遵守国家有关安全生产法律法规，严格执行集团钻井工程研究院、油田安全生产方面的制度、标准，按规定权限办事，做到守法依规； (2)自觉接受安全生产教育培训，掌握本岗位的危害因素及控制措施，提高安全生产意识、业务能力、技能水平，并接受培训考核评估； (3)严格履行安全生产职责，不违章指挥，不违章作业，不违反劳动纪律；有责任向直接上级或其他相关主管部门报告违反油田安全生产方面的制度的行为，自觉抵制违章指挥，纠正违章行为； (4)严格遵守《员工守则》以及作业现场大包方的各项安全管理规章制度； (5)保管好上级有关HSSE的文件和相关HSSE的操作规程、规定等； (6)文件领取、借阅、失效等应建立“HSSE文件管理记录”； (7)定期检查整理各类在用文件，发现问题及时报告HSSE管理小组； (8)本所的HSSE实施程序经钻井工程研究院批准后，成为有效文件； (9)验收并保管好每个施工项目的HSSE原始资料； (10)保管好本部门的有关HSSE的各项工作记录
工作权限		(1)对现场施工人员填写的施工记录有检查权和整改权； (2)在本所成本管理办法规定的范围内领取施工井的工具和材料； (3)对所、现场分队的管理有建议权
职业生涯发展规划		(1)在本岗位具有良好的工作业绩，达到高一层次任职条件，可以晋升到定向井施工分队高一级岗位； (2)可以在单位内部相应岗位进行流动或轮换
工作考核	考核关系	(1)接受本所的业务考核； (2)接受上级业务部门的工作考核
	考核依据	(1)相应的岗位管理制度； (2)部门内部经营考核制度相关规定

2. 工艺流程

定向技术员工作工艺流程如图8-1所示。

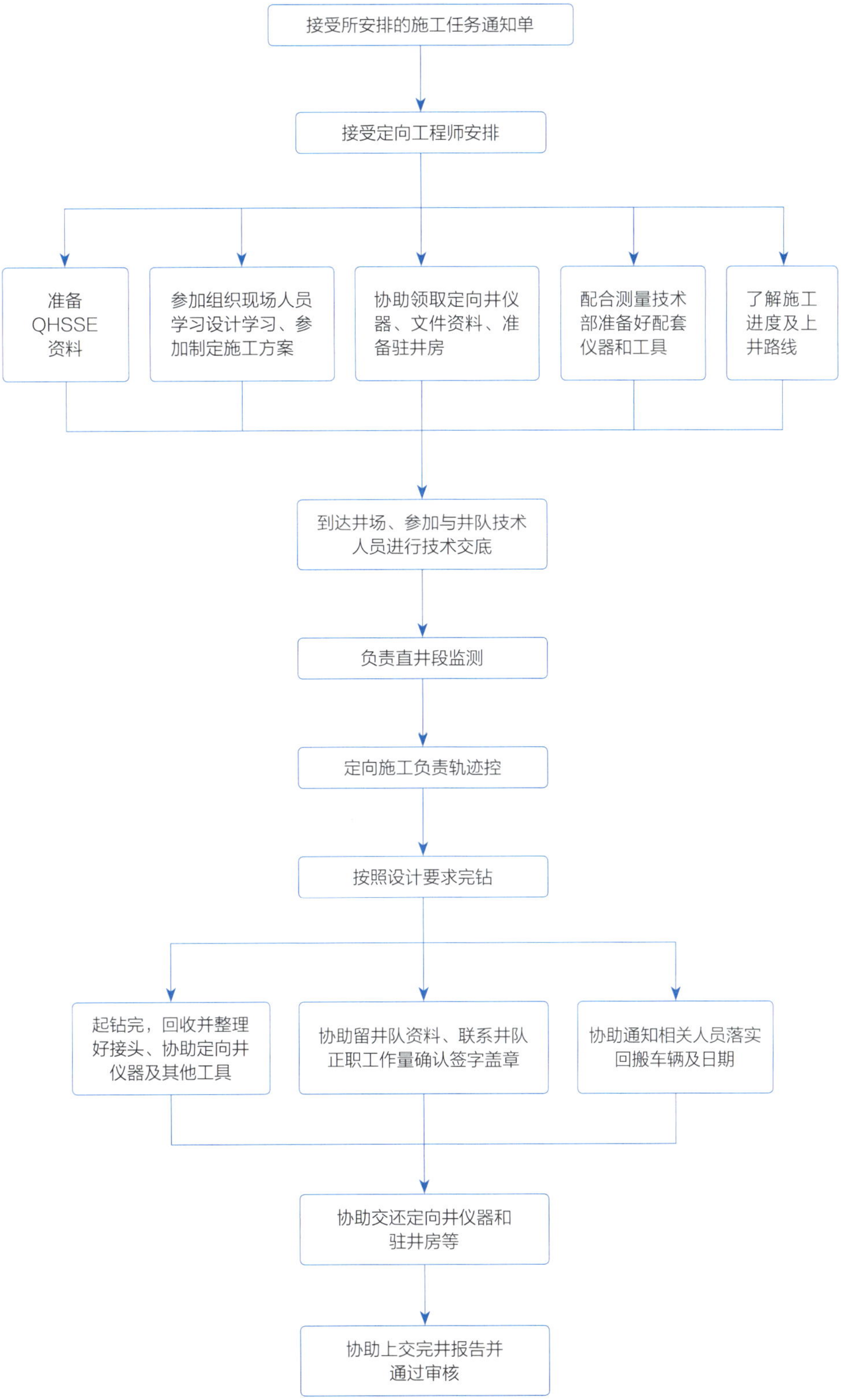

图8-1 定向技术员工作工艺流程

第二节　岗位标准化操作规程

1. 施工统计管理标准化操作规程

定向技术员施工统计管理标准化操作规程如表8–2所示。

表8–2　定向技术员施工统计管理标准化操作规程

工作内容	操作步骤及标准	风险提示	风险规避措施
定向工程施工资料	（1）对施工人员准备上交的完井资料进行收集整理，检查资料填写是否完整、准确； （2）填写施工统计台账，对施工具体情况进行详细记录（井型、施工井段、施工天数、施工趟数、有无误工等）； （3）按要求对施工情况进行统计分析，并对需要提交的资料进行上报	（1）资料收集时间过久或收集不全，影响资料查阅和统计； （2）施工情况记录不全或记录错误，影响资料查阅和统计； （3）需要提交的资料上报不及时，影响资料查阅和统计	（1）督促施工人员上交完井资料并仔细核查，确保资料审核一次成功； （2）必须认真填写施工统计台账、记录详细情况并仔细检查，确保内容准确无误； （3）必须按照要求及时上报施工井资料

2. 质量体系管理标准化操作规程

定向技术员质量体系管理标准化操作规程如表8–3所示。

表8–3　定向技术员质量体系管理标准化操作规程

工作内容	操作步骤及标准	风险提示	风险规避措施
质量体系管理	（1）每年年初编写《质量方针考核记录》，交给有关领导审阅后进行保存； （2）记录《基层队5S管理检查表》，领导签字后保存，每月进行一次	记录不详细、不准确，造成数据有误，影响定向井工艺所内部考核	必须认真检查核对每一项数据，确保准确无误

3. 各类文件管理标准化操作规程

定向技术员各类文件管理标准化操作规程如表8–4所示。

表8–4　定向技术员各类文件管理标准化操作规程

工作内容	操作步骤及标准	风险提示	风险规避措施
各类文件管理	（1）对本单位下发的各类文件进行接收，对要求职工学习的文件进行下载； （2）按照要求对接收到的文件进行分类和保存； （3）对需要传达的文件进行学习、记录	（1）文件保存分类混乱，需要时无法及时准确查找； （2）需要发放的文件没有及时发放，耽误分队内人员学习领会上级精神	（1）必须对文件进行分类保存，杜绝乱扔乱放； （2）必须及时发放上级要求传达的文件

4. 工程类相关资料整理标准化操作规程

定向技术员工程类相关资料整理标准化操作规程如表8-5所示。

表8-5 定向技术员工程类相关资料整理标准化操作规程

工作内容	操作步骤及标准	风险提示	风险规避措施
相关资料整理	(1)对相关资料进行填写、记录; (2)按照要求对资料进行保存和上报	(1)资料填写记录不详细、不准确，导致统计错误; (2)资料没有及时保存或上报，影响资料查阅和统计	(1)必须认真检查、核对每一项资料填写，确保准确无误; (2)必须对资料进行分类并妥善保存

第三节 应急处置

定向技术员应急处置程序如表8-6所示。

表8-6 定向技术员应急处置程序

事故类型	处置程序		
火灾爆炸	(1)第一发现人发现火灾后，立即大声呼喊示警，关闭电源，向定向井工艺所应急领导小组汇报; (2)在现场条件允许和保证人员安全的前提下组织抢救，并将受伤人员及时送往附近医院; (3)疏散现场多余人员，防止情况突变造成更多人员伤亡; (4)启动消防泵和送风排烟设施; (5)保障各种消防器材、器械能够顺利供到着火源; (6)采取正确的灭火方法，根据着火类型隔离着火源; (7)保证水源充足，力争一次性灭火成功; (8)对伤情较重人员进行施救，等待专业救援人员到达; (9)在条件允许情况下，抢救重要资料和设备; (10)应急终止后，按上级指令开展现场恢复工作		
触电事故	(1)确认触电原因; (2)发现触电者后迅速切断电源，使触电者尽快脱离电源; (3)拨打120急救电话进行求救; (4)查看人员受伤害情况: ①如轻度触电，则劝离其他无关人员使其安静休息; ②如触电程度较重：将触电者迅速移至通风干燥处仰卧，放松其上衣及裤带；观察触电者口腔，清理口腔黏液；观察触电者有无心跳，如无呼吸心跳应立即实施人工呼吸并按压胸口心腔部位; (5)应急终止后，按上级指令开展现场恢复工作		
工艺流程简介	全面负责本所施工质量控制记录，对工时、成本支出、单井核算和劳务费进行统计核算；培训学习记录的发放、记录及各类有效文件的收发和管理，确保质量体系认证和各类检查的验收合格。在整个工艺流程过程中，可能存在多种应急情况		
岗位主要安全风险	火灾爆炸、触电事故	岗位主要危险物质	电器设备，带电设备、电线、开关

注意事项:
(1)穿戴好劳保用品，使用好绝缘防护器具;
(2)救援时识别已存在风险，避免发生次生事件;
(3)在帮助触电者脱离电源时，应注意防止触电者被摔伤，防止自己触电和事故扩大;
(4)发生火灾爆炸时，将人员撤离至安全地带并警戒

续表

事故类型	处置程序
应急物资装备： （1）正压式空气呼吸器2套； （2）MFZ/ABC 8A型手提式干粉灭火器2台； （3）消防水龙头2套； （4）急救药品和急救器械若干（包括但不局限于担架、止血带、消毒用品、酒精、急救药品）	
应急联络电话： 公司应急办公室电话；甲方应急办公室电话；就近医院电话；急救电话：120；火警电话：119	

第九章 测量技术员岗位操作标准

第一节 岗位描述

1. 岗位说明

测量技术员岗位说明如表9-1所示。

表9-1 测量技术员岗位说明

项 目		主要内容
工作概述		协助测量工程师进行定向井仪器方面的工作；负责驻井房、仪器房、纺车房的卫生；负责仪器设备的配备、检查、保养
上岗条件	教育程度	高中及以上文化程度
	从业资格	持有生产准备工初级职业资格证书
	技能等级	持相关专业生产初级工及以上职业资格证书
	辅助技能	了解定向井仪器的基本知识，持有计算机中级证书
	工作经历	2年及以上工作经历
	职业道德要求	具有良好的政治素质和职业道德，坚持原则、秉公办事、工作勤奋
	身体要求	（1）身体健康，有良好的心理素质； （2）视力和听觉敏锐
岗位关系	纵向关系	接受部门领导及分队长的直接领导
	横向关系	与本所其他岗位有协作关系

续表

项目		主要内容
岗位职责	工作职责	（1）对驻井房及仪器房内电路、卫生、安全设施、生活用品、仪器、工具、配件等进行日常检查验收； （2）驻井房回、仪器房搬后对驻井房内所有生活用品和仪器工具进行检查，并对电路、卫生、安全设施进行查验，收发现问题进行整改； （3）根据仪器理规定对仪器房内各种物资进行标准化管理；对仪器、物资进行分类管理，工具设备定期进行检查、保养，及时更换废、损件； （4）协助测量工程师根据生产情况对生产材料的需求做出用料计划，损坏和报废的工具和设备向相关部门出具报废证明； （5）填写仪器方面的使用、跟踪、HSSE资料；统计好仪器的使用工时，为工作量确认做好依据
	安全职责	（1）严格遵守国家有关安全生产法律法规，严格执行集团钻井工程研究院、油田安全生产方面的制度、标准，按规定权限办事，做到守法依规； （2）自觉接受安全生产教育培训，掌握本岗位的危害因素及控制措施，提高安全生产意识、业务能力、技能水平，并接受培训考核评估； （3）严格履行安全生产职责，不违章指挥，不违章作业，不违反劳动纪律；有责任向直接上级或其他相关主管部门报告违反油田安全生产方面的制度的行为，自觉抵制违章指挥，纠正违章行为； （4）严格遵守《员工守则》以及作业现场大包方的各项安全管理规章制度； （5）负责现场施工人员所用工具、接头、杆件以及生活用具按照安全要求配备； （6）负责驻井房的整理和维修，保证驻井房牵引、转向、刹车等部位灵活好用，并保证驻井房电路标准，安全可靠； （7）保证用电安全，负责空调、电热器等电器物品的领取、配备和更换； （8）负责有关设备、仪器的安全检查并进行整改； （9）负责检查监督，保证一切用电气设备符合安全要求，各种防护器具和灭火器材符合安全要求
工作权限		（1）对突发事件有按预案处理的权利； （2）对驻井房、仪器房内仪器和工具进行配套，生活用品配齐，电路及安全设施的安装和保养按照钻井工程研究院标准和规定执行
职业生涯发展规划		（1）在本岗位具有良好的工作业绩，达到高一层次任职条件，可以晋升到定向井施工分队高一级岗位； （2）可以在钻井工程研究院内部相应岗位进行流动或轮换
工作考核	考核关系	（1）接受本所的业务考核； （2）接受上级业务部门的工作考核； （3）对部门成员有考核权
	考核依据	（1）相应岗位管理制度； （2）单位规章制度

2. 工艺流程

测量技术员工作工艺流程如图9-1所示。

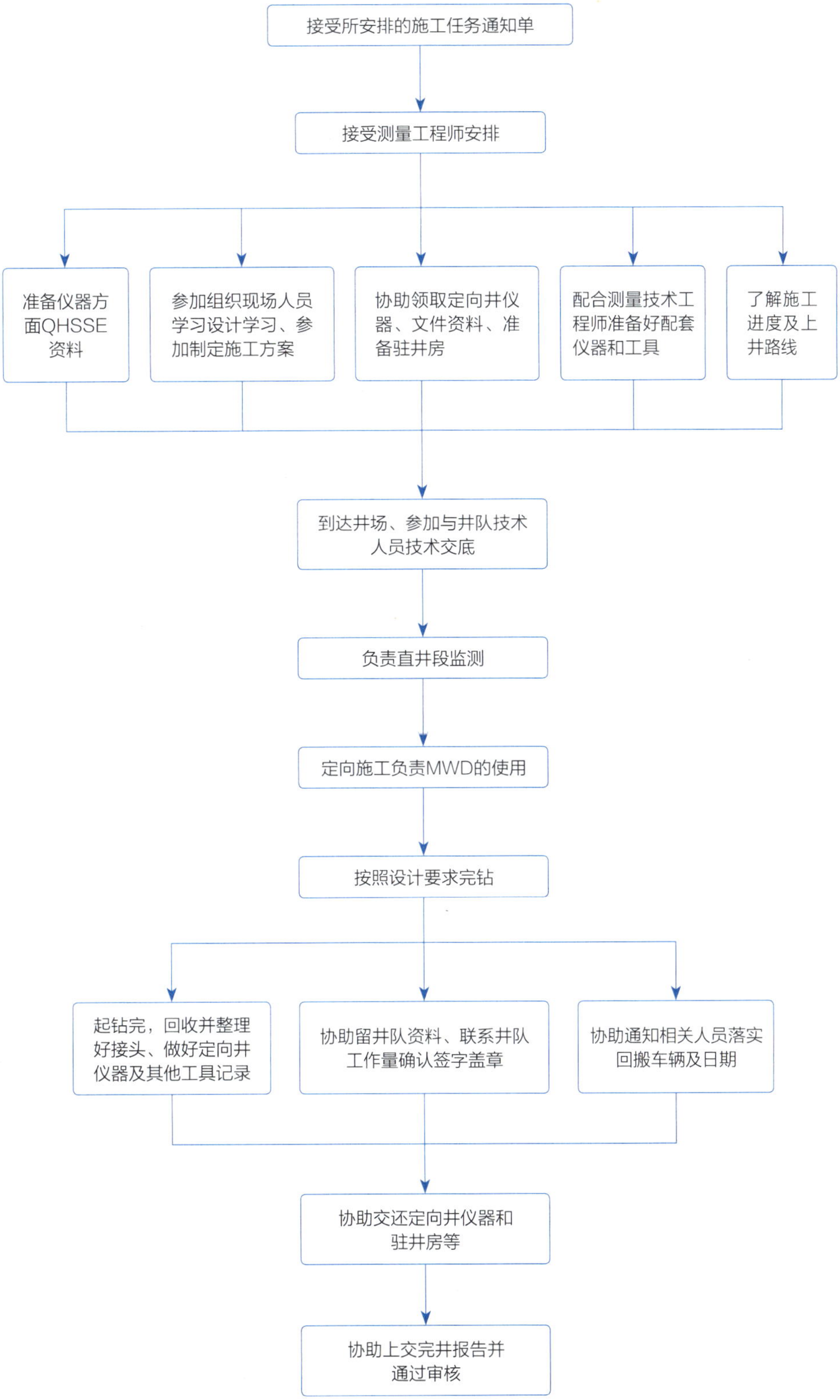

接受所安排的施工任务通知单

↓

接受测量工程师安排

↓

- 准备仪器方面QHSSE资料
- 参加组织现场人员学习设计学习、参加制定施工方案
- 协助领取定向井仪器、文件资料、准备驻井房
- 配合测量技术工程师准备好配套仪器和工具
- 了解施工进度及上井路线

↓

到达井场、参加与井队技术人员技术交底

↓

负责直井段监测

↓

定向施工负责MWD的使用

↓

按照设计要求完钻

↓

- 起钻完，回收并整理好接头、做好定向井仪器及其他工具记录
- 协助留井队资料、联系井队工作量确认签字盖章
- 协助通知相关人员落实回搬车辆及日期

↓

协助交还定向井仪器和驻井房等

↓

协助上交完井报告并通过审核

图9-1 测量技术员工作工艺流程

第二节　岗位标准化操作规程

1. 驻井房、仪器房、绞车房上井前准备标准化操作规程

测量技术员驻井房、仪器房、绞车房上井前准备标准化操作规程如表9-2所示。

表9-2　测量技术员驻井房、仪器房、绞车房上井前准备标准化操作规程

工作内容	操作步骤及标准	风险提示	风险规避措施
上井前准备	（1）对所有生活物品进行配套和补充，对仪器和工具进行检查； （2）检查的电路是否完好、卫生是否整洁，安全设施是否齐全； （3）和使用人共同检查驻井房内物品交接清单所列物品及数量，并共同签字确认	（1）生活物品配套不齐全，将对驻井人员生活造成不便；仪器不配套或有故障，影响正常施工； （2）电路破损易造成火灾或人身伤害事故； （3）驻井房内实际物品和物品交接清单所列物品不符，影响正常使用	（1）生活物品准备时要仔细认真，确保齐备好用； （2）如发现室内电路故障必须及时报修； （3）必须和使用人一起仔细检查，确保驻井房内实际物品及数量和物品交接清单所列物品及数量一致

2. 驻井房、仪器房、绞车房回搬后检查验收标准化操作规程

测量技术员驻井房、仪器房、绞车房回搬后检查验收标准化操作规程如表9-3所示。

表9-3　测量技术员驻井房、仪器房、绞车房回搬后检查验收标准化操作规程

工作内容	操作步骤及标准	风险提示	风险规避措施
回搬后的检查验收	（1）对所有生活用品、仪器设备和工具按物品交接清单上的内容进行验收； （2）对电路、卫生、安全设施进行检查验收； （3）整改验收合格后，对驻井房进行接收	（1）验收时粗心大意，对缺失的物品没有及时发现，影响现场施工人员正常工作和生活； （2）发现问题未及时按照要求整改，易出现安全隐患	（1）验收驻井房时必须仔细核对清单内容，并进行仔细检查，确保齐备好用； （2）如发现问题必须及时监督施工人员整改

3. 仪器房管理标准化操作规程

测量技术员仪器房管理标准化操作规程如表9-4所示。

表9-4　测量技术员仪器房管理标准化操作规程

工作内容	操作步骤及标准	风险提示	风险规避措施
仪器管理	（1）对库房内的物品进行分类并合理摆放； （2）定期对设备进行检查保养，并做好保养记录； （3）损坏、废弃的设备要及时上报计划进行更换	（1）摆放杂乱无章，无法及时找到所需物品，耽误生产； （2）设备没有定期检查保养，需用时无法正常使用，耽误生产； （3）损坏、废弃的设备未及时更换给工作造成不便	（1）物品摆放必须分类并贴好标签，方便查找； （2）必须定期对设备进行检查保养，确保能够正常使用； （3）发现损坏、废弃设备必须及时上报计划进行更换，不拖延

4. 仪器配件材料管理标准化操作规程

测量技术员仪器配件材料管理标准化操作规程如表9–5所示。

表9–5 测量技术员仪器配件材料管理标准化操作规程

工作内容	操作步骤及标准	风险提示	风险规避措施
配件材料管理	（1）根据生产情况，配合定向井工艺所领导对生产材料的需求做出用料计划，领导确认签字后上报； （2）向相关部门出具损坏或报废设施的报废证明	（1）用料计划编写或上报不及时，影响正常生产； （2）未及时出具报废证明，影响钻井工程研究院设备统计和管理工作	（1）对缺少的生产材料要提前做出用料计划，计划数量要合理计算； （2）损坏、报废设施要及时查找并认真统计，出具证明并上报

第三节 应急处置

测量技术员应急处置程序如表9–6所示。

表9–6 测量技术员应急处置程序

事故类型	处置程序		
火灾爆炸	出现应急情况，首先向现场定向井工程师汇报，然后向定向井工艺所应急领导小组汇报· （1）第一发现人发现火灾后，立即大声呼喊示警，关闭电源，向定向工程师和定向井工艺所应急领导小组汇报； （2）在现场条件允许和保证人员安全的前提下组织抢救，并将受伤人员及时送往附近医院； （3）疏散现场多余人员，防止情况突变造成更多人员伤亡； （4）启动消防泵和送风排烟设施； （5）保障各种消防器材、器械能够顺利供到着火源； （6）采取正确的灭火方法，根据着火类型隔离着火源； （7）保证水源充足，力争一次性灭火成功； （8）对伤情较重人员进行施救，等待专业救援人员到达； （9）在条件允许情况下，抢救重要资料和设备； （10）应急终止后，按上级指令开展现场恢复工作		
人身伤害	（1）发现伤害事件后，首先确认伤害类型； （2）向定向井工艺所应急领导小组汇报； （3）启动相应的应急预案并按照应急预案执行； （4）现场分析出现问题的原因，确定是人的不安全行为还是物的不安全状态导致伤害事件的发生； （5）对出现问题的原因进行分析，制定出相应的防范措施； （6）记录事件的发生过程，总结经验教训并组织学习； （7）应急终止后，按上级指令开展现场恢复工作		
工艺流程简介	负责驻井房内生活用品、仪器设备的配备、检查和验收，以及库房内物品、仪器设备的管理和保养；在整个工艺流程过程中，可能存在多种应急情况		
岗位主要安全风险	火灾爆炸、人身伤害	岗位主要危险物质	电器设备，高空坠物、物体打击，带电设备、电线、开关
注意事项： （1）穿戴好劳保用品，使用好绝缘防护器具；			

续表

事故类型	处置程序
	（2）救援时识别已存在风险，避免发生次生事件； （3）在帮助触电者脱离电源时，应注意防止触电者被摔伤，防止自己触电和事故扩大； （4）在进行吊装作业时，要有专业的吊装指挥在场，严格遵守“十不吊”规定
	应急物资装备： （1）正压式空气呼吸器2套； （2）MFZ/ABC 8A型手提式干粉灭火器2台； （3）消防水龙头2套； （4）急救药品和急救器械若干（包括但不局限于担架、止血带、消毒用品、酒精、急救药品）
	应急联络电话： 公司应急办公室电话；甲方应急办公室电话；就近医院电话；急救电话：120；火警电话：119

下篇
固井作业

第十章　固井工程概况

第十一章　固井队长岗位操作标准

第十二章　固井技术岗岗位操作标准

第十三章　HSSE 管理岗岗位操作标准

第十四章　设备管理岗岗位操作标准

第十五章　电工操作岗岗位操作标准

第十六章　驾驶员操作岗岗位操作标准

第十七章　水泥车（泵工）操作岗岗位操作标准

第十八章　压风机操作岗岗位操作标准

第十九章　井口操作岗岗位操作标准

第十章　固井工程概况

固井是钻完井作业过程中不可缺少的一个重要环节，也是各开次钻井工程中的最后一道工序，它包括下套管和注水泥，主要目的是保护和支撑油气井内的套管，封隔油、气和水地层。固井的成功和固井质量的好坏直接影响到整个钻井工程的成败及油气井的生产寿命。

固井工程是一门综合学科，涉及材料学、化学、物理学、数学、计算机等多学科，具有系统性、一次性、时间短、不可逆的工程特点。在固井施工前，固井队收集钻井施工过程中的钻井工程参数、井况信息、钻井液性能参数等，设计管柱附件及设备工具、固井液浆柱结构，优选前置液体系、水钻井液配方，优化施工参数等，形成科学、合理的固井施工设计，指导现场固井作业。

第一节　固井工艺

固井工艺通常包括单级固井工艺、尾管固井工艺、双级固井工艺、回接固井工艺、内插管固井工艺和注（挤）水泥等。不同固井工艺的管串结构、工艺流程、适用范围、工具附件、施工参数及浆体性能存在差异性。

第二节　固井工艺流程

自接到一口井的固井任务开始，需经过施工前资料收集、固井设计、固井浆体实验室调试、设备现场摆放、固井施工等流程（图10-1～图10-7），每个步骤须紧密连接，以确保固井施工任务的顺利完成。

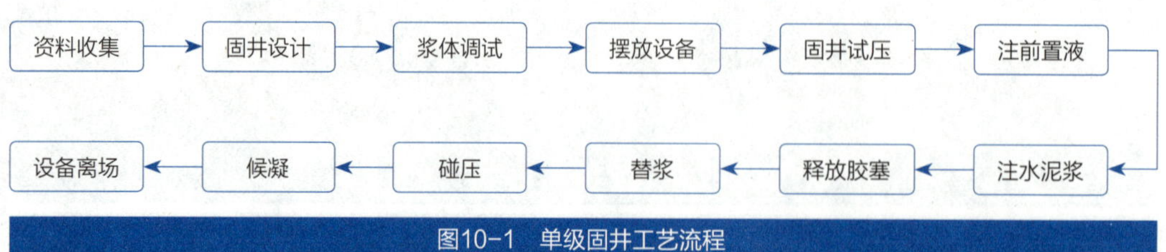

图10-1　单级固井工艺流程

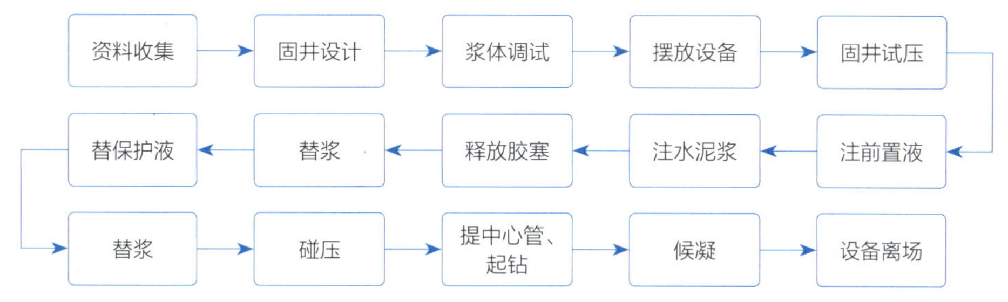

图10-2 尾管固井工艺流程

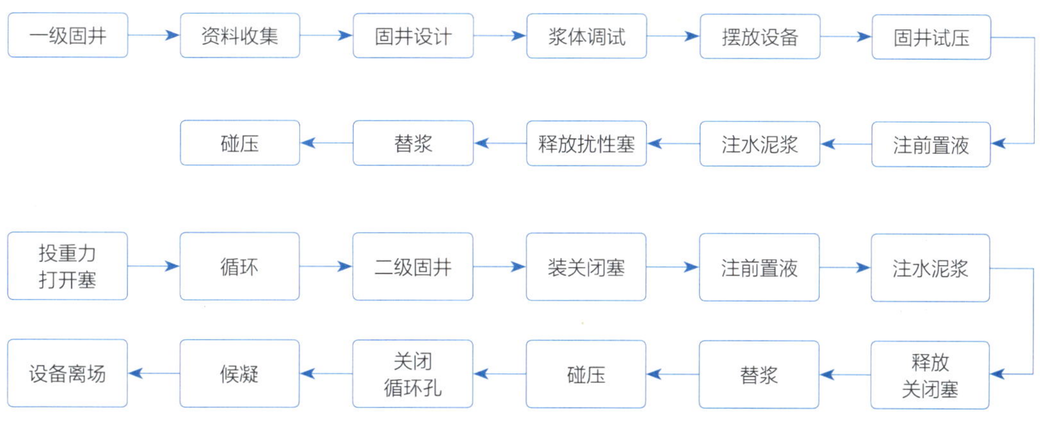

图10-3 双级固井（机械式分级箍）工艺流程

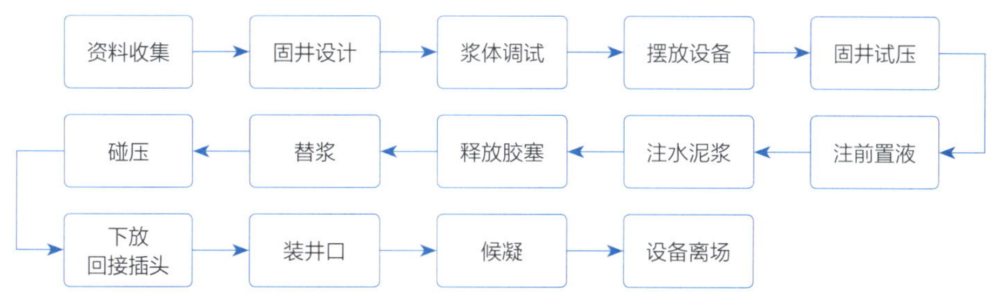

图10-4 回接固井工艺流程

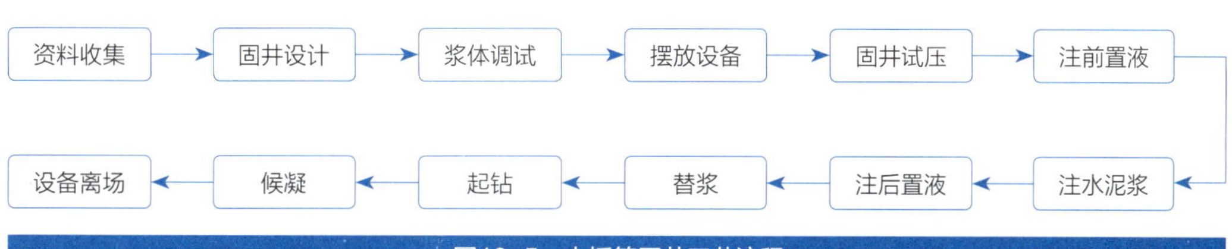

图10-5 内插管固井工艺流程

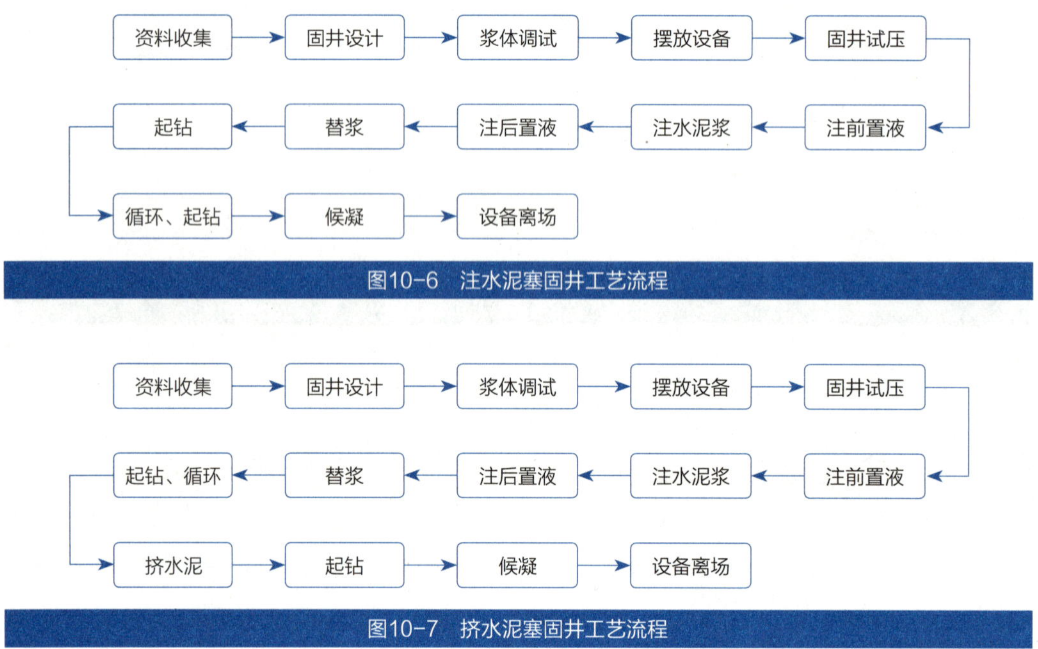

图10-6　注水泥塞固井工艺流程

图10-7　挤水泥塞固井工艺流程

第三节　岗位设置

本书岗位设置主要参考《中国石化岗位类别划分和用工配置规范》及相关标准规范，依据岗位职责设置不同的现场岗位，主要包括队长、固井技术岗、HSSE管理岗、设备管理岗、电工操作岗等9个岗位（表10–1）。

表10–1　固井施工现场岗位配置

开次	队长岗	固井技术岗	HSSE管理岗	设备管理岗	电工操作岗	驾驶员操作岗	水泥车（泵工）操作岗	压风机操作岗	井口操作岗
导管、表层		√				√	√	√	√
技套、油层	√	√	√	√	√	√	√	√	√
常规水泥塞		√				√	√	√	√
特殊水泥塞	√	√	√	√		√	√	√	√

注：①队长岗指单次固井施工的现场全权负责人；②常规水泥塞指井深小于3000m的水泥塞；③特殊水泥塞指井深大于3000m、复杂井的水泥塞。

第十一章 固井队长岗位操作标准

第一节 岗位描述

1. 岗位说明

固井队长岗位说明如表11-1所示。

表11-1 固井队长岗位说明

项目		主要内容
岗位概述		负责本次施工的现场组织协调、人员管理、设备管理、HSSE管理工作，是固井施工现场的安全生产第一责任人
任职资格	学历要求	大学专科及以上学历
	工作经验	3年及以上固井施工现场工作经验，具有较强的现场组织协调及管理能力
	从业资格	取得助理工程师或以上技术职称，持井控培训合格证、HSSE管理培训证、硫化氢防护技术培训证、直接作业环节审批证
	辅助技能	熟悉固井规范；了解钻井、钻井液、定向、测井工艺等相关知识
	职业道德要求	具有良好的政治素质和职业道德，坚持原则，秉公办事，具有较强的责任心和团队协作精神
	健康要求	身体健康，精力充沛
岗位关系	纵向关系	(1)接受公司领导和有关部门的业务指导； (2)接受业主方的检查指导
	横向关系	与施工协作方的配合
岗位职责		(1)贯彻执行上级的有关规定； (2)全面负责施工现场安全生产工作； (3)全面负责施工现场组织管理工作； (4)参加准备会、生产交底会和施工总结会； (5)参加现场协调会； (6)审批现场JSA分析； (7)巡回检查； (8)掌握关键作业环节，指导固井施工作业； (9)负责协调现场各协作方的关系

续表

项　目	主要内容
岗位安全职责	(1)固井施工现场安全生产第一责任人； (2)组织落实固井施工现场安全生产工作和安全管理工作； (3)组织落实固井施工现场应急救援工作； (4)对现场发生的事故要及时报告和处理； (5)督促现场相关人员遵章守纪，制止、纠正他人的不安全行为
工作内容	(1)组织安排人员、设备入场； (2)参加准备会，了解、掌握施工前准备情况； (3)巡回检查地面设备设施摆放、井口连接等情况； (4)参加技术协调会，补充完善技术要求； (5)参加施工前交底会，协助固井工程师，落实各岗位工作内容及要求； (6)掌握注前置液、注水钻井液和替浆关键作业环节； (7)参加施工总结会，听取各岗位工作汇报，总结本次施工经验、教训
工作权限	(1)在权限范围内，有权对施工现场进行应急处置； (2)有权对施工现场重大事故向主管部门汇报； (3)有权拒绝业主方或业主方代表的违章指挥，制止违章操作

2. 工艺流程

固井队长工作工艺流程如图11-1所示。

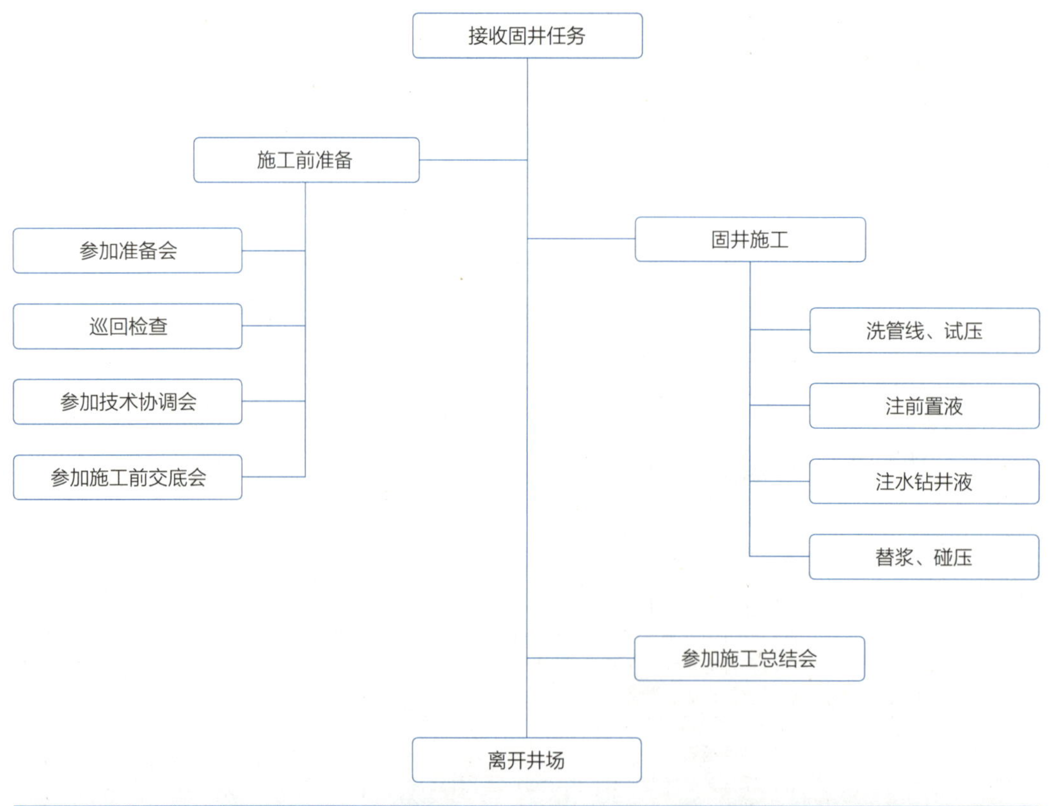

图11-1　固井队长工作工艺流程

第二节 岗位标准化操作规程

1. 巡回检查标准化操作规程

固井队长巡回检查标准化操作线路如图11-2所示。

图11-2 固井队长巡回检查标准化操作线路

固井队长巡回检查标准化操作规程如表11-2所示。

表11-2 固井队长巡回检查标准化操作规程

检查路线	检查项点	工作标准
操作前准备		(1)穿好劳动保护用品; (2)准备好所用工具
车辆	(1)人员情况; (2)警示标识; (3)环保情况	(1)人员精神面貌良好; (2)警示标识清晰齐全; (3)无跑冒滴漏
灰、水罐连接管线	连接情况	管线无破损
注替管线	连接情况	(1)由壬紧扣正常,管线无破损; (2)安全绳按规范连接
井口	(1)连接情况; (2)满足工艺需求	(1)水泥头、闸门及弯头紧扣正常,管线无破损; (2)安全绳按规范连接; (3)满足工艺要求,保证施工程序倒换连续,不影响施工时效
排污管线	(1)排废水; (2)泄压排气	(1)洗车以及洗罐污水排到指定排污池; (2)罐泄压排气必须经过滤后排放

2. 施工作业标准化操作规程

1)施工前准备标准化操作规程

固井队长施工前准备标准化操作规程如表11-3所示。

表11-3 固井队长施工前准备标准化操作规程

工作内容	工作步骤及标准	风险提示	风险规避措施
施工前检查: (1)员工上岗情况; (2)对技术要求、安全、环保等工作进行检查; (3)接受员工问题反馈; (4)询问、了解准备情况	(1)人员到齐、劳保用品穿戴齐全、规范; (2)核实技术要求、安全、环保等工作落实率100%; (3)问题处置率100%;	(1)劳保用品穿戴不齐,容易发生人身伤害事故; (2)设施检查遗漏,有问题不能及时发现,可能导致应急情况下无法使用;关键要害部位检查	(1)劳动防护用品配备齐全且正确穿戴; (2)要求驾驶员、固井工等岗位严格按照操作手册进行仔细检查,同时队长做好监督与复查工作,及时发

续表

工作内容	工作步骤及标准	风险提示	风险规避措施
施工前检查： （1）员工上岗情况； （2）对技术要求、安全、环保等工作进行检查； （3）接受员工问题反馈； （4）询问、了解准备情况	（4）了解当前施工、设备、井下情况，有计划地开展工作	遗漏，容易将安全隐患扩大； （3）发现的问题未反馈，交班不能及时整改，存在隐患，易发生事故； （4）施工情况了解不清，可能会造成设备损坏或井下复杂	现和解决问题，确保设备和工具齐全完好； （3）员工及时反馈问题，负责领导及时整改，消除隐患； （4）了解当前施工、设备、井下情况，做到施工预案，有计划地开展工作
参加准备会 （1）听取相关岗位情况汇报； （2）审核工作内容的相关危害分析内容，做好风险评价并制定防范措施	（1）参加率100%； （2）问题落实率100%； （3）危害分析全面，防范措施制定得当	不参加准备会，不了解工作内容，可能导致违章指挥	亲自参加准备会，听取各岗位汇报，了解内容并在生产准备表上签字
施工前技术协调会	参加施工前技术协调会	不参加协调会，不能全面掌握各协作方的准备情况及要求	亲自参加协调会
摆车	巡查车辆摆放情况	（1）车辆刮擦； （2）人员伤害	（1）专人指挥； （2）严格按操作规程执行
接管线	（1）巡查高压管线连接情况和固定情况； （2）巡查灰、水管线连接情况	人员伤害	（1）劳保用品穿戴齐全； （2）严格按操作规程执行
装胶塞、接井口	巡查井口连接情况	人员伤害	（1）劳保用品穿戴齐全； （2）严格按操作规程执行，连接高度超过2m，按照高空作业操作规程执行
施工交底会	参加固井施工交底会	不参加交底会，不了解工作内容，可能导致违章指挥	亲自参加交底会，听取各岗位汇报，了解内容

2）固井施工标准化操作规程

（1）固井队长单级、尾管固井施工标准化操作规程如表11-4所示。

表11-4　固井队长单级、尾管固井施工标准化操作规程

工作内容	工作步骤及标准	风险提示	风险规避措施
洗管线	了解洗管线情况		
试压	了解试压情况		
注先导浆	了解注先导浆情况		
注冲洗液	了解混配冲洗液情况，施工排量和压力	（1）地面管线刺漏或爆裂，可能造成人员伤害、施工停顿；	（1）加强巡回观察； （2）备用密封圈、闸门和高压管

续表

工作内容	工作步骤及标准	风险提示	风险规避措施
注冲洗液		(2)设备出现异常，可能造成施工停顿	线，及时更换； (3)备用主体施工车辆，及时更换
注隔离液	了解混配隔离液情况、密度、施工排量和压力	(1)地面管线刺漏或爆裂，可能造成人员伤害、施工停顿； (2)设备出现异常，可能造成施工停顿	(1)加强巡回观察； (2)备用密封圈、闸门和高压管线，及时更换； (3)备用主体施工车辆，及时更换
注水钻井液	了解混配水钻井液情况、密度、施工排量和压力	(1)地面管线刺漏或爆裂，可能造成人员伤害、施工停顿； (2)设备出现异常，可能造成施工停顿	(1)加强巡回观察。 (2)备用密封圈、闸门和高压管线，及时更换； (3)备用主体施工车辆，及时更换
释放胶塞	了解井口操作工操作闸门和挡销		
注压塞液	了解混配压塞液情况、密度、施工排量和压力	(1)地面管线刺漏或爆裂，可能造成人员伤害、施工停顿； (2)设备出现异常，可能造成施工停顿	(1)加强巡回观察； (2)备用密封圈、闸门和高压管线，及时更换； (3)备用主体施工车辆，及时更换
替浆	了解替浆量、替浆压力和排量	(1)地面管线刺漏或爆裂，可能造成人员伤害、施工停顿； (2)设备出现异常，可能造成施工停顿	(1)加强巡回观察； (2)备用密封圈、闸门和高压管线，及时更换； (3)备用主体施工车辆，及时更换
替保护液	了解混配保护液情况、密度、排量和压力	(1)地面管线刺漏或爆裂，可能造成人员伤害、施工停顿； (2)设备出现异常，可能造成施工停顿	(1)加强巡回观察； (2)备用密封圈、闸门和高压管线，及时更换； (3)备用主体施工车辆，及时更换
替浆	了解替浆量、替浆压力和排量	(1)地面管线刺漏或爆裂，可能造成人员伤害、施工停顿； (2)设备出现异常，可能造成施工停顿	(1)加强巡回观察； (2)备用密封圈、闸门和高压管线，及时更换； (3)备用主体施工车辆，及时更换
碰压	了解碰压情况	(1)地面管线刺漏或爆裂，可能造成人员伤害、施工停顿； (2)设备出现异常，可能造成施工停顿	(1)加强巡回观察； (2)备用密封圈、闸门和高压管线，及时更换； (3)备用主体施工车辆，及时更换
放回水	了解回压凡尔关闭情况		

(2)固井队长双级固井施工标准化操作规程如表11-5所示。

表11-5 固井队长双级固井施工标准化操作规程

工作内容	工作步骤及标准	风险提示	风险规避措施
洗管线	了解洗管线情况		
试压	了解试压情况		

续表

工作内容	工作步骤及标准	风险提示	风险规避措施
注先导浆	了解注先导浆情况		
注冲洗液	掌握混配冲洗液情况，施工排量和压力	(1)地面管线刺漏或爆裂，可能造成人员伤害、施工停顿； (2)设备出现异常，可能造成施工停顿	(1)加强巡回观察； (2)备用密封圈、闸门和高压管线，及时更换； (3)备用主体施工车辆，及时更换
注隔离液	掌握混配隔离液情况、密度、施工排量和压力	(1)地面管线刺漏或爆裂，可能造成人员伤害、施工停顿； (2)设备出现异常，可能造成施工停顿	(1)加强巡回观察； (2)备用密封圈、闸门和高压管线，及时更换； (3)备用主体施工车辆，及时更换
注水钻井液	掌握混配水钻井液情况、密度、施工排量和压力	(1)地面管线刺漏或爆裂，可能造成人员伤害、施工停顿； (2)设备出现异常，可能造成施工停顿	(1)加强巡回观察； (2)备用密封圈、闸门和高压管线，及时更换； (3)备用主体施工车辆，及时更换
释放一级碰压胶塞	了解碰压胶塞下入情况		
注压塞液	了解混配压塞液情况、密度、施工排量和压力	(1)地面管线刺漏或爆裂，可能造成人员伤害、施工停顿； (2)设备出现异常，可能造成施工停顿	(1)加强巡回观察； (2)备用密封圈、闸门和高压管线，及时更换； (3)备用主体施工车辆，及时更换
替浆	掌握替浆量、替浆压力和排量	(1)地面管线刺漏或爆裂，可能造成人员伤害、施工停顿； (2)设备出现异常，可能造成施工停顿	(1)加强巡回观察； (2)备用密封圈、闸门和高压管线，及时更换； (3)备用主体施工车辆，及时更换
碰压	了解碰压情况	(1)地面管线刺漏或爆裂，可能造成人员伤害、施工停顿； (2)设备出现异常，可能造成施工停顿	(1)加强巡回观察； (2)备用密封圈、闸门和高压管线，及时更换； (3)备用主体施工车辆，及时更换
检查回压凡尔	了解回压凡尔关闭情况		
投打开塞	掌握投球情况	未能打开循环孔，不能建立循环，无法完成二级固井作业	进入应急处置程序
循环	了解循环过程及返出情况		
候凝	了解候凝时间		
装关闭胶塞	了解井口操作工装关闭胶塞	人员伤害	(1)劳保用品穿戴齐全； (2)严格按操作规程执行，连接高度超过2m，按照高空作业操作规程执行
注冲洗液	掌握混配冲洗液情况，施工排量和压力	(1)地面管线刺漏或爆裂，可能造成人员伤害、施工停顿； (2)设备出现异常，可能造成施工停顿	(1)加强巡回观察； (2)备用密封圈、闸门和高压管线，及时更换； (3)备用主体施工车辆，及时更换

续表

工作内容	工作步骤及标准	风险提示	风险规避措施
注隔离液	掌握混配隔离液情况、密度、施工排量和压力	(1)地面管线刺漏或爆裂，可能造成人员伤害、施工停顿； (2)设备出现异常，可能造成施工停顿	(1)加强巡回观察； (2)备用密封圈、闸门和高压管线，及时更换； (3)备用主体施工车辆，及时更换
注水钻井液	掌握混配水钻井液情况、密度、施工排量和压力	(1)地面管线刺漏或爆裂，可能造成人员伤害、施工停顿； (2)设备出现异常，可能造成施工停顿	(1)加强巡回观察； (2)备用密封圈、闸门和高压管线，及时更换； (3)备用主体施工车辆，及时更换
释放胶塞	了解释放胶塞情况		
注压塞液	了解混配压塞液情况、密度、施工排量和压力	(1)地面管线刺漏或爆裂，可能造成人员伤害、施工停顿； (2)设备出现异常，可能造成施工停顿	(1)加强巡回观察； (2)备用密封圈、闸门和高压管线，及时更换； (3)备用主体施工车辆，及时更换
替浆	掌握替浆量、替浆压力和排量	(1)地面管线刺漏或爆裂，可能造成人员伤害、施工停顿； (2)设备出现异常，可能造成施工停顿	(1)加强巡回观察； (2)备用密封圈、闸门和高压管线，及时更换； (3)备用主体施工车辆，及时更换
碰压、关闭循环孔	了解碰压、循环孔关闭情况	(1)地面管线刺漏或爆裂，可能造成人员伤害、施工停顿； (2)设备出现异常，可能造成施工停顿	(1)加强巡回观察； (2)备用密封圈、闸门和高压管线，及时更换； (3)备用主体施工车辆，及时更换

（3）固井队长回接固井施工标准化操作规程如表11-6所示。

表11-6 固井队长回接固井施工标准化操作规程

工作内容	工作步骤及标准	风险提示	风险规避措施
洗管线	了解管线试通水情况		
试压	了解管线试压情况		
注先导浆	了解注入先导浆情况		
注冲洗液	掌握混配冲洗液情况，施工排量和压力	(1)地面管线刺漏或爆裂，可能造成人员伤害、施工停顿； (2)设备出现异常，可能造成施工停顿	(1)加强巡回观察； (2)备用密封圈、闸门和高压管线，及时更换； (3)备用主体施工车辆，及时更换
注隔离液	掌握混配隔离液情况、密度、施工排量和压力	(1)地面管线刺漏或爆裂，可能造成人员伤害、施工停顿； (2)设备出现异常，可能造成施工停顿	(1)加强巡回观察； (2)备用密封圈、闸门和高压管线，及时更换； (3)备用主体施工车辆，及时更换
注水钻井液	掌握混配水钻井液情况、密度、施工排量和压力	(1)地面管线刺漏或爆裂，可能造成人员伤害、施工停顿； (2)设备出现异常，可能造成施工停顿	(1)加强巡回观察； (2)备用密封圈、闸门和高压管线，及时更换； (3)备用主体施工车辆，及时更换

续表

工作内容	工作步骤及标准	风险提示	风险规避措施
释放胶塞	了解释放胶塞情况		
注压塞液	了解混配压塞液情况、密度、施工排量和压力	（1）地面管线刺漏或爆裂，可能造成人员伤害、施工停顿； （2）设备出现异常，可能造成施工停顿	（1）加强巡回观察； （2）备用密封圈、闸门和高压管线，及时更换； （3）备用主体施工车辆，及时更换
替浆	掌握替浆量、替浆压力和排量	（1）地面管线刺漏或爆裂，可能造成人员伤害、施工停顿； （2）设备出现异常，可能造成施工停顿	（1）加强巡回观察； （2）备用密封圈、闸门和高压管线，及时更换； （3）备用主体施工车辆，及时更换
碰压	了解压力变化情况	（1）地面管线刺漏或爆裂，可能造成人员伤害、施工停顿； （2）设备出现异常，可能造成施工停顿	（1）加强巡回观察； （2）备用密封圈、闸门和高压管线，及时更换； （3）备用主体施工车辆，及时更换
下放回接插头	了解插头插入情况		
卸压	了解卸压情况		
装定井口	了解井口装定进度		

（4）固井队长水泥塞施工标准化操作规程如表11-7所示。

表11-7　固井队长水泥塞施工标准化操作规程

工作内容	工作步骤及标准	风险提示	风险规避措施
洗管线	了解管线试通水情况		
试压	了解管线试压情况		
注先导浆	了解注入先导浆情况		
注冲洗液	掌握混配冲洗液情况，施工排量和压力	（1）地面管线刺漏或爆裂，可能造成人员伤害、施工停顿； （2）设备出现异常，可能造成施工停顿	（1）加强巡回观察； （2）备用密封圈、闸门和高压管线，及时更换； （3）备用主体施工车辆，及时更换
注隔离液	掌握混配隔离液情况、密度、施工排量和压力	（1）地面管线刺漏或爆裂，可能造成人员伤害、施工停顿； （2）设备出现异常，可能造成施工停顿	（1）加强巡回观察； （2）备用密封圈、闸门和高压管线，及时更换； （3）备用主体施工车辆，及时更换
注水钻井液	掌握混配水钻井液情况、密度、施工排量和压力	（1）地面管线刺漏或爆裂，可能造成人员伤害、施工停顿； （2）设备出现异常，可能造成施工停顿	（1）加强巡回观察； （2）备用密封圈、闸门和高压管线，及时更换； （3）备用主体施工车辆，及时更换
替隔离液	掌握混配隔离液情况、密度、施工排量和压力	（1）地面管线刺漏或爆裂，可能造成人员伤害、施工停顿； （2）设备出现异常，可能造成施工停顿	（1）加强巡回观察； （2）备用密封圈、闸门和高压管线，及时更换； （3）备用主体施工车辆，及时更换

续表

工作内容	工作步骤及标准	风险提示	风险规避措施
替冲洗液	掌握混配冲洗液情况，施工排量和压力	（1）地面管线刺漏或爆裂，可能造成人员伤害、施工停顿； （2）设备出现异常，可能造成施工停顿	（1）加强巡回观察； （2）备用密封圈、闸门和高压管线，及时更换； （3）备用主体施工车辆，及时更换
替浆	掌握替浆量、替浆压力和排量	（1）地面管线刺漏或爆裂，可能造成人员伤害、施工停顿； （2）设备出现异常，可能造成施工停顿	（1）加强巡回观察； （2）备用密封圈、闸门和高压管线，及时更换； （3）备用主体施工车辆，及时更换
起钻	了解起钻情况		
正、反循环	了解循环压力和排量，及返出情况		
起钻	了解起钻情况		
关井候凝	了解候凝情况		

（5）固井队长施工后总结会标准化操作规程如表11–8所示。

表11–8　固井队长施工后总结会标准化操作规程

工作内容	操作步骤	工作标准	风险提示	风险规避措施
参加总结会	听取各岗位生产、安全、设备情况汇报，对本次施工进行评价、总结	参加率100%，总结内容具体、全面	不参加总结会，问题、经验不能及时总结	亲自参加总结会

第三节　应急处置

固井队长应急处置程序如表11–9所示。

表11–9　固井队长应急处置程序

事故类型	处置程序
固井液密度达不到要求	及时通知操作人员，尽快调整密度达到技术要求
尾管固井，回压凡尔关闭失效	协助工程师，协调钻井队快速起钻，防止风险扩大
单级固井，回压凡尔关闭失效	协助工程师，快速挤入回水量，关井口候凝

续表

事故类型	处置程序		
压力异常	（1）听取汇报； （2）在处置权范围内，立即下达处置指令；处置权范围之外，立即向现场决策组和上级主管领导汇报，并按照现场决策组和上级主管领导的指令立即落实		
返浆异常	（1）听取汇报； （2）在处置权范围内，立即下达处置指令；处置权范围之外，立即向现场决策组和上级主管领导汇报，并按照现场决策组和上级主管领导的指令立即落实		
岗位主要安全风险	机械伤害、高处坠落、物体打击、火灾、爆炸、触电、中毒及其他伤害	岗位主要危险物质	原油、天然气、硫化氢、钻井液添加剂
应急联络电话： 生产科电话；急救电话：120；火警电话：119			

第十二章 固井技术岗岗位操作标准

第一节 岗位描述

1. 岗位说明

固井技术岗岗位说明如表12-1所示。

表12-1 固井技术岗岗位说明

项目		主要内容
岗位概述		负责组织落实施工前准备工作、指挥固井施工作业和汇总数据；单独带队施工时，行使固井队长岗位职责
任职资格	学历要求	大学专科及以上学历
	工作经验	1年及以上固井施工现场工作经验，具有一定的现场施工组织管理能力
	从业资格	取得助理工程师或以上技术职称，持井控培训合格证、HSSE管理培训证、硫化氢防护技术培训证、直接作业环节审批证
	辅助技能	熟悉钻井、钻井液、定向、测井工艺等相关知识；熟练使用计算机等相关办公软件
	职业道德	具有良好的政治素质和职业道德，坚持原则，秉公办事，具有较强的责任心和团队协作精神
	健康要求	身体健康，精力充沛
岗位关系	纵向关系	（1）接受本次固井队长的直接领导； （2）接受业主方的检查指导
	横向关系	与施工协作方的配合
岗位职责		（1）贯彻执行上级的有关规定。严格贯彻执行技术、业务部门制定的技术措施、操作规程； （2）落实施工现场固井前准备工作； （3）负责收集井筒资料，随时掌握井下情况； （4）编写施工技术要求； （5）填报固井资料； （6）组织召开准备会、生产交底会和施工总结会； （7）参加现场协调会； （8）完成现场JSA分析； （9）巡回检查； （10）指挥固井施工作业； （11）汇总数据； （12）异常情况及时汇报； （13）组织人员和设备离场

续表

项　目	主要内容
岗位安全职责	（1）执行现场安全生产规范和标准； （2）参与现场JSA分析； （3）督促相关人员遵章守纪，制止、纠正他人的不安全行为
工作内容	（1）组织召开准备会，安排设备摆放和管线连接工作； （2）指挥安装井口和安放胶塞工作； （3）详细收集下套管过程、管串数据情况； （4）收集悬挂器坐挂、倒扣和丢手情况； （5）收集钻井液性能、循环排量和压力等数据； （6）收集先导浆性能及方量数据； （7）重新校核实际替浆量； （8）编写固井作业指导书、施工交底单，填报固井资料； （9）参加技术协调会，向各协作方汇报固井准备情况，提出技术要求； （10）组织召开施工前交底会，落实各岗位工作内容及要求； （11）指挥固井施工作业； （12）与各协作方汇总数据； （13）组织召开施工总结会，汇报施工情况； （14）组织设备人员离场
工作权限	（1）在权限范围内，有权对施工现场进行应急处置； （2）有权对施工现场重大事故向上级汇报； （3）有权拒绝业主方或业主方代表的违章指挥，制止违章操作

2. 工艺流程

固井技术岗工作工艺流程如图12-1所示。

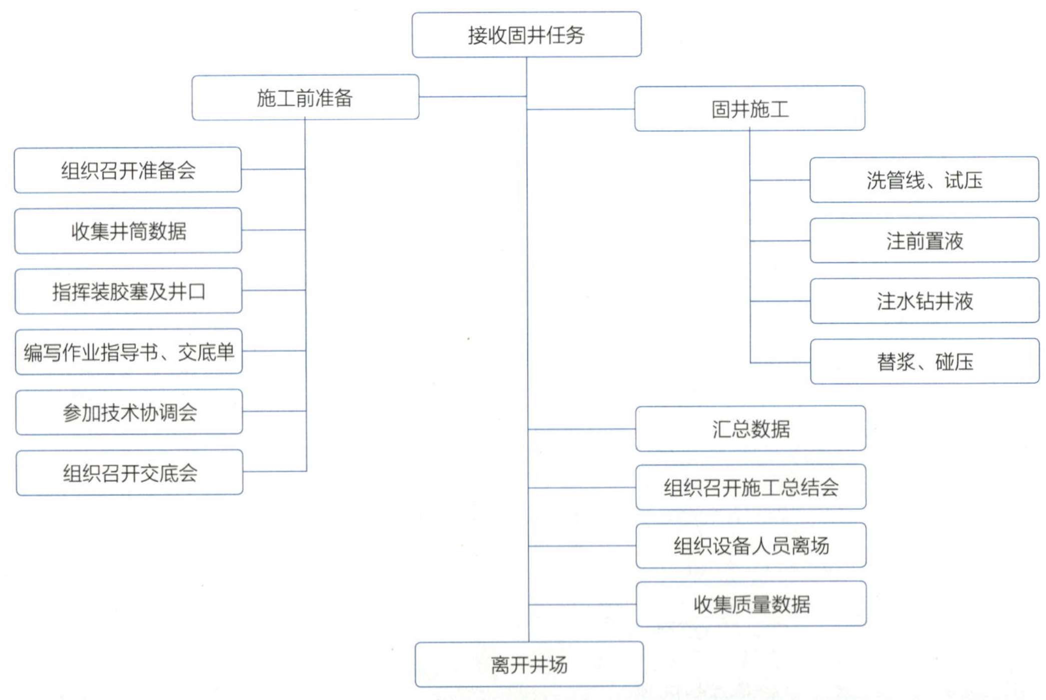

图12-1　固井技术岗工作工艺流程

第二节 岗位标准化操作规程

1. 巡回检查标准化操作规程

固井技术岗巡回检查标准化操作线路如图12-2所示。

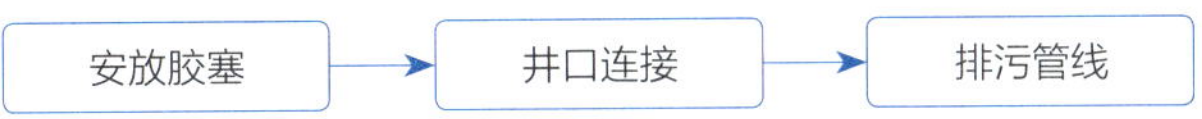

图12-2 固井技术岗巡回检查标准化操作规程

固井技术岗巡回检查标准化操作规程如表12-2所示

表12-2 固井技术岗巡回检查标准化操作规程

检查路线	检查项点	工作标准
操作前准备		(1)穿好劳动保护用品; (2)准备好所用工具
安放胶塞	胶塞完整性	胶塞完整，无破损、无裂纹
井口连接	(1)水泥头端面及顶盖密封情况; (2)挡销、指示销工作状况; (3)快装头密封圈; (4)闸门、弯头是否堵塞，开关是否到位; (5)连接情况	(1)水泥头端面无破损、无裂缝，顶盖密封圈完好; (2)挡销退扣正常，指示销工作正常; (3)快装头密封圈完全; (4)闸门、弯头无堵塞，开关正常; (5)水泥头、闸门及弯头紧扣正常，安全绳按规范连接
排污管线	(1)管线连接情况; (2)泄压排气	(1)管线无破损，连接无滴漏; (2)洗车以及洗罐污水排到指定排污池; (3)罐泄压排气必须经过滤后排放

2. 施工作业标准化操作规程

1）施工前准备标准化操作规程

固井技术岗施工前准备标准化操作规程如表12-3所示。

表12-3 固井技术岗施工前准备标准化操作规程

工作内容	工作步骤及标准	风险提示	风险规避措施
组织召开准备会	(1)人员设备进场后，组织召开准备会，参加率100%; (2)听取各岗位准备情况汇报，问题落实率100%; (3)安排设备摆放和管线连接等工作	不参加准备会，不了解工作情况，可能导致违章指挥、人员伤害	(1)通知人员参加准备会，参加率100%;明确各岗施工准备内容;了解内容并在生产准备表上签字; (2)各岗位人员参加率100%，反馈检查结果

续表

工作内容	工作步骤及标准	风险提示	风险规避措施
指挥安装井口和安放胶塞	(1)检查快装头、水泥头、闸门、弯头和胶塞; (2)指挥井口操作工正确连接井口; (3)安放胶塞	(1)未检查快装头、水泥头密封圈和丝扣，可能造成密封不严或刺漏，出现施工风险; (2)未检查闸门、弯头是否畅通，可能造成施工堵塞，出现施工风险; (3)未检查胶塞的完整性，可能出现施工异常; (4)井口连接不牢固，可能造成人员伤害、管线刺漏或爆裂	(1)检查快装头、水泥头、闸门、弯头和胶塞; (2)连接牢固，安全绳按规范连接
收集井筒资料	(1)收集下套管过程、管串数据情况; (2)收集悬挂器坐挂、倒扣和丢手情况; (3)收集钻井液性能、循环排量和压力等数据; (4)收集先导浆性能及方量数据; (5)校核替浆量	管串数据收集不齐全，造成替浆量计算错误，导致施工异常	与协作方复核数据、资料
编写固井作业指导书	(1)编排施工流程; (2)填写密度、预测压力、排量和方量等施工参数; (3)提出施工要求	施工数据填报错误	核实数据
编写施工交底单	(1)分解施工流程; (2)填写固井液密度、预测压力、排量和方量等施工参数	施工数据填报错误	核实数据
填报资料	及时、正确填报资料	施工数据填报错误	核实数据
参加技术协调会	(1)参加施工前技术协调会; (2)听取各协作方准备情况; (3)向各协作方汇报固井准备情况及施工流程; (4)提出技术要求	不参加协调会，不能全面掌握各协作方的准备情况及要求	亲自参加协调会
组织召开施工前交底会	(1)分发施工交底单; (2)详细介绍施工流程; (3)向各操作岗提出相关要求		

2）固井施工标准化操作规程

（1）固井技术岗尾管固井施工标准化操作规程如表12–4所示。

表12–4　固井技术岗尾管固井施工标准化操作规程

工作内容	工作步骤及标准	风险提示	风险规避措施
洗管线	(1)下指令; (2)观察、记录洗管线情况	管线堵塞，可能造成管线爆裂，影响人身安全	小排量试通水

续表

工作内容	工作步骤及标准	风险提示	风险规避措施
试压	(1)下指令; (2)观察、记录试压情况	(1)可能造成施工中管线刺漏或爆裂; (2)可能造成人身伤害	(1)小排量升压至设计值; (2)稳压1min以上
注先导浆	(1)通知协作方; (2)巡回观察井口有无刺漏现象; (3)了解、记录注入排量、压力及注入量	井口刺漏或爆裂,可能造成:人员伤害;施工停顿	(1)加强井口巡回观察; (2)上井前,维护和保养工具及管汇; (3)备用密封圈、闸门和高压管线
注冲洗液	(1)下指令; (2)巡回观察井口有无刺漏现象; (3)记录起止时间、注入排量、压力及注入量	井口刺漏或爆裂,可能造成:人员伤害;施工停顿	(1)加强井口巡回观察; (2)上井前,维护和保养工具及管汇; (3)备用密封圈、闸门和高压管线
注隔离液	(1)下指令; (2)巡回观察井口有无刺漏现象; (3)记录起止时间、注入排量、压力、注入量	(1)井口刺漏或爆裂,可能造成人员伤害、施工停顿; (2)出现井漏、憋压等井下异常情况	(1)加强井口巡回观察; (2)上井前,维护和保养工具及管汇; (3)备用密封圈、闸门和高压管线; (4)随时了解施工压力和返浆口变化情况,及时分析变化原因
注水钻井液	(1)下指令; (2)巡回观察井口有无刺漏现象; (3)记录起止时间、注入排量、压力及注入量	(1)井口刺漏或爆裂,可能造成人员伤害、施工停顿; (2)出现井漏、憋压等井下异常情况	(1)加强井口巡回观察; (2)上井前,维护和保养工具及管汇; (3)备用密封圈、闸门和高压管线, (4)随时了解施工压力和返浆口变化情况,及时分析变化原因
释放胶塞	指挥井口操作工: (1)关闭注浆闸门; (2)开启挡销; (3)打开替浆闸门	(1)挡销操作不到位,导致胶塞无法下行,造成开泵憋压; (2)闸门开不到位,造成泵压升高; (3)闸门关不到位,造成漏浆; (4)操作顺利错误,造成安全风险	严格按照操作规程执行
注压塞液	(1)下指令; (2)观察指示销; (3)巡回观察井口有无刺漏现象; (4)记录起止时间、注入排量、压力及注入量	(1)井口刺漏或爆裂,可能造成人员伤害、施工停顿; (2)出现井漏、憋压等井下异常情况	(1)加强井口巡回观察; (2)上井前,维护和保养工具及管汇; (3)备用密封圈、闸门和高压管线; (4)随时了解施工压力和返浆口变化情况,及时分析变化原因
替浆	(1)通知协作方; (2)巡回观察井口有无刺漏现象; (3)校核替入量; (4)记录起止时间、替浆排量、压力及替入量	(1)井口刺漏或爆裂,可能造成人员伤害、施工停顿; (2)出现井漏、憋压等井下异常情况	(1)加强井口巡回观察; (2)上井前,维护和保养工具及管汇; (3)备用密封圈、闸门和高压管线; (4)随时了解施工压力和返浆口变化情况,及时分析变化原因

续表

工作内容	工作步骤及标准	风险提示	风险规避措施
替保护液	(1)下指令; (2)巡回观察井口有无刺漏现象; (3)校核替入量; (4)记录起止时间、替浆排量、压力及替入量	(1)井口刺漏或爆裂，可能造成人员伤害、施工停顿; (2)出现井漏、憋压等井下异常情	(1)加强井口巡回观察; (2)上井前，维护和保养工具及管汇; (3)备用密封圈、闸门和高压管线; (4)随时了解施工压力和返浆口变化情况，及时分析变化原因
替浆	(1)通知协作方; (2)巡回观察井口有无刺漏现象; (3)校核替入量; (4)记录起止时间、替浆排量、压力及替入量	(1)井口刺漏或爆裂，可能造成人员伤害、施工停顿; (2)出现井漏、憋压等井下异常情况	(1)加强井口巡回观察; (2)上井前，维护和保养工具及管汇; (3)备用密封圈、闸门和高压管线; (4)随时了解施工压力和返浆口变化情况，及时分析变化原因
碰压	(1)通知协作方; (2)巡回观察井口有无刺漏现象; (3)记录起止时间、碰压压力变化及替入量	井口刺漏或爆裂，可能造成：人员伤害；施工停顿	(1)加强井口巡回观察; (2)上井前，维护和保养工具及管汇; (3)备用密封圈、闸门和高压管线
放回水	(1)下指令; (2)记录回水量		
提中心管、起钻	记录起钻起止时间及起钻情况		
正(反)循环	记录循环排量、压力、循环时间和返出情况		
憋压	记录憋压压力、注入量等参数		
候凝	(1)了解候凝情况; (2)候凝时间不小于设计时间，且以实际取样养护时间为准	候凝时间不足: (1)可能影响固井质量; (2)可能造成井下复杂情况	严格按照固井作业指导书执行

(2)固井技术岗单级固井施工标准化操作规程如表12–5所示。

表12–5 固井技术岗单级固井施工标准化操作规程

工作内容	工作步骤及标准	风险提示	风险规避措施
洗管线	(1)下指令; (2)观察、记录洗管线情况	管线堵塞，可能造成管线爆裂，影响人身安全	小排量试通水
试压	(1)下指令; (2)观察、记录试压情况	(1)可能造成施工中管线刺漏或爆裂; (2)可能造成人身伤害	(1)小排量升压至设计值; (2)稳压1min以上

续表

工作内容	工作步骤及标准	风险提示	风险规避措施
注先导浆	（1）通知协作方； （2）巡回观察井口有无刺漏现象； （3）了解、记录注入排量、压力及注入量	（1）井口刺漏或爆裂，可能造成人员伤害、施工停顿； （2）出现井漏、憋压等井下异常情况	（1）加强井口巡回观察； （2）上井前，维护和保养工具及管汇； （3）备用密封圈、闸门和高压管线； （4）随时了解施工压力和返浆口变化情况，及时分析变化原因
注冲洗液	（1）下指令； （2）巡回观察井口有无刺漏现象； （3）记录起止时间、注入排量、压力及注入量	（1）井口刺漏或爆裂，可能造成人员伤害、施工停顿； （2）出现井漏、憋压等井下异常情况	（1）加强井口巡回观察； （2）上井前，维护和保养工具及管汇； （3）备用密封圈、闸门和高压管线； （4）随时了解施工压力和返浆口变化情况，及时分析变化原因
注隔离液	（1）下指令； （2）巡回观察井口有无刺漏现象； （3）记录起止时间、注入排量、压力、注入量	（1）井口刺漏或爆裂，可能造成人员伤害、施工停顿； （2）出现井漏、憋压等井下异常情况	（1）加强井口巡回观察； （2）上井前，维护和保养工具及管汇； （3）备用密封圈、闸门和高压管线； （4）随时了解施工压力和返浆口变化情况，及时分析变化原因
注水钻井液	（1）下指令； （2）巡回观察井口有无刺漏现象； （3）记录起止时间、注入排量、压力及注入量	（1）井口刺漏或爆裂，可能造成人员伤害、施工停顿； （2）出现井漏、憋压等井下异常情况	（1）加强井口巡回观察； （2）上井前，维护和保养工具及管汇； （3）备用密封圈、闸门和高压管线； （4）随时了解施工压力和返浆口变化情况，及时分析变化原因
释放胶塞	指挥井口操作工： （1）关闭注浆闸门； （2）开启挡销； （3）打开替浆闸门	（1）挡销操作不到位，导致胶塞无法下行，造成开泵憋压； （2）闸门开不到位，造成泵压升高； （3）闸门关不到位，造成漏浆； （4）操作顺利错误，造成安全风险	严格按照操作规程执行
注压塞液	（1）下指令； （2）观察指示销； （3）巡回观察井口有无刺漏现象； （4）记录起止时间、注入排量、压力及注入量	（1）井口刺漏或爆裂，可能造成人员伤害、施工停顿； （2）出现井漏、憋压等井下异常情况	（1）加强井口巡回观察； （2）上井前，维护和保养工具及管汇； （3）备用密封圈、闸门和高压管线； （4）随时了解施工压力和返浆口变化情况，及时分析变化原因
替浆	（1）通知协作方； （2）巡回观察井口有无刺漏现象； （3）校核替入量； （4）记录起止时间、替浆排量、压力及替入量	（1）井口刺漏或爆裂，可能造成人员伤害、施工停顿； （2）出现井漏、憋压等井下异常情况	（1）加强井口巡回观察； （2）上井前，维护和保养工具及管汇； （3）备用密封圈、闸门和高压管线； （4）随时了解施工压力和返浆口变化情况，及时分析变化原因
碰压	（1）下指令； （2）巡回观察井口有无刺漏现象； （3）记录起止时间、碰压压力变化及替入量	井口刺漏或爆裂，可能造成：人员伤害；施工停顿	（1）加强井口巡回观察； （2）上井前，维护和保养工具及管汇； （3）备用密封圈、闸门和高压管线

续表

工作内容	工作步骤及标准	风险提示	风险规避措施
放回水	（1）下指令； （2）记录回水量		
环空憋压	（1）下指令； （2）记录憋压压力、注入量等参数	憋压过大，可能压漏地层，影响固井质量	严格按照固井作业指导书执行
候凝	（1）了解候凝情况； （2）候凝时间不小于设计时间，且以实际取样养护时间为准	候凝时间不足： （1）可能影响固井质量； （2）可能造成井下复杂情况	严格按照固井作业指导书执行

（3）固井技术岗内插法固井施工标准化操作规程如表12-6所示。

表12-6 固井技术岗内插法固井施工标准化操作规程

工作内容	工作步骤及标准	风险提示	风险规避措施
洗管线	（1）下指令； （2）观察、记录洗管线情况	管线堵塞，可能造成管线爆裂，影响人身安全	小排量试通水
试压	（1）下指令； （2）观察、记录试压情况	（1）可能造成施工中管线刺漏或爆裂； （2）可能造成人身伤害	（1）小排量升压至设计值； （2）稳压1min以上
注冲洗液	（1）下指令； （2）巡回观察井口有无刺漏现象； （3）记录起止时间、注入排量、压力及注入量	（1）井口刺漏或爆裂，可能造成人员伤害、施工停顿； （2）出现井漏、憋压等井下异常情况	（1）加强井口巡回观察； （2）上井前，维护和保养工具及管汇； （3）备用密封圈、闸门和高压管线； （4）随时了解施工压力和返浆口变化情况，及时分析变化原因
注隔离液	（1）下指令； （2）巡回观察井口有无刺漏现象； （3）记录起止时间、注入排量、压力、注入量	（1）井口刺漏或爆裂，可能造成人员伤害、施工停顿； （2）出现井漏、憋压等井下异常情况	（1）加强井口巡回观察； （2）上井前，维护和保养工具及管汇； （3）备用密封圈、闸门和高压管线； （4）随时了解施工压力和返浆口变化情况，及时分析变化原因
注水钻井液	（1）下指令； （2）巡回观察井口有无刺漏现象； （3）记录起止时间、注入排量、压力及注入量	（1）井口刺漏或爆裂，可能造成人员伤害、施工停顿； （2）出现井漏、憋压等井下异常情况	（1）加强井口巡回观察； （2）上井前，维护和保养工具及管汇； （3）备用密封圈、闸门和高压管线； （4）随时了解施工压力和返浆口变化情况，及时分析变化原因
替浆	（1）下指令； （2）巡回观察井口有无刺漏现象； （3）校核替入量； （4）记录起止时间、替浆排量、压力及替入量	（1）井口刺漏或爆裂，可能造成人员伤害、施工停顿； （2）出现井漏、憋压等井下异常情况	（1）加强井口巡回观察； （2）上井前，维护和保养工具及管汇； （3）备用密封圈、闸门和高压管线； （4）随时了解施工压力和返浆口变化情况，及时分析变化原因

续表

工作内容	工作步骤及标准	风险提示	风险规避措施
起钻	(1)通知协作方； (2)记录起钻时间		
候凝	(1)了解候凝情况； (2)候凝时间不小于设计时间，且以实际取样养护时间为准	候凝时间不足： (1)可能影响固井质量； (2)可能造成井下复杂情况	严格按照固井作业指导书执行

(4)固井技术岗双级固井施工标准化操作规程如表12-7所示。

表12-7 固井技术岗双级固井施工标准化操作规程

工作内容	工作步骤及标准	风险提示	风险规避措施
洗管线	(1)下指令； (2)观察、记录洗管线情况	管线堵塞，可能造成管线爆裂，影响人身安全	小排量试通水
试压	(1)下指令； (2)观察、记录试压情况	(1)可能造成施工中管线刺漏或爆裂； (2)可能造成人身伤害	(1)小排量升压至设计值； (2)稳压1min以上
注先导浆	(1)通知协作方； (2)了解、记录注入排量、压力及注入量	(1)井口刺漏或爆裂，可能造成人员伤害、施工停顿； (2)出现井漏、憋压等井下异常情况	(1)加强井口巡回观察； (2)上井前，维护和保养工具及管汇； (3)备用密封圈、闸门和高压管线； (4)随时了解施工压力和返浆口变化情况，及时分析变化原因
注冲洗液	(1)下指令； (2)巡回观察井口有无刺漏现象； (3)记录起止时间、注入排量、压力及注入量	(1)井口刺漏或爆裂，可能造成人员伤害、施工停顿； (2)出现井漏、憋压等井下异常情况	(1)加强井口巡回观察； (2)上井前，维护和保养工具及管汇； (3)备用密封圈、闸门和高压管线； (4)随时了解施工压力和返浆口变化情况，及时分析变化原因
注隔离液	(1)下指令； (2)巡回观察井口有无刺漏现象； (3)记录起止时间、注入排量、压力、注入量	(1)井口刺漏或爆裂，可能造成人员伤害、施工停顿； (2)出现井漏、憋压等井下异常情况	(1)加强井口巡回观察； (2)上井前，维护和保养工具及管汇； (3)备用密封圈、闸门和高压管线； (4)随时了解施工压力和返浆口变化情况，及时分析变化原因
注水钻井液	(1)下指令； (2)巡回观察井口有无刺漏现象； (3)记录起止时间、注入排量、压力及注入量	(1)井口刺漏或爆裂，可能造成人员伤害、施工停顿； (2)出现井漏、憋压等井下异常情况	(1)加强井口巡回观察； (2)上井前，维护和保养工具及管汇； (3)备用密封圈、闸门和高压管线； (4)随时了解施工压力和返浆口变化情况，及时分析变化原因
释放扰性塞	指挥井口操作工： (1)关闭注浆闸门； (2)开启挡销； (3)打开替浆闸门	(1)挡销操作不到位，导致胶塞无法下行，造成开泵憋压； (2)闸门开不到位，造成泵压升高；	严格按照操作规程执行

续表

工作内容	工作步骤及标准	风险提示	风险规避措施
释放扰性塞		（3）闸门关不到位，造成漏浆； （4）操作顺利错误，造成安全风险	
注压塞液	（1）下指令； （2）观察指示销； （3）巡回观察井口有无刺漏现象； （4）记录起止时间、注入排量、压力及注入量	（1）井口刺漏或爆裂，可能造成人员伤害、施工停顿； （2）出现井漏、憋压等井下异常情况	（1）加强井口巡回观察； （2）上井前，维护和保养工具及管汇； （3）备用密封圈、闸门和高压管线； （4）随时了解施工压力和返浆口变化情况，及时分析变化原因
替浆	（1）通知协作方； （2）巡回观察井口有无刺漏现象； （3）校核替入量； （4）记录起止时间、替浆排量、压力及替入量	（1）井口刺漏或爆裂，可能造成人员伤害、施工停顿； （2）出现井漏、憋压等井下异常情况	（1）加强井口巡回观察； （2）上井前，维护和保养工具及管汇； （3）备用密封圈、闸门和高压管线； （4）随时了解施工压力和返浆口变化情况，及时分析变化原因
碰压	（1）下指令； （2）巡回观察井口有无刺漏现象； （3）记录起止时间、碰压压力变化及替入量	井口刺漏或爆裂，可能造成： （1）人员伤害； （2）施工停顿	（1）加强井口巡回观察； （2）上井前，维护和保养工具及管汇； （3）备用密封圈、闸门和高压管线
放回水	（1）下指令； （2）记录回水量		
投重力打开塞	（1）下指令； （2）待重力打开塞到达分级箍后，缓慢开泵憋压，打开循环孔	未能打开循环孔，不能建立循环，无法完成二级固井作业	进入应急处置程序
循环	（1）通知协作方； （2）了解循环过程及返出情况		
候凝	（1）了解候凝情况； （2）候凝时间不小于设计时间		
装关闭胶塞	（1）下指令； （2）指挥井口操作工装关闭胶塞，并检查	人员伤害	（1）劳保用品穿戴齐全； （2）严格按操作规程执行。连接高度超过2m，按照高空作业操作规程执行
注冲洗液	（1）下指令； （2）巡回观察井口有无刺漏现象； （3）记录起止时间、注入排量、压力及注入量	（1）井口刺漏或爆裂，可能造成人员伤害、施工停顿； （2）出现井漏、憋压等井下异常情况	（1）加强井口巡回观察； （2）上井前，维护和保养工具及管汇； （3）备用密封圈、闸门和高压管线； （4）随时了解施工压力和返浆口变化情况，及时分析变化原因

续表

工作内容	工作步骤及标准	风险提示	风险规避措施
注隔离液	（1）下指令； （2）巡回观察井口有无刺漏现象； （3）记录起止时间、注入排量、压力、注入量	（1）井口刺漏或爆裂，可能造成人员伤害、施工停顿； （2）出现井漏、憋压等井下异常情况	（1）加强井口巡回观察； （2）上井前，维护和保养工具及管汇； （3）备用密封圈、闸门和高压管线； （4）随时了解施工压力和返浆口变化情况，及时分析变化原因
注水钻井液	（1）下指令； （2）巡回观察井口有无刺漏现象； （3）记录起止时间、注入排量、压力及注入量	（1）井口刺漏或爆裂，可能造成人员伤害、施工停顿； （2）出现井漏、憋压等井下异常情况	（1）加强井口巡回观察； （2）上井前，维护和保养工具及管汇； （3）备用密封圈、闸门和高压管线； （4）随时了解施工压力和返浆口变化情况，及时分析变化原因
释放关闭胶塞	指挥井口操作工： （1）关闭注浆闸门； （2）开启挡销； （3）打开替浆闸门	（1）挡销操作不到位，导致胶塞无法下行，造成开泵憋压； （2）闸门开不到位，造成泵压升高； （3）闸门关不到位，造成漏浆； （4）操作顺利错误，造成安全风险	严格按照操作规程执行
注压塞液	（1）下指令； （2）观察指示销； （3）巡回观察井口有无刺漏现象； （4）记录起止时间、注入排量、压力及注入量	（1）井口刺漏或爆裂，可能造成人员伤害、施工停顿； （2）出现井漏、憋压等井下异常情况	（1）加强井口巡回观察； （2）上井前，维护和保养工具及管汇； （3）备用密封圈、闸门和高压管线； （4）随时关注施工压力和返浆口变化情况，及时分析变化原因
替浆	（1）通知协作方； （2）巡回观察井口有无刺漏现象； （3）校核替入量； （4）记录起止时间、替浆排量、压力及替入量	（1）井口刺漏或爆裂，可能造成人员伤害、施工停顿； （2）出现井漏、憋压等井下异常情况	（1）加强井口巡回观察； （2）上井前，维护和保养工具及管汇； （3）备用密封圈、闸门和高压管线； （4）随时向协作方了解施工压力和返浆口变化情况，及时分析变化原因
碰压、关闭循环孔	（1）下指令； （2）巡回观察井口有无刺漏现象； （3）记录起止时间、碰压压力变化及替入量	（1）井口刺漏或爆裂，可能造成人员伤害、施工停顿； （2）出现井漏、憋压等井下异常情况	（1）加强井口巡回观察； （2）上井前，维护和保养工具及管汇； （3）备用密封圈、闸门和高压管线； （4）随时了解施工压力和返浆口变化情况，及时分析变化原因
放回压	（1）下指令； （2）记录回水量		
候凝	（1）了解候凝情况； （2）候凝时间不小于设计时间	候凝时间不足： （1）可能影响固井质量； （2）可能造成井下复杂情况	严格按照固井作业指导书执行

（5）固井技术岗回接固井施工标准化操作规程如表12-8所示。

表12-8　固井技术岗回接固井施工标准化操作规程

工作内容	工作步骤及标准	风险提示	风险规避措施
洗管线	（1）下指令； （2）观察、记录洗管线情况	管线堵塞，可能造成管线爆裂，影响人身安全	小排量试通水
试压	（1）下指令； （2）观察、记录试压情况	（1）可能造成施工中管线刺漏或爆裂； （2）可能造成人身伤害	（1）小排量升压至设计值； （2）稳压1min以上
注先导浆	（1）通知协作方； （2）了解、记录注入排量、压力及注入量	井口刺漏或爆裂，可能造成：人员伤害；施工停顿	（1）加强井口巡回观察； （2）上井前，维护和保养工具及管汇； （3）备用密封圈、闸门和高压管线
注冲洗液	（1）下指令； （2）巡回观察井口有无刺漏现象； （3）记录起止时间、注入排量、压力及注入量	井口刺漏或爆裂，可能造成： （1）人员伤害； （2）施工停顿	（1）加强井口巡回观察； （2）上井前，维护和保养工具及管汇； （3）备用密封圈、闸门和高压管线
注隔离液	（1）下指令； （2）巡回观察井口有无刺漏现象； （3）记录起止时间、注入排量、压力、注入量	井口刺漏或爆裂，可能造成： （1）人员伤害； （2）施工停顿	（1）加强井口巡回观察； （2）上井前，维护和保养工具及管汇； （3）备用密封圈、闸门和高压管线
注水钻井液	（1）下指令； （2）巡回观察井口有无刺漏现象； （3）记录起止时间、注入排量、压力及注入量	井口刺漏或爆裂，可能造成：人员伤害；施工停顿	（1）加强井口巡回观察； （2）上井前，维护和保养工具及管汇； （3）备用密封圈、闸门和高压管线
释放胶塞	指挥井口操作工： （1）关闭注浆闸门； （2）开启挡销； （3）打开替浆闸门	（1）挡销操作不到位，导致胶塞无法下行，造成开泵憋压； （2）闸门开不到位，造成泵压升高； （3）闸门关不到位，造成漏浆； （4）操作顺利错误，造成安全风险	严格按照操作规程执行
注压塞液	（1）下指令； （2）观察指示销； （3）巡回观察井口有无刺漏现象； （4）记录起止时间、注入排量、压力及注入量	井口刺漏或爆裂，可能造成： （1）人员伤害； （2）施工停顿	（1）加强井口巡回观察； （2）上井前，维护和保养工具及管汇； （3）备用密封圈、闸门和高压管线
替浆	（1）通知协作方； （2）巡回观察井口有无刺漏现象； （3）校核替入量； （4）记录起止时间、替浆排量、压力及替入量	井口刺漏或爆裂，可能造成： （1）人员伤害； （2）施工停顿	（1）加强井口巡回观察； （2）上井前，维护和保养工具及管汇； （3）备用密封圈、闸门和高压管线

续表

工作内容	工作步骤及标准	风险提示	风险规避措施
碰压	（1）下指令； （2）巡回观察井口有无刺漏现象； （3）记录起止时间、碰压压力变化及替入量	井口刺漏或爆裂，可能造成： （1）人员伤害； （2）施工停顿	（1）加强井口巡回观察； （2）上井前，维护和保养工具及管汇； （3）备用密封圈、闸门和高压管线
下插回接插头	通知协作方		
放回水	（1）下指令； （2）记录回水量		
装定井口	了解井口装定进度		
候凝	（1）了解候凝情况； （2）候凝时间不小于设计时间	候凝时间不足： （1）可能影响固井质量； （2）可能造成井下复杂情况	严格按照固井作业指导书执行

（6）固井技术岗注（挤）水泥塞施工标准化操作规程如表12-9所示。

表12-9 固井技术岗注（挤）水泥塞施工标准化操作规程

工作内容	工作步骤及标准	风险提示	风险规避措施
试挤	（1）通知协作方； （2）收集、记录试挤排量、压力、挤入量及返吐量等情况		
洗管线	（1）下指令； （2）观察、记录洗管线情况	管线堵塞，可能造成管线爆裂，影响人身安全	小排量试通水
试压	（1）下指令； （2）观察、记录试压情况	（1）可能造成施工中管线刺漏或爆裂； （2）可能造成人身伤害	（1）小排量升压至设计值； （2）稳压1min以上
注先导浆	（1）通知协作方； （2）了解、记录注入排量、压力及注入量	井口刺漏或爆裂，可能造成人员伤害、施工停顿	（1）加强井口巡回观察； （2）上井前，维护和保养工具及管汇； （3）备用密封圈、闸门和高压管线
注冲洗液	（1）下指令； （2）巡回观察井口有无刺漏现象； （3）记录起止时间、注入排量、压力及注入量	（1）井口刺漏或爆裂，可能造成人员伤害、施工停顿； （2）出现井漏、憋压等井下异常情况	（1）加强井口巡回观察； （2）上井前，维护和保养工具及管汇； （3）备用密封圈、闸门和高压管线； （4）随时了解施工压力和返浆口变化情况，及时分析变化原因
注隔离液	（1）下指令； （2）巡回观察井口有无刺漏现象； （3）记录起止时间、注入排量、压力、注入量	（1）井口刺漏或爆裂，可能造成人员伤害、施工停顿； （2）出现井漏、憋压等井下异常情况	（1）加强井口巡回观察； （2）上井前，维护和保养工具及管汇； （3）备用密封圈、闸门和高压管线； （4）随时了解施工压力和返浆口变化情况，及时分析变化原因

续表

工作内容	工作步骤及标准	风险提示	风险规避措施
注水钻井液	(1)下指令; (2)巡回观察井口有无刺漏现象; (3)记录起止时间、注入排量、压力及注入量	(1)井口刺漏或爆裂，可能造成人员伤害、施工停顿; (2)出现井漏、憋压等井下异常情况	(1)加强井口巡回观察; (2)上井前，维护和保养工具及管汇; (3)备用密封圈、闸门和高压管线; (4)随时了解施工压力和返浆口变化情况，及时分析变化原因
替隔离液	(1)下指令; (2)巡回观察井口有无刺漏现象; (3)记录起止时间、注入排量、压力、注入量	(1)井口刺漏或爆裂，可能造成人员伤害、施工停顿; (2)出现井漏、憋压等井下异常情况	(1)加强井口巡回观察; (2)上井前，维护和保养工具及管汇; (3)备用密封圈、闸门和高压管线; (4)随时了解施工压力和返浆口变化情况，及时分析变化原因
替冲洗液	(1)下指令; (2)巡回观察井口有无刺漏现象; (3)记录起止时间、注入排量、压力及注入量	(1)井口刺漏或爆裂，可能造成人员伤害、施工停顿; (2)出现井漏、憋压等井下异常情况	(1)加强井口巡回观察; (2)上井前，维护和保养工具及管汇; (3)备用密封圈、闸门和高压管线; (4)随时了解施工压力和返浆口变化情况，及时分析变化原因
替浆	(1)通知协作方; (2)巡回观察井口有无刺漏现象; (3)记录起止时间、注入排量、压力、注入量	(1)井口刺漏或爆裂，可能造成人员伤害、施工停顿; (2)出现井漏、憋压等井下异常情况	(1)加强井口巡回观察; (2)上井前，维护和保养工具及管汇; (3)备用密封圈、闸门和高压管线; (4)随时了解施工压力和返浆口变化情况，及时分析变化原因
起钻	(1)通知协作方; (2)记录起钻起止时间和起钻情况		
循环	(1)通知协作方; (2)记录循环压力和排量，及返出情况		
挤水泥（挤水泥塞内容）	(1)下指令，或通知协作方; (2)记录施工压力、排量和挤入量情况	井口刺漏或爆裂，可能造成人员伤害、施工停顿	(1)加强井口巡回观察; (2)上井前，维护和保养工具及管汇; (3)备用密封圈、闸门和高压管线
起钻	(1)通知协作方; (2)记录起钻起止时间和起钻情况		
关井候凝	(1)了解候凝情况; (2)候凝时间不小于设计时间	候凝时间不足: (1)可能影响固井质量; (2)可能造成井下复杂情况	严格按照固井作业指导书执行

3）施工总结会标准化操作规程

固井技术岗施工总结会标准化操作规程如表12–10所示。

表12-10 固井技术岗施工总结会标准化操作规程

工作内容	操作步骤	工作标准	风险提示	风险规避措施
组织召开施工总结会	汇报本次施工情况，听取各岗位生产、安全、设备情况汇报	参加率100%，总结内容具体、全面	不参加总结会，问题、经验不能及时总结	在岗工作人员全部参加总结会，并反馈发现的问题或隐患

4）设备人员离场标准化操作规程

固井技术岗设备人员离场标准化操作规程如表12-11所示。

表12-11 固井技术岗设备人员离场标准化操作规程

工作内容	工作步骤及标准	风险提示	风险规避措施
组织设备人员离场	组织车辆人员离场，编队行驶返回驻地	车辆自行离开，可能造成交通事故	规划行车路线，跑队车

第三节 应急处置

固井技术岗应急处置程序如表12-12所示。

表12-12 固井技术岗应急处置程序

事故类型	处置程序
固井液密度达不到要求	及时通知操作人员，尽快调整密度达到技术要求
尾管固井，回压凡尔关闭失效	（1）掌握、记录起钻情况； （2）及时汇报
单级固井，回压凡尔关闭失效	（1）掌握、记录起钻情况； （2）及时汇报
内插固井，回压凡尔关闭失效	（1）记录回水量； （2）再次插入插头； （3）挤入回水量； （4）关井候凝； （5）待水钻井液初凝后，起出钻具
管线刺漏或爆裂	（1）暂停施工； （2）关闭注浆闸门，卸压； （3）快速更换管线
快装头、水泥头刺漏	（1）暂停施工； （2）若回压凡尔关闭良好则卸压，重新紧扣，更换水泥头或者快装接头；若回压凡尔关闭不严则立即转入替重钻井液作业
压力异常	（1）立即汇报； （2）按照现场决策组和上级主管领导的指令立即执行

续表

<table>
<tr><th>事故类型</th><th colspan="3">处置程序</th></tr>
<tr><td>返浆异常</td><td colspan="3">（1）立即汇报；
（2）按照现场决策组和上级主管领导的指令立即执行</td></tr>
<tr><td>双级固井，一级回压凡尔失效</td><td colspan="3">（1）掌握、记录情况；
（2）协调钻井队，抢投开孔塞，及时开孔，建立二级循环</td></tr>
<tr><td>循环孔无法打开</td><td colspan="3">了解、掌握和记录情况</td></tr>
<tr><td>循环孔无法关闭</td><td colspan="3">（1）了解、掌握和记录情况；
（2）使用水泥车，协助钻井队憋高压，关闭循环孔</td></tr>
<tr><td>岗位主要安全风险</td><td>机械伤害、起重伤害、高处坠落、物体打击、火灾、爆炸、触电、中毒及其他伤害</td><td>岗位主要危险物质</td><td>原油、天然气、硫化氢、钻井液添加剂</td></tr>
<tr><td colspan="4">注意事项：
（1）含硫井施工，随身佩戴便携式硫化氢检测仪，空气中硫化氢浓度超过20ppm佩戴空气呼吸器；
（2）场地行走防止绊倒摔伤，上下梯子抓稳踏牢，扶好护栏，当心孔洞，注意风向；
（3）发现直接危及人身安全的紧急情况时，有权停止作业或在采取可能的应急措施后撤离作业场所</td></tr>
<tr><td colspan="4">应急物资装备：
（1）正压式空气呼吸器6套，地点：基地仓库；
（2）便携式硫化氢测试仪4台，地点：基地仓库；
（3）护目镜1副，地点：随身携带；
（4）降噪声塞1副，地点：随身携带；
（5）防尘口罩1副；地点：随身携带</td></tr>
<tr><td colspan="4">应急联络电话：
队长电话；急救电话：120；火警电话：119</td></tr>
</table>

第十三章 HSSE管理岗岗位操作标准

第一节 岗位描述

1. 岗位说明

HSSE管理岗岗位说明如表13-1所示。

表13-1 HSSE管理岗岗位说明

项 目		主要内容
工作概述		负责现场的HSSE管理工作，做好现场安全监管，督促问题整改及反馈、安全生产责任制落实、安全教育、应急救援处置、隐患排查、证件管理、环境保护、职业健康等工作
任职资格	学历要求	大专以上学历
	工作经验	3年及以上石油天然气工程安全管理相关工作经历
	从业资格	持有效井控培训合格证、HSSE管理培训证、硫化氢防护技术培训证、安全资格证、作业许可监护证
	辅助技能	具有一定的设备操作技能、交通安全管理和消防常识
	职业道德要求	爱岗敬业、勇于奉献、团结协作、遵章守纪
	健康要求	身体健康，精力充沛
岗位关系	纵向关系	（1）接受队长的直接领导； （2）接受HSSE管理科的工作业务指导； （3）接受现场安全管理员的安全监督和管理
	横向关系	（1）与本队正副队长、工程技术主管等有协作关系； （2）与分承包商、甲方等配合方施工队伍有监督和被监督关系

续表

项　目	主要内容
岗位职责	（1）参加准备会和进行现场JSA安全分析；参与作业现场及施工过程风险评价，制定风险控制措施，并监督落实； （2）协助队领导组织对现场员工进行HSSE、交通、消防、应急、新入职（转岗）的安全教育，监督指导现场职工的安全行为； （3）对现场检查出的隐患及时上报，跟踪督促整改，做好相关记录； （4）参加施工前交底会； （5）负责对现场生产的安全巡查，发现不安全因素，督促责任人落实整改； （6）参与安全生产事故、交通事故的调查与分析及统计上报工作； （7）发生事故时，及时了解情况，参与现场各种突发事故的应急救援工作维护好现场，救护伤员，并向现场负责人报告
安全职责	（1）负责现场HSSE管理工作，执行上级HSSE指示、规定、标准、规章制度等，并检查督促执行；业务上接受安全监督部门的指导，有权直接向安全技术监督部门汇报工作；对现场职工进行安全业务指导； （2）配合设备管理进行现场操作规程执行情况和安全行为检查，制止违章作业，在紧急情况下对不听劝阻者，可停止其工作，并报请领导处理； （3）参与现场JSA风险分析和施工准备会，进行隐患排查，发现隐患及时提出整改方案和措施，及时整改并上报带队领导； （4）负责现场气防器材的管理；掌握尘、毒发生情况，向甲方和带队领导提出改进意见和建议； （5）发生事故时，及时了解情况，组织、参与现场各种突发事故的应急救援工作维护好现场，救护伤员，并向现场负责人报告； （6）参与安全生产事故、交通事故的调查与分析及统计上报工作
工作内容	（1）监督现场设备的摆放，高低压管线的排列是否符合标准，建立高压区域，明确安全逃生路线； （2）检查入场人员证件，劳动保护用品是否符合标准； （3）参加安全准备会、JSA风险分析，对现场的安全隐患进行排查及处理，落实人员、设备安全防范措施，监督直接作业环节执行情况； （4）参与和监督班组现场的设备（特种车、高压附件）自检自查，并形成相应记录； （5）监督车组进行现场设备的试运行，并掌握到场设备的运行情况； （6）进行现场操作规程执行情况和安全行为检查，制止违章作业，发现违规情况按照要求安排相关责任人进行整改，在紧急情况下对不听劝阻者，可停止其工作，并报请领导处理。并形成相应记录； （7）发生井控、设备安全事故时，及时了解情况，开展应急抢险救援处置，维护好现场，救护伤员，并及时向公司报告； （8）对现场的环境保护进行巡回检查，发现污染情况及时进行处理
工作权限	（1）对HSSE工作有监督管理权； （2）对现场人员有安全教育指导权； （3）对直接作业环节违规有停工权； （4）对现场“三违”有制止权、处罚权

2. 工艺流程

HSSE管理岗岗位工作工艺流程如图13–1所示。

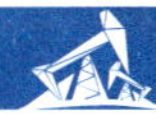

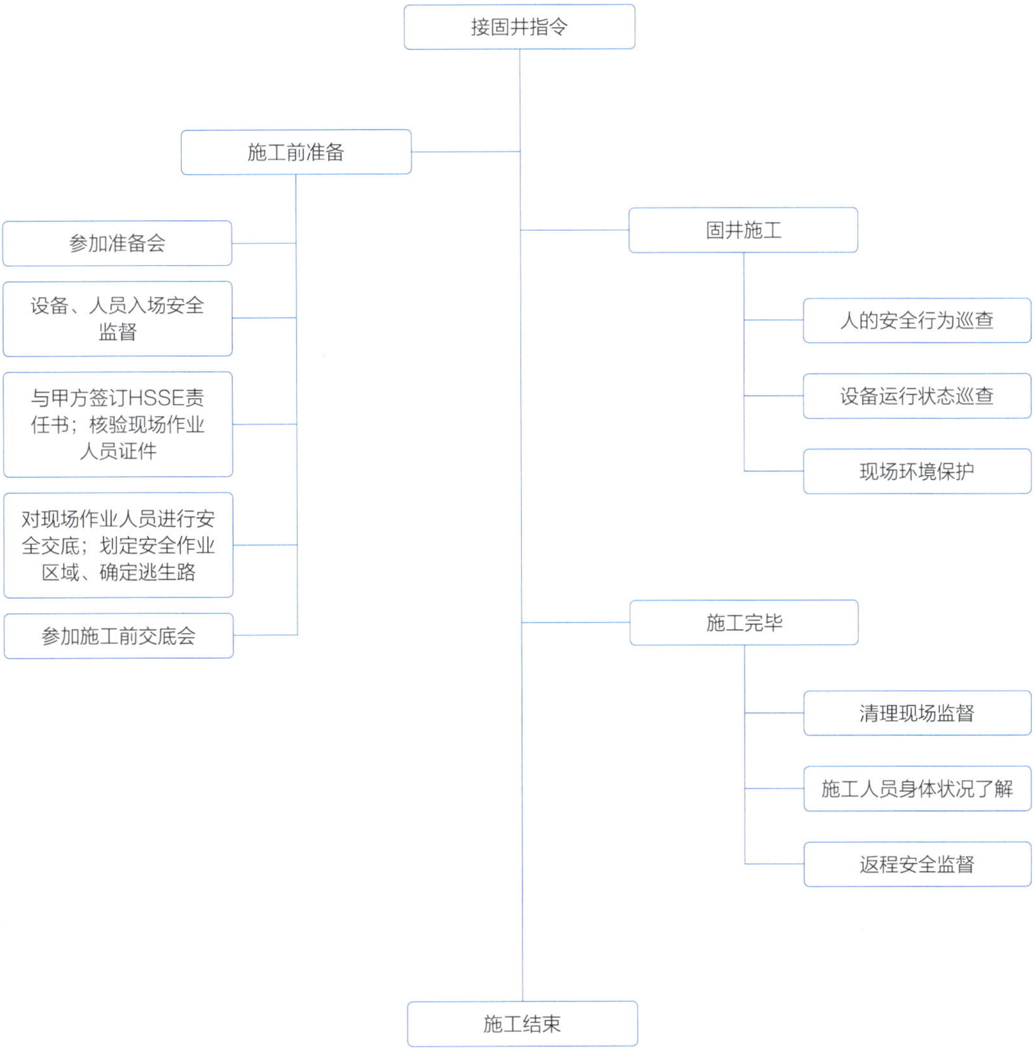

接固井指令
施工前准备
参加准备会
设备、人员入场安全监督
与甲方签订HSSE责任书；核验现场作业人员证件
对现场作业人员进行安全交底；划定安全作业区域、确定逃生路
参加施工前交底会
固井施工
人的安全行为巡查
设备运行状态巡查
现场环境保护
施工完毕
清理现场监督
施工人员身体状况了解
返程安全监督
施工结束

图13-1 HSSE管理岗工作工艺流程

第二节 岗位标准化操作规程

1. 巡回检查标准化操作规程

HSSE管理岗巡回检查标准化操作线路如图13-2所示。

固井车
高压管汇
灰水罐区
地面管线
钻台井口
排污管线
场地

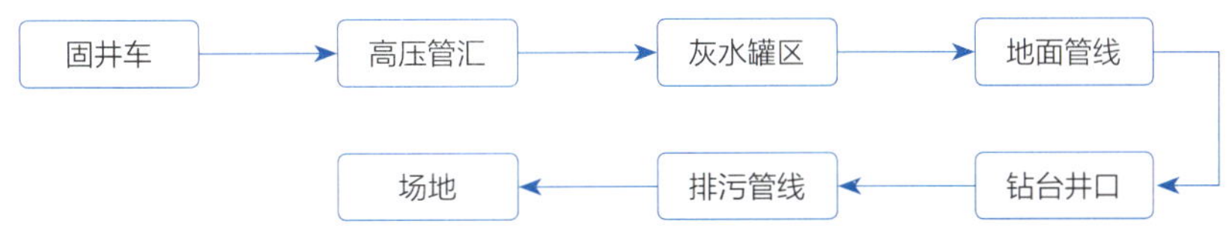

图13-2 HSSE管理岗巡回检查标准化操作规程

HSSE管理岗巡回检查标准化操作规程如表13-2所示。

表13-2　HSSE管理岗巡回检查标准化操作规程

检查路线	检查项点	工作标准
场地	（1）井场作业环境； （2）现场作业人员； （3）安全警戒区域及安全警示牌	（1）施工过程及施工结束后施工区域无油污、无易污染环境物品、无抛弃的废弃物或其他杂物； （2）现场作业人员正确穿戴个体防护用品；非作业人员禁止进入施工作业区域； （3）现场设立安全警戒区域，安全警示牌安装牢固清晰醒目
固井车	（1）车辆外观、底盘、制动、车载设备； （2）工作人员安全行为	（1）车辆完好、摆放符合现场安全管理要求，底盘无滴漏，防火罩、制动和车载设备完好符合施工要求； （2）工作人员个体防护用品按要求正确佩戴
高压管汇	（1）高压附件是否经过检测； （2）高压附件连接是否合理	（1）使用的高压附件必须符合现场安全压力使用要求，并持有相应的检测记录； （2）使用的高压附件规范连接，并用安全绳捆绑、固定牢靠
水、灰罐	（1）摆放位置； （2）水灰管线连接处； （3）安全阀、压力表	（1）水、灰罐摆放位置不影响井场应急通道，地面平整坚实； （2）水、灰罐管线的连接处应牢固不滴不漏； （3）安全阀、压力表完好，有检测记录
低压管线	（1）供水管线； （2）供气管线； （3）供灰管线	（1）供水管线应连接牢固，无滴漏； （2）供气管线应连接牢固，无刺漏； （3）供灰管线应连接牢固，无刺漏
钻台井口	（1）弯头、阀门、短节、快装头、水泥头、压力表接头； （2）高压软管	（1）检查弯头、阀门、短节、快装头、水泥头、压力表连接符合现场技术要求； （2）高压软管连接井口牢固，并用安全绳捆绑、固定
排污	排污管线	排污管线是否按要求接至排污池，并固定，排污过程无刺漏现象

2. 安全检查标准化操作规程

1）施工前安全检查标准化操作规程

HSSE管理岗施工前安全检查标准化操作规程如表13-3所示。

表13-3　HSSE管理岗施工前安全检查标准化操作规程

工作内容	工作标准	风险提示	风险规避措施
参加准备会，检查劳保用品	（1）参加率100%； （2）对生产工作区域内人员个体劳动防护用品的穿戴监督	（1）不参加准备会，不了解工作情况，可能导致违章指挥、人员伤害； （2）劳保用品穿戴不齐，发生人身伤害事故	（1）参加准备会，了解工作情况； （2）检查参与施工人员的劳保用品按要求进行穿戴，且劳保用品均在有效期内

续表

工作内容	工作标准	风险提示	风险规避措施
配合设备管理进行入场设备检查	（1）设备的安全保护设施、高压附件、气防设施、消防器材、保险装置等检查率100%； （2）现场作业区域内的高压管汇连接、车辆摆放是否合理，安全标志、安全警戒区域设立是否符合现场安全管理的要求	（1）安全设施检查遗漏，有问题不能及时发现，可能导致应急情况下无法使用；关键要害部位检查遗漏，容易产生安全事故； （2）施工程序情况了解不清，可能会造成施工过程混乱或施工中断影响固井质量，严重时发生工程事故	（1）设备的安全保护安全设施、高压附件、气防设施、消防器材、保险装置等均达到安全使用标准，并记录在案； （2）对当前施工、设备、井下情况，做到心中有数，有计划地开展安全检查工作；让入场职工了解本次施工的流程、风险提示及自己岗位相应的应急处置程序
协同固井工程师、设备管理、施工操作者进行JSA安全风险分析，参与施工前交底会	参与施工前安全技术交底会，参与现场作业人员进行JSA分析；提出风险区域及安全防范管控措施，向职工交代现场应急处置程序，参加率100%	（1）不参加交底会，不清楚现场的应急职责，突发事件无法进行相应的应急措施，导致事件损失扩大； （2）高压区域无专人看管，无关人员进入高压区域，发生压力意外释放时发生人员伤害	高压区域制定专人看管制度，阻止无关人员进入高压区域

2）施工过程安全检查标准化操作规程

HSSE管理岗施工过程安全检查标准化操作规程如表13–4所示。

表13–4　HSSE管理岗施工过程安全检查标准化操作规程

工作内容	工作标准	风险提示	风险规避措施
人的安全行为巡查	施工过程中全程巡检，发现问题及时纠正；对现场发现的问题，督促相关人员立即整改，问题整改率100%	安全监管不到位，现场作业人员三违现象频发，安全风险不能有效识别，隐患无法及时整改	安全监管到位，对现场作业人员三违现象进行阻止，并要求按规程规范进行操作
设备的运行状态巡查	配合设备管理对现场的人员、设备发生紧急情况进行处理，恢复生产	不了解设备情况，不能就问题进行及时的处理，导致事件损失扩大	实时进行设备运行状态的监管，发生机械故障时，按交底会的应急处置方法进行快速恢复施工
现场环境保护	进行现场环境保护巡查，杜绝环境污染事故	未对施工过程的环境保护进行巡查，未发现“跑冒滴漏”现象，造成环境污染	对施工过程的环境保护进行巡查，发现“跑冒滴漏”现象，安排人员进行及时处理，避免造成环境污染

3）施工结束安全检查标准化操作规程

HSSE管理岗施工结束安全检查标准化操作规程如表13–5所示。

表13-5 HSSE管理岗施工结束安全检查标准化操作规程

工作内容	工作标准	风险提示	风险规避措施
了解参与施工的驾驶人员身体状况	参与了解参与施工车辆状况及驾驶员的精神和身体条件是否满足安全行驶条件	对现场车辆的状况及施工人员的健康状况不了解，对返程的行驶路线状况及天气情况不关注，造成交通事故和人员伤害事故	离场前组织工程师和设备管理进行离场前的安全检查根据车辆、驾驶人员身体状况、天气情况决定返程工作安排
进行施工场地清理的监管	离场前做好环境检查，是否存在环境污染遗留等问题，是否由避免影响油地关系的环境破坏现象	离场时未对作业环境做清洁工作，造成环境污染，影响油地关系和影响井队的安全生产正常运行	离场前做好环境检查，施工现场恢复原貌，杜绝环境污染遗留等问题，避免影响油地关系及井队安全生产正常运行

第三节　应急处置

HSSE管理岗应急处理程序如表13-6所示。

表13-6 HSSE管理岗应急处置程序

事故类型	处置程序		
火灾爆炸	（1）现场负责人通知停止作业，将人员有序撤离至安全区域；对伤员进行救治 （2）现场负责人向公司应急处置中心办公室汇报，接受公司应急处置中心指令 （3）配合服从井队应急处置		
井喷、硫化氢泄漏	（1）现场负责人通知停止作业，将人员有序撤离至安全区域； （2）现场负责人向公司应急处置中心办公室汇报； （3）等待公司应急处置中心办公室命令		
高空坠落	对呼吸、心跳停止的伤员进行现场急救（人工呼吸和心肺复苏），直至医务人员到达现场		
人员触电	组织现场作业人员开展自救，协助专业医护人员进行人员应急抢救，并实时汇报现场负责人		
机械伤害、物体打击	（1）创伤出血者迅速包扎止血，送往医院救治； （2）发生断指立即止血，尽可能做到将断指冲洗干净，并消毒包好，将断指与伤者立即送往医院		
车辆伤害	（1）报120、122，报上级主管领导； （2）组织现场作业人员开展自救，协助专业医护人员进行人员应急抢救		
岗位主要安全风险	井喷及井喷失控、机械伤害、物体打击、火灾、爆炸、触电、噪声、中毒及其他伤害	岗位主要危险物质	噪声、硫化氢、车辆及电气设备
注意事项： （1）含硫井施工，随身佩戴便携式硫化氢检测仪，空气中硫化氢浓度超过30ppm时佩戴空气呼吸器； （2）电气操作必须使用绝缘器具，精力集中、标准操作； （3）场地行走防止绊倒摔伤，上下梯子抓稳踏牢，扶好护栏，当心孔洞，注意风向； （4）发现直接危及人身安全的紧急情况时，有权停止作业或在采取可能的应急措施后撤离作业场所			

续表

事故类型	处置程序
应急物资装备： （1）正压式空气呼吸器6套，地点：基地仓库； （2）便携式硫化氢测试仪4台，地点：基地仓库； （3）护目镜1副，地点：随身携带； （4）降噪声塞1副，地点：随身携带； （5）防尘口罩1副；地点：随身携带	
应急联络电话： 队长电话；书记电话	

第十四章　设备管理岗岗位操作标准

第一节　岗位描述

1. 岗位说明

设备管理岗岗位说明如表14-1所示。

表14-1　设备管理岗岗位说明

项　目		主要内容
工作概述		全面负责施工现场的设备管理工作，执行设备管理规章制度；了解到场设备的相关性能、结构和工作原理；解决设备运行的机械故障，全面负责现场设备包括设备到场清点、检验、验收、物资设备使用，保证固井施工中设备的正常运转；检查监督设备使用、和设备运行情况
上岗条件	学历要求	高中及以上文化程度（以上级对本岗位任职资格要求为准）
	工作经验	高级工、技师；3年及以上相关工作经历
	从业资格	持有效的井控证、HSSE管理培训证、硫化氢防护技术培训证、直接作业环节审批证
	辅助技能	具备相关设备的性能、结构使用方法及维修保养等相关业务知识，较强的组织管理和协调能力
	职业道德要求	爱岗敬业、勇于奉献、团结协作、遵章守纪
	健康要求	身体健康，能适应野外施工组织，心理素质良好
岗位关系	纵向关系	（1）接受本次固井队长的直接领导； （2）接受业主方的检查指导
	横向关系	与施工协作方的配合

续表

项　目		主要内容
岗位职责	工作职责	（1）在带队队长领导下，主要负责现场设备管理；执行职能部门制定的物资设备管理的制度、条例和固井分公司的设备操作规程规范； （2）负责车辆调度及交通安全管理，协助队长组织完成现场勘探工作；监督施工现场设备管理制度执行情况； （3）参与JSA风险分析，参与现场准备会和施工交底会，明确现场责任； （4）组织人员进行现场的设备自检自查，执行监督现场职工安全操作规程执行情况，做好现场所有设备的动态管理，及时准确掌握现场所有设备的技术状况和运行情况； （5）负责做好设备的巡回检查、发生设备机械故障时，及时了解情况，判断和排除故障，并及时向现场负责人报告设备现状，发生设备和与设备有关事故，及时向物资设备主管部门报告，参加设备和有关事故调查、分析； （6）督促、指导人员认真填写设备运转记录
	安全职责	（1）遵守现场所涉及的各项HSSE规章制度和岗位操作规程； （2）参加施工准备会、JSA风险分析、应急救援等安全活动，对现场的安全隐患进行排查及处理，落实设备安全防范措施，视情况及时上报； （3）负责对进入现场人员进行安全提示； （4）协助带队队长做好监督职工的设备安全操作程序； （5）负责做好设备、安全设施的巡回检查； （6）发生井控、设备安全事故时，及时了解情况，开展应急抢险，维护好现场，救护伤员，并及时向现场负责人报告
工作内容		（1）指导、监督现场设备的摆放，高低压管线的排列，建立高压区域，明确安全逃生路线； （2）参加施工准备会、施工交底会、JSA风险分析、应急演练和施工前交底会，对现场的安全隐患进行排查及处理，落实设备安全防范措施，视情况及时上报； （3）参与和监督班组现场的设备（特种车、高压附件）自检自查，并形成相应记录； （4）监督和督促车组进行现场设备的试运行，并掌握到场设备的现实情况； （5）监督现场职工安全操作规程执行和劳动纪律遵守情况，发现违规情况按照要求安排相关责任人进行整改并形成相应记录； （6）施工运行时做好现场所有设备的动态巡查管理，及时准确掌握现场所有设备的技术状况和运行情况； （7）发生设备机械故障时，及时了解情况，判断和排除故障，如果影响施工的连续性提出解决方案并及时向现场负责人报告； （8）发生井控、设备安全事故时，及时了解情况，开展应急抢险救援处置方案，维护好现场，救护伤员，并及时向甲方和公司报告
工作权限		（1）对违章指挥有拒绝权，对违章操作有制止权； （2）对现场人员有工作规程规范操作的监督权； （3）对本岗位突发情况有先行处置权

2. 工艺流程

设备管理岗工作工艺流程如图14-1所示。

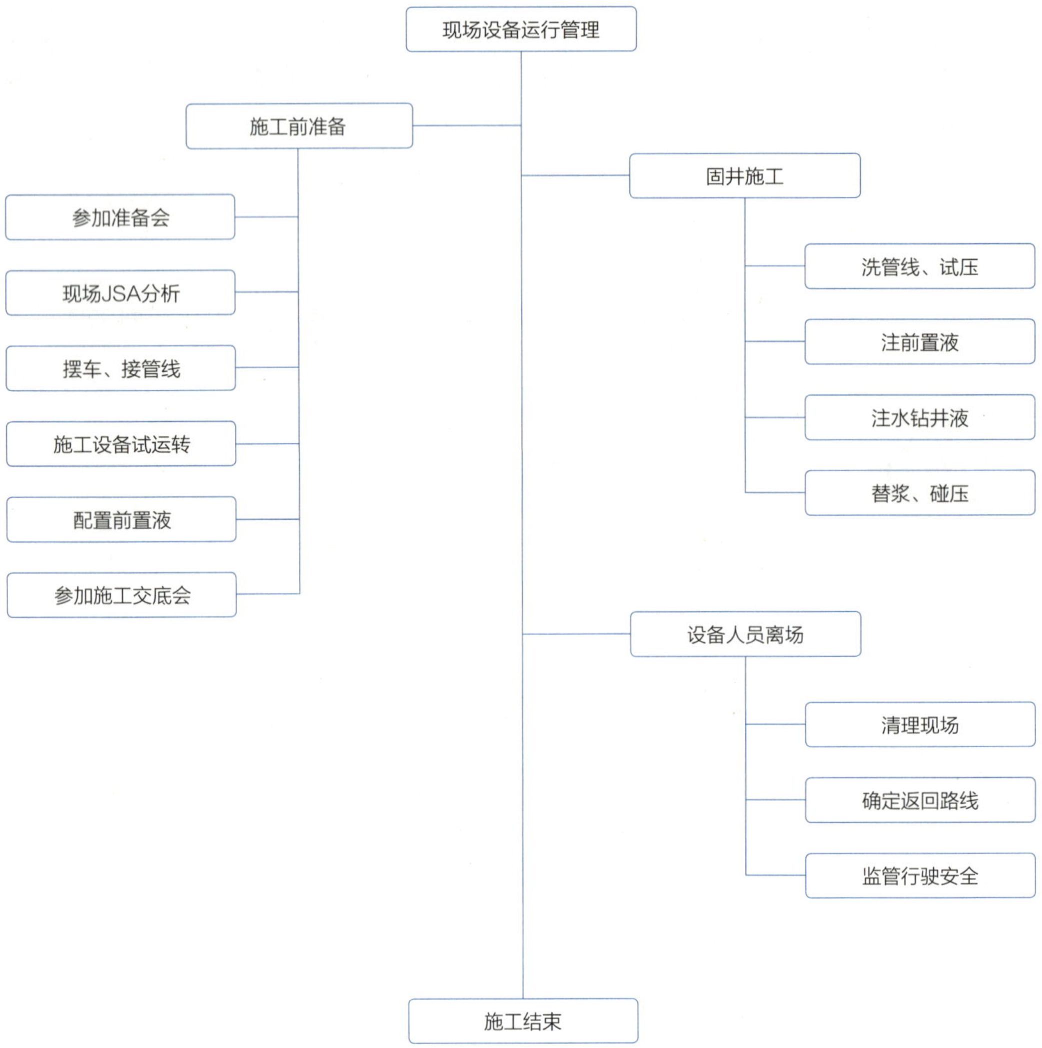

现场设备运行管理
施工前准备
参加准备会
现场JSA分析
摆车、接管线
施工设备试运转
配置前置液
参加施工交底会
固井施工
洗管线、试压
注前置液
注水钻井液
替浆、碰压
设备人员离场
清理现场
确定返回路线
监管行驶安全
施工结束

图14-1　设备管理岗工作工艺流程

第二节　岗位标准化操作规程

1. 巡回检查标准化操作规程

设备管理岗巡回检查标准化操作线路如图14-2所示。

底盘设备
台上设备
高压管汇
井口
流量计
灰、水罐
压风机

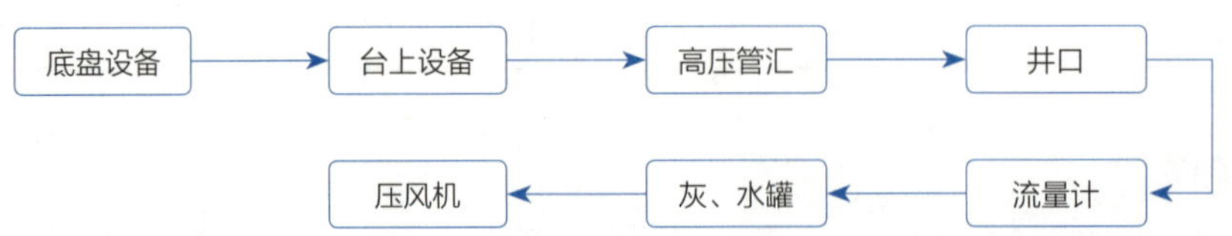

图14-2　设备管理岗巡回检查标准化操作线路

设备管理岗巡回检查标准化操作规程如表14-2所示。

表14-2 设备管理岗巡回检查标准化操作规程

检查路线	工作标准	风险提示	风险规避措施
固井水泥车： （1）前车； （2）台上设备	（1）发动机油、水充足，启动、运转正常； （2）液压系统运转正常，液压油充足； （3）传动部分运转正常，润滑到位；各链接部位稳固牢靠，皮带无松动； （4）大泵运转正常，凡尔、柱塞无刺漏现象，润滑工作正常且润滑油充足；清水泵、循环泵、增压泵运转正常； （5）混浆池搅拌器工作正常，高能混合头运转正常； （6）操作台工作正常，仪表显示准确无误； （7）低压管汇畅通，无堵塞刺漏现象，各气动闸门工作正常； （8）高压管汇畅通，无堵塞刺漏现象，旋塞阀开关正常	检查不仔细，可能导致水泥车工作不正常或带病工作，直接导致水泥车无法完成固井施工任务	施工任务出车前应详细检查固井水泥车并试车；施工现场在施工任务开始之前应再次详细检查；施工任务进行中应进行巡回检查，及时发现问题处理问题；同时要提前做好应急处理方案，在水泥车不能正常工作时应有备用方案保证固井施工任务正常进行
压风机： （1）发动机； （2）空压机	（1）发动机油、水充足，启动、运转正常； （2）空压机运转正常，压缩机油充足； （3）空压机排气压力、温度正常	检查不仔细，可能导致压风机工作不正常，导致下灰和供水不正常，使固井施工任务无法进行	施工任务出车前应详细检查压风机并试运转；施工现场在施工任务开始之前应再次详细检查；施工任务进行中应进行巡回检查，及时发现问题处理问题；同时要提前做好应急处理方案，在压风机不能正常工作时应有备用方案保证固井施工任务正常进行
固井管汇： （1）高压管线； （2）旋塞阀； （3）活动弯头； （4）安全绳； （5）三通	（1）检查高压管线连接牢固可靠，无刺漏；管线外观无明显伤痕； （2）检查旋塞阀开关灵活有效； （3）检查活动弯头连接牢固可靠，转动灵活无刺漏； （4）检查安全绳捆绑齐全、牢靠； （5）检查三通连接牢固无刺漏	如检查不仔细，未发现安全隐患，当压力意外释放时导致人身伤害	（1）使用前高压管线、旋塞阀、活动弯头、三通等高压附件必须检测合格后才能投入生产使用； （2）使用的高压附件规范连接，并用安全绳捆绑、固定牢靠； （3）高压附件现场试压合格后方能投入施工
立式灰罐： （1）出灰口； （2）进气管线； （3）排气口； （4）压力表； （5）罐体	（1）检查出灰口畅通无堵塞，蝶阀工作正常； （2）检查进气管线畅通无堵塞，阀门工作正常； （3）检查排气口畅通无堵塞，阀门工作正常； （4）检查安全阀、压力表工作正常； （5）检查罐体密封正常无泄漏	检查不仔细可能导致无法正常供灰或者下灰不畅，导致施工中断，影响固井质量严重时发生工程事故	按公司相关规定做好定期维护保养；送罐前应做好相应检查，检查合格后送入现场使用

续表

检查路线	工作标准	风险提示	风险规避措施
立式水罐： （1）出水口； （2）进气管线； （3）排气口； （4）水位线； （5）压力表； （6）罐体	（1）检查出水口畅通无堵塞，蝶阀工作正常； （2）检查进气管线畅通无堵塞，阀门工作正常； （3）检查排气口畅通无堵塞，阀门工作正常； （4）检查水位线阀门工作正常，水位线无泄露； （5）检查安全阀、压力表工作正常； （6）检查管体密封正常无泄漏	检查不仔细可能导致无法供水或者供水不足；如发生刺漏并造成环境污染	按公司相关规定做好定期维护保养；送罐前应做好相应检查，检查合格后送入现场使用

2. 安全检查标准化操作规程

1）施工前安全检查标准化操作规程

设备管理岗施工前安全检查标准化操作规程如表14-3所示。

表14-3 设备管理岗施工前安全检查标准化操作规程

工作内容	工作标准	风险提示	风险规避措施
（1）参加施工准备会； （2）参加JSA风险分析； （3）明确各岗位的岗位工作要求和施工参数安全注意事项； （4）根据现场情况和施工要求，协助工程师指挥车辆停放及管线连接； （5）按巡回检查路线逐点认真检查； （6）启动设备进行试运转，检查各个环节的安全性能； （7）参加交底会	（1）参加率100%； （2）劳保穿戴齐全；根据会议中生产任务安排，明确本岗任务和安全生产注意事项及应急处置程序，熟知施工参数:施工压力；注浆排量;水钻井液密度;固井水泥总量； （3）根据井场现状，将车辆停驻在供灰、供水的最合理地点并车辆停驻平稳； （4）按施工要求连接管线，平顺不叠压，与地面、井台接触点不能有卡擦、磨损并用安全绳捆绑固定； （5）按车辆巡回检查制度，柴油机检查制度，逐点各项检查，并试运转； （6）检查高压隔离区，并指派专人负责看管； （7）向操作人员提出操作要求	（1）不参加准备会，不了解工作情况，可能导致指令错误、人员伤害； （2）对施工准备会任务不明确，对施工安全产生不利影响，施工过程易发生混乱； （3）连接管线时发生碰伤、砸伤； （4）试压过程中发生刺漏事故，伤及人身； （5）输入施工参数错误，校对数据不准确、反应数据值发生偏差，造成工程事故影响固井质量； （6）设备运转不正常，施工连续性得不到保障，对固井质量产生不利影响； （7）操作失误伤及人身造成工程事故； （8）不参加交底会，不了解工作情况，可能导致操作不正确，人员伤害	（1）参加准备会，参加率100%；明确各岗施工准备内容；了解内容并在生产准备表上签字； （2）在施工准备会上必须清晰明确本岗位任务及应急处置程序； （3）连接管线时，注意人员之间的配合，防止碰伤、砸伤； （4）试运转时，确认输入的施工参数正确。保障设备在施工时运转平稳正常； （5）参加交底会，了解工作情况

2）施工过程安全检查标准化操作规程

设备管理岗施工过程安全检查标准化操作规程如表14-4所示。

表14-4 设备管理岗施工过程安全检查标准化操作规程

工作内容	工作标准	风险提示	风险规避措施
（1）巡查水泥车工作状况，操作过程是否符合技术要求； （2）注意观察主车、柴油机、变矩器、水泥泵、各液压表压力、气压表压力、各润滑表压力、各离心泵等工作状态； （3）施工人员是否按照操作过程操作设备	（1）施工中观察： ①主车（液压动力源）； ②柴油机（水泥泵动力源）； ③变矩器； ④水泥泵； ⑤循环泵、灌注泵（增压泵）、喷射泵（清水泵）； ⑥液压油温度； ⑦动力油压； ⑧补偿油压； ⑨搅拌器油压； ⑩液控路油压； ⑪各柱塞状况； ⑫各离心泵状况； （2）对职工操作过程监管，所有操作程序是否符合要求	（1）水泥泵等部位前置液、隔离液如冲洗不干净，残液可能对混浆水产生不良反应，从而影响固井质量； （2）供水可能从水柜溢出污染环境；供灰配合不好中断施工，影响固井质量； （3）配制的水钻井液密度、施工排量与施工设计要求有差距，影响固井质量，严重的发生工程事故； （4）发动机产生高温损坏，施工中断； （5）冲洗管线头固定不牢，崩开管线发生人身伤害；冲洗排量过大，污水刺出污水池污染环境； （6）设备冲洗不干净，埋下隐患影响下次施工质量；给维修保养增加了难度。严重的部件失灵、报废，造成重大经济损失	（1）注完前置液、隔离液后，用足量配浆水按注液流程冲洗干净； （2）与供水、供灰联系要随时保持不能中断； （3）不符合施工要求的水钻井液不得注入井内； （4）提高操作人员的技能水平，操作技能不达标人员不得在操作岗操作； （5）对违反操作规程的行为制止，并指导其正确操作

3）施工结束安全检查标准化操作规程

设备管理岗施工结束安全检查标准化操作规程如表14-5所示。

表14-5 设备管理岗施工结束安全检查标准化操作规程

工作内容	工作标准	风险提示	风险规避措施
（1）施工完毕，监督将设备剩余液体排放到指定位置，排放干净后停止运转； （2）监管固井工具装车固定； （3）督促进行清理施工现场	（1）设备内液体排放干净； （2）安全拆卸管线并装车固定； （3）施工现场恢复原貌	（1）排放剩余液体时发生刺伤、砸伤人员，污水溢出排放点污染环境； （2）拆卸管线时发生碰伤、砸伤； （3）不进行现场清洁工作，造成环境污染	（1）劳保必须穿戴齐全； （2）拆卸管线时，同时注意人员之间的配合，防止碰伤、砸伤； （3）督促HSSE管理员进行现场环境检查

第三节　应急处置

设备管理岗应急处置程序如表14-6所示。

<table>
<caption>表14-6　设备管理岗应急处置程序</caption>
<tr><th>事故类型</th><th colspan="3">处置程序</th></tr>
<tr><td>火灾爆炸</td><td colspan="3">（1）通知现场负责人停止作业，将人员有序撤离至安全区域；组织对伤员进行救治，组织车辆进行应急救援工作；
（2）现场负责人向公司应急处置中心办公室汇报，接受公司应急处置中心命令；
（3）配合服从井队应急处置</td></tr>
<tr><td>井喷、硫化氢泄漏</td><td colspan="3">（1）现场负责人通知停止作业，将人员有序撤离至安全区域；组织车辆准备进行应急救援工作；
（2）现场负责人向公司应急处置中心办公室汇报；
（3）等待公司应急处置中心办公室命令</td></tr>
<tr><td>高空坠落</td><td colspan="3">对呼吸、心跳停止的伤员进行现场急救（人工呼吸和心肺复苏），直至医务人员到达现场</td></tr>
<tr><td>人员触电</td><td colspan="3">组织现场作业人员开展自救，协助专业医护人员进行人员应急抢救，并实时汇报现场负责人，组织车辆进行人员救援工作</td></tr>
<tr><td>机械伤害、物体打击</td><td colspan="3">（1）创伤出血者迅速包扎止血，送往医院救治；
（2）发生断指立即止血，尽可能做到将断指冲洗干净，并消毒包好，组织车辆将断指与伤者立即送往医院</td></tr>
<tr><td>车辆伤害</td><td colspan="3">（1）报120、122，报上级主管领导；为救援车辆疏通道路；
（2）组织现场作业人员开展自救，协助专业医护人员进行人员应急抢救</td></tr>
<tr><td>岗位主要安全风险</td><td>井喷及井喷失控、机械伤害、物体打击、火灾、爆炸、触电、噪声、中毒及其他伤害</td><td>岗位主要危险物质</td><td>噪声、硫化氢、车辆及电气设备</td></tr>
<tr><td colspan="4">注意事项：
（1）含硫井施工，随身佩戴便携式硫化氢检测仪，空气中硫化氢浓度超过30ppm时佩戴空气呼吸器；
（2）电气操作必须使用绝缘器具，精力集中、标准操作；
（3）场地行走防止绊倒摔伤，上下梯子抓稳踏牢，扶好护栏，当心孔洞，注意风向；
（4）发现直接危及人身安全的紧急情况时，有权停止作业或在采取可能的应急措施后撤离作业场所。</td></tr>
<tr><td colspan="4">应急物资装备：
（1）正压式空气呼吸器6套，地点：基地仓库；
（2）便携式硫化氢测试仪4台，地点：基地仓库；
（3）护目镜1副，地点：随身携带；
（4）降噪声塞1副，地点：随身携带；
（5）防尘口罩1副；地点：随身携带</td></tr>
<tr><td colspan="4">应急联络电话：
队长电话，书记电话</td></tr>
</table>

第十五章　电工操作岗岗位操作标准

第一节　岗位描述

1. 岗位说明

电工操作岗岗位说明如表15-1所示。

表15-1　电工操作岗岗位说明

项目		主要内容
工作概述		负责现场配水撬供电、现场用电设备简修、高压附件工具使用及现场施工
上岗条件	学历要求	高中（技校）及以上文化程度
	工作经验	2年及以上相关工作经历
	从业资格	HSSE管理培训证、硫化氢防护技术培训证、井控技术培训证、特种操作证
	辅助技能	熟悉设备管理、安全等方面的知识
	职业道德要求	爱岗敬业、团结协作、遵章守纪、具有较强责任心
	健康要求	身心健康，无影响本岗位工作的生理及心理疾病，能承担本岗位工作所需的脑力及体力劳动，适应野外连续固井作业的要求
岗位关系	纵向关系	（1）接受本次固井队长的直接领导； （2）接受业主方的检查指导
	横向关系	与各岗位及协作方的配合
岗位职责	工作职责	（1）执行固井公司的相关规章制度； （2）负责现场电气设备的运行、维护及开具作业许可证工作； （3）执行上级岗位及基层领导的一切工作安排； （4）负责施工前电器设备、供水撬、下套管工具、供水管线及各处闸门的检查及现场操作工作； （5）参加JSA风险分析、参加交底会； （6）执行固井指挥的现场指令

续表

项目		主要内容
岗位职责	安全职责	(1)执行固井现场HSSE规定和本企业安全工作规程、安全技术操作规程； (2)对本岗位的HSSE工作负直接责任； (3)正确穿戴劳保用品上岗作业，规范、熟练地使用各种安全工器具、防护用品和消防器材； (4)检查用电设备的安全设施、设备的安全状况； (5)遵守操作规程，操作前认真进行JSA危害辨识和风险分析，落实必要的风险削减措施； (6)不违章作业、不违反劳动纪律，自觉抵制违章指挥，纠正违章行为
工作内容		(1)负责电器设备、固井工具、高压管线、供水撬、供水管线及各处闸门的检查及现场操作工作； (2)负责现场领导安排的其他工作
工作权限		(1)对违章指挥有拒绝权，对违章操作有制止权； (2)对本岗位突发情况有先行处置权

2. 工艺流程

电工操作岗工作工艺流程如图15-1所示。

图15-1 电工操作岗工作工艺流程

第二节 岗位标准化操作规程

1. 作业前准备标准化操作规程

电工操作岗作业前准备标准化操作规程如表15-2所示。

表15-2 电工操作岗作业前准备标准化操作规程

工作内容	工作标准	风险提示	风险规避措施
(1)摆放、检查用电设备，检查专用工具，测量仪表和用电防护用具的安全性能； (2)试运转设备； (3)签署用电安全责任书，开具临时用电许可证；对工作内容进行JSA风险评估； (4)参加交底会	(1)劳保必须穿戴齐全； (2)明确工作任务和安全生产注意事项； (3)工作前，摆放及检查用电设备，方便连接；检查工具，测量仪表和防护用具是否完好； (4)作业要经过监护审核人批准，并有专人监护； (5)用电设备检查接零，接地保护、漏电保护是否齐全有效； (6)电缆是否按架空要求进行铺设； (7)签署用电安全责任书，开具临时用电许可证，并签字； (8)参加交底会，参加率100%	(1)不参加准备会，不了解工作情况，可能导致违章指挥、人员伤害； (2)未按要求穿戴劳保用品，未对电工工具，劳保品定期校验发生人员伤害事故或触电事故； (3)任务模糊、不明确、不了解；发生电器设备损坏或触电事故； (4)未办理作业票违章作业，作业时没有监护人；安全措施不到位或违章作业，造成人员伤害； (5)未挂“有人作业，严禁合闸”标识牌，进行作业，发生触电事故； (6)用电设备的保护措施失效或未按要求安装和铺设电缆，容易发生人员触电事故； (7)不参加交底会，不了解工作情况，可能导致操作不正确，人员伤害	(1)参加准备会，参加率100%；明确各岗施工准备内容；了解内容并在生产准备表上签字； (2)严格按要求穿戴专用劳保用品；按规定对工具，劳保品定期校验；验电时必须戴有绝缘手套，按电压等级使用验电器； (3)作业前熟悉工作任务及工作程序，按生产指令进行工作； (4)停、送电时应执行工作票制度，一人操作，一人监护，禁止单人上岗； (5)在接电源前应先验电确认所在线路无电压，并在断开的开关上挂上“有人作业，禁止合闸”的标志牌； (6)保持电器设备良好的绝缘；工作零线，不得与接地保护线混接；对露天使用的电器设备，应有良好的防雨性能或可靠的防雨设施；供电前检查铺设电缆的架空，或埋地是否符合规定，用仪表进行漏电检测，达到标准时再进行供电； (7)参加交底会，了解工作情况

2. 施工作业标准化操作规程

电工操作岗施工作业标准化操作规程如表15-3所示。

表15-3 电工操作岗施工作业标准化操作规程

工作内容	工作标准	风险提示	风险规避措施
使用用电设备	(1)在配电总盘及母线上进行接电工作时，都必须由井队值班电工进行； (2)临时工作中断后或开始工作前，都必须重新检查电源确已断开，并验明无电； (3)现场修理电气设备时，值班电工要	(1)电器设备漏电，接地保护断开，发生触电事故； (2)电工劳保品，绝缘工具失效，导致人员触电； (3)故障复杂情况下分析电气设备控制线路工作原	(1)在检修前应先验电确认所检修线路无电压，验电时必须戴有绝缘手套，按电压等级使用验电器；并在断开的开关上挂上“有人作业，禁止合闸”的标

续表

工作内容	工作标准	风险提示	风险规避措施
使用用电设备	进行登记，完工后要做好交代并共同检查，然后方可送电； （4）动力配电箱的闸刀开关，严禁带负荷拉开； （5）带电装卸熔断器管时，要戴防护眼镜和绝缘手套，必要时使用绝缘夹钳，站在绝缘垫上； （6）电气设备的金属外壳必须接地（接零），接地线要符合标准；有电气设备不准断开外壳接地线； （7）使用临时装设的插座时，严禁将电动工具的外壳接地线和工作零线拧在一起插入插座；必须使用两线带地或三线带地插座，或者将外壳接地线单独接到接地线上，以防接触不良时引起外壳带电；用橡套软电缆连接移动设备时，专供保护接零的心线上不允许有工作电流通过； （8）电气设备发生火灾时，应立刻切断电源，并使用四氯化碳或二氧化碳灭火器灭火，严禁用水灭火	理，在未找到故障之前，强行送电来寻找故障点。导致人员伤害； （4）现场检维修作业需要停电或登高时未办理作业许可证，无专业人员进行停电和防护；造成人员伤亡； （5）使用仪表前未选用合适的量程，未进行调零；带电测量时用手触及表笔金属体和被测物，发生触电伤人； （6）不按要求使用二氧化碳灭火器进行电器灭火，造成人员伤害或触电事故	志牌； （2）停、送电时应执行工作票制度，一人操作，一人监护，禁止单人上岗； （3）保持电器设备良好的绝缘，工作零线不得与接地保护线混接，进行耐压实验的金属外壳，必须接地； （4）高压带电区域内工作时，人与带电部分要保持安全距离，并有人监护； （5）需要登高作业时，需要同时开具工作票，一人操作，一人监护，禁止单人上岗； （6）使用合规的灭火器，定期对灭火器进行检查维护；发现灭火器存在问题或超期及时更换

3. 施工结束标准化操作规程

电工操作岗施工结束标准化操作规程如表15-4所示。

表15-4　电工操作岗施工结束标准化操作规程

工作内容及操作步骤	工作标准	风险提示	风险规避措施
（1）作业后，按要求进行断电，送电； （2）回收配水撬、电缆及固井工具； （3）清理作业场所	（1）按操作要求进行断送电操作； （2）固井工具、配水撬、电缆回收无遗漏； （3）进行作业场所清理及环境清洁工作	（1）不按要求断送电，造成人员伤亡事故； （2）工作结束后未及时清理配电室及配电盘周边的废弃材料、油污、杂物、易燃品；造成人员绊倒、滑倒摔伤，火灾及环境污染	（1）工作完毕，作业人员检查、清理现场，于现场值班电工进行断电工作，值班电工复查无误方可摘警示牌停、送电； （2）工作结束后及时清理配电室及配电盘周边的废弃材料、油污、杂物、易燃品，进行场地清洁工作

第三节　应急处置

电工操作岗应急处置程序如表15-5所示。

<table>
<tr><th colspan="5">表15-5 电工操作岗应急处置程序</th></tr>
<tr><th>事故类型</th><th colspan="4">处置程序</th></tr>
<tr><td>火灾爆炸</td><td colspan="4">（1）接负责人通知停止作业，按指令有序撤离至安全区域；协助对伤员进行救治；
（2）待现场负责人发布应急处置指令；
（3）配合服从井队应急处置</td></tr>
<tr><td>井喷、
硫化氢泄漏</td><td colspan="4">（1）接负责人通知停止作业，按指令有序撤离至安全区域；
（2）待现场负责人发布应急处置指令</td></tr>
<tr><td>高空坠落</td><td colspan="4">协助对呼吸、心跳停止的伤员进行现场急救（人工呼吸和心肺复苏），直至医务人员到达现场</td></tr>
<tr><td>人员触电</td><td colspan="4">（1）立即关闭触电点电源开关，实施急救措施；
（2）协助展开自救，协助专业医护人员进行人员应急抢救，并实时汇报现场值班干部</td></tr>
<tr><td>机械伤害、
物体打击</td><td colspan="4">按现场负责人发布应急救援指令，开展救援</td></tr>
<tr><td>车辆伤害</td><td colspan="4">（1）按现场负责人发布应急救援指令，开展救援；
（2）协助现场作业人员及专业医护人员进行人员应急抢救</td></tr>
<tr><td>岗位主要
安全风险</td><td>井喷及井喷失控、机械伤害、物体打击、火灾、爆炸、触电、噪声、中毒及其他伤害</td><td>岗位主要
危险物质</td><td colspan="2">噪声、硫化氢、车辆及电气设备</td></tr>
<tr><td colspan="5">注意事项：
（1）含硫井施工，随身佩戴便携式硫化氢检测仪，空气中硫化氢浓度超过30ppm时佩戴空气呼吸器；
（2）电气操作必须使用绝缘器具，精力集中、标准操作；
（3）场地行走防止绊倒摔伤，上下梯子抓稳踏牢，扶好护栏，当心孔洞，注意风向；
（4）发现直接危及人身安全的紧急情况时，有权停止作业或在采取可能的应急措施后撤离作业场所</td></tr>
<tr><td colspan="5">应急物资装备：
（1）正压式空气呼吸器6套，地点：基地仓库；
（2）便携式硫化氢测试仪4台，地点：基地仓库；
（3）护目镜1副，地点：随身携带；
（4）降噪声塞1副，地点：随身携带；
（5）防尘口罩1副；地点：随身携带</td></tr>
<tr><td colspan="5">应急联络电话：
队长电话；HSSE管理员电话</td></tr>
</table>

第十六章　驾驶员操作岗岗位操作标准

第一节　岗位描述

1. 岗位说明

驾驶员操作岗岗位说明如表16-1所示。

表16-1　驾驶员操作岗岗位说明

项　目		主要内容
工作概述		负责固井设备、灰、水罐及水泥的运送，水泥车、供水车（配水撬）、背罐车、灰车、自卸吊车、运输车驾驶操作及故障排除、现场施工
上岗条件	学历要求	高中（技校）文化程度
	工作经验	2年及以上相关工作经历，具有5年或15万公里的安全驾驶经历
	从业资格	HSSE管理培训证、硫化氢防护技术培训证、井控技术培训证、B2或B2以上的驾驶执照
	辅助技能	熟练驾驶大型车辆，掌握车辆维修、维护保养、安全等方面的知识
	职业道德要求	爱岗敬业、团结协作、遵章守纪、具备较强的责任心
	健康要求	身心健康，无影响本岗位工作的生理及心理疾病，能承担本岗位工作所需的脑力及体力劳动；能适应野外连续固井作业的要求
岗位关系	纵向关系	（1）接受本次固井队长的直接领导； （2）接受业主方的检查指导
	横向关系	（1）与内部员工的协作； （2）与施工协作方的配合
岗位职责	工作职责	（1）执行固井公司的相关规章制度； （2）负责现场车辆的驾驶操作及故障排除工作； （3）执行所属分队分队长及现场领导的一切工作安排； （4）负责出车前、施工中及回场后对设备的检查工作； （5）参加JSA风险分析、参加交底会； （6）执行固井工程师的现场生产指令； （7）负责参加现场的安全、技术及其他各项安全检查
	安全职责	（1）执行固井现场HSSE规定和本企业安全工作规程、安全技术操作规程； （2）对本岗位的HSSE工作负直接责任；

续表

项目		主要内容
岗位职责	安全职责	(3)采取安全措施，工作中穿戴好劳保用品，采取安全措施，检查安全设施、设备的安全状况，能熟练操作消防器材，做到岗位无安全隐患，确保安全无事故； (4)遵守操作规程，操作前认真进行JSA危害辨识和风险分析，落实必要的风险削减措施； (5)不违章作业、不违反劳动纪律，自觉抵制违章指挥，纠正违章行为
工作内容		(1)驾驶车辆、合理摆放车辆； (2)协助现场设备管理检查车辆； (3)简修车辆故障
工作权限		(1)对违章指挥有拒绝权，对违章操作有制止权； (2)对施工过程有碍职业健康的工作有杜绝权； (3)对本岗位突发情况有先行处置权

2. 工艺流程

驾驶员操作岗工作工艺流程如图16-1所示。

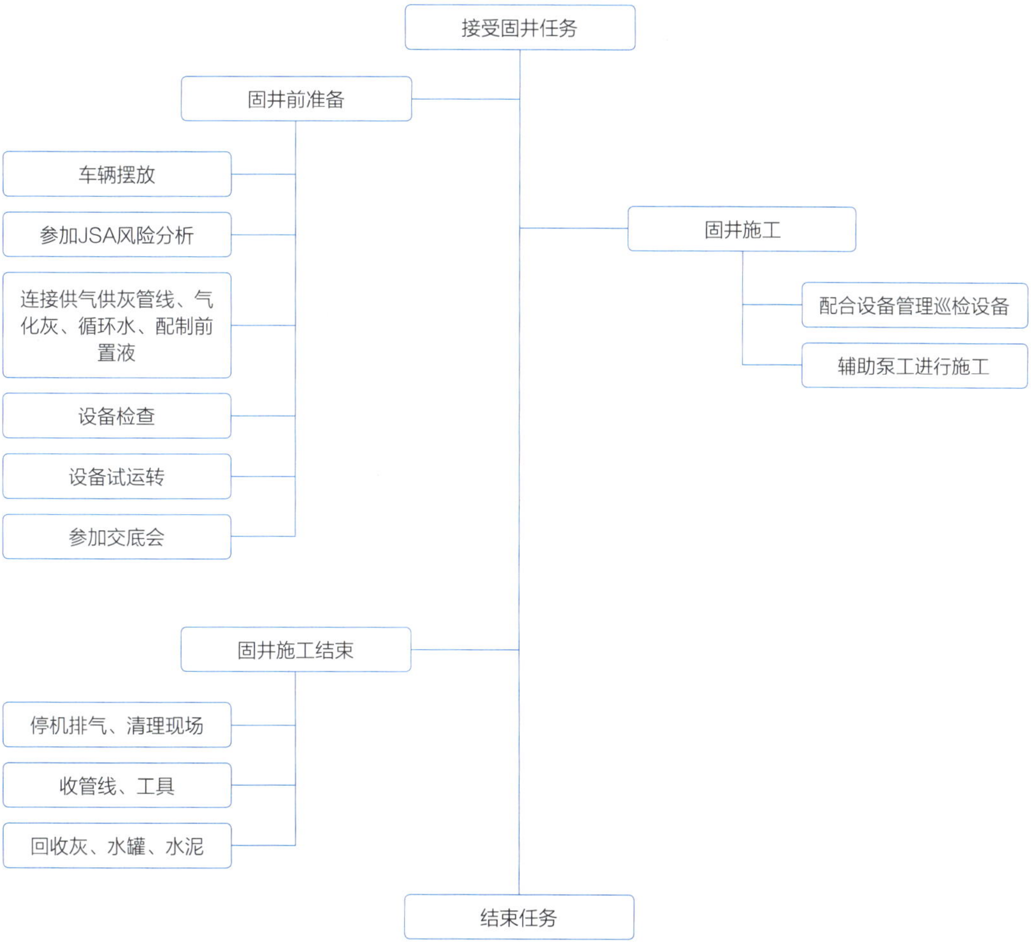

图16-1 驾驶员操作岗工作工艺流程

第二节　岗位标准化操作规程

1. 施工前准备标准化操作规程

驾驶员操作岗施工前准备标准化操作规程如表16-2所示。

表16-2　驾驶员操作岗施工前准备标准化操作规程

工作内容	工作标准	风险提示	风险规避措施
(1)根据现场情况，根据指挥摆放车辆；对设备进行检查； (2)参加JSA风险分析和施工准备会； (3)检查井口与水泥车的连接的高压管线；设立高压区域； (4)检查灰、水罐密封情况；进行灰、水的循环工作； (5)检查供气、供水、供灰管线，根据固井设计及现场情况合理连接管线； (6)参加交底会	(1)根据现场情况将车辆摆放在最佳施工位置；优先考虑水泥车及高压管线摆放位置；设立高压区域；调整车辆位置，以方便高压、灰水管线与水泥车对接； (2)连接高压管线、供气、供灰管线，要平顺相互不得交叉缠绕；方便换罐、倒气的操作； (3)检查现场所有设备、供水撬、压风机；启动设备进行试运转； (4)按固井工程师要求配置前置液和循环配浆水、气化固井水泥； (5)检查灰、水罐情况，蝶阀关闭开启正常；压力表、单向阀灵敏、灵活好用；安全性能在有效期内；扫线管线通畅、灵活好用； (6)参加交底会，参加率100%	(1)车辆在现场摆放时发生交通事故，造成人员伤亡和设备损坏； (2)连接高压管线、供气、供灰管线时发生碰伤、砸伤；管线内进入异物发生堵塞；或管线老化、损坏，发生管线爆裂伤及人身； (3)蝶阀关闭不严，致使水泥、配浆水泄漏，污染环境； (4)不按要求配置前置液，不循环配浆水和气化固井水泥，导致水钻井液比重不达标；影响固井质量； (5)管线不平顺，换罐、倒气管线时影响时效；管线交叉绊倒施工人员，发生人员伤害； (6)压力表、安全阀失效或堵塞；发生管线、罐体等爆裂事故伤及人身，污染环境； (7)未设立高压区域或未阻拦无关人员进入高压区域，发生高压释放时造成人员伤亡； (8)不参加准备会，不了解工作情况，可能导致操作失误、人员伤害	(1)车辆在现场摆放时安排专人进行指挥，防止交通事故发生； (2)连接管线时，同时注意人员之间的配合，防止碰伤、砸伤；管线互相不交叉，铺设平整，用安全绳捆绑固定； (3)所有的管线使用前进行测试、检查标准； (4)循环配浆水、气化固井水泥时检查蝶阀关闭情况，确认无刺漏再进行下步工作； (5)在固井工程师的监督下进行前置液的配置； (6)设备试运转时，检查安全保护设施，确认安全保护装置起效再进行试运转； (7)设立高压区域，阻拦无关人员进入高压区域； (8)参加准备会，了解工作情况

2. 固井施工标准化操作规程

驾驶员操作岗固井施工标准化操作规程如表16-3所示。

表16-3　驾驶员操作岗固井施工标准化操作规程

工作内容及操作步骤	工作标准及考核	风险提示	风险规避措施
(1)协助设备管理巡查车辆设备； (2)协助泵工，做好辅助工作	(1)配合设备管理员、HSSE管理员进行设备巡查，参与应急抢险工作； (2)协助泵工，做好辅助工作	(1)未及时检查车辆设备问题，造成设备损坏，影响施工； (2)人员擅自离岗，不能及时协助泵工	(1)协助设备管理巡查车辆设备；发现问题，及时上报； (2)施工期间坚守岗位

3. 施工结束标准化操作规程

驾驶员操作岗施工结束标准化操作规程如表16–4所示。

表16–4 驾驶员操作岗施工结束标准化操作规程

工作内容及操作步骤	工作标准	风险提示	风险规避措施
（1）施工完毕，检查车辆； （2）回收工具附件； （3）清洁施工现场	（1）检查车辆设备完好； （2）工具附件、剩余外加剂回收无遗漏、无损坏； （3）进行作业场所清理及环境清洁工作	（1）气压未排尽；致使有压力的状态下行驶车辆；造成设备损坏； （2）不进行现场场地清理，遗失外加剂，造成经济损失及污染环境	（1）排气球阀放空时，小气量排放，直至罐内气压排尽行使车辆； （2）工具附件、外加剂回收无遗漏、无损坏。进行作业环境清理工作

第三节 应急处置

驾驶员操作岗应急处置程序如表16–5所示。

表16–5 驾驶员操作岗应急处置程序

事故类型	处置程序		
火灾爆炸	（1）接负责人通知停止作业，按指令有序撤离至安全区域；协助对伤员进行救治； （2）待现场负责人发布应急处置指令； （3）配合服从井队应急处置		
井喷、硫化氢泄漏	（1）接负责人通知停止作业，按指令有序撤离至安全区域； （2）待现场负责人发布应急处置指令		
高空坠落	协助对呼吸、心跳停止的伤员进行现场急救（人工呼吸和心肺复苏），直至医务人员到达现场		
人员触电	协助展开自救，协助专业医护人员进行人员应急抢救，并实时汇报现场值班干部		
机械伤害、物体打击	按现场负责人发布应急救援指令，开展救援		
车辆伤害	（1）按现场负责人发布应急救援指令，开展救援、保护现场； （2）协助现场作业人员及专业医护人员进行人员应急抢救、疏通道路		
岗位主要安全风险	井喷及井喷失控、机械伤害、物体打击、火灾、爆炸、触电、噪声、中毒及其他伤害	岗位主要危险物质	噪声、硫化氢、车辆及电气设备

注意事项：
（1）含硫井施工，随身佩戴便携式硫化氢检测仪，空气中硫化氢浓度超过30ppm时佩戴空气呼吸器；
（2）电气操作必须使用绝缘器具，精力集中、标准操作；
（3）场地行走防止绊倒摔伤，上下梯子抓稳踏牢，扶好护栏，当心孔洞，注意风向；
（4）发现直接危及人身安全的紧急情况时，有权停止作业或在采取可能的应急措施后撤离作业场所

续表

事故类型	处置程序
应急物资装备： （1）正压式空气呼吸器6套，地点：基地仓库； （2）便携式硫化氢测试仪4台，地点：基地仓库； （3）护目镜1副，地点：随身携带； （4）降噪声塞1副，地点：随身携带； （5）防尘口罩1副；地点：随身携带	
应急联络电话： 队长电话；HSSE管理员电话	

第十七章 水泥车（泵工）操作岗岗位操作标准

第一节 岗位描述

1. 岗位说明

水泥车（泵工）操作岗岗位说明如表17–1所示。

表17–1 水泥车（泵工）操作岗岗位说明

项目		主要内容
工作概述		主要负责本次水泥车现场运行、操作和故障排除工作；负责对设备和相关安全辅助设施的检查、使用；在辅助设备岗位缺少人员时，可临时顶替辅助操作岗
上岗条件	学历要求	包括高中（技校）及高中（技校）以上文化程度
	工作经验	2年及以上相关工作经历
	从业资格	HSSE管理培训证、硫化氢防护技术培训证、井控技术培训证
	辅助技能	熟练驾驶大型车辆，掌握设备维护保养、安全等方面的知识
	职业道德要求	爱岗敬业、团结协作、遵章守纪、具有较强责任心
	健康要求	身心健康，无影响本岗位工作的生理及心理疾病，能承担本岗位工作所需的脑力及体力劳动；能适应野外连续固井作业的要求
岗位关系	纵向关系	接受基层领导、所属分队正副分队长直接领导
	横向关系	（1）接受本次固井队长的直接领导； （2）监管单位（部门）：现场QHSSE、设备管理
岗位职责	工作职责	（1）执行固井公司的相关政策及规章制度； （2）负责固井水泥车维护及操作； （3）执行固井任务要求及施工现场领导的一切工作安排； （4）负责固井水泥车上柴油机、三缸泵及水钻井液配注系统的操作及故障排除； （5）负责出车前、施工前及回场后固井水泥车的检查工作； （6）参加JSA风险分析、参加交底会； （7）执行固井工程师的现场指令，负责固井水钻井液密度达到设计要求； （8）参加现场组织的安全、技术及其他各项安全检查； （9）履行现场的环境保护责任

续表

项目		主要内容
岗位职责	安全职责	（1）执行固井现场HSSE规定和本企业安全工作规程、安全技术操作规程； （2）对本岗位的HSSE工作负直接责任； （3）正确穿戴劳保用品上岗作业，规范、熟练地使用各种安全工器具、采取安全措施，做好定期检查安全设施、设备的安全状况，能熟练操作消防器材，做到本岗位无安全隐患，确保安全无事故； （4）遵守操作规程，操作前认真进行JSA危害辨识和风险分析，落实必要的风险削减措施； （5）不违章作业、不违反劳动纪律，自觉抵制违章指挥，纠正违章行为
工作内容		（1）参与JSA风险分析和交底会； （2）协助驾驶员摆放车辆； （3）负责对水泥车进行安全检查及机械故障排除； （4）负责固井水泥车的操作； （5）负责混配固井液； （6）按照工程师指令进行施工作业
工作权限		（1）对违章指挥有拒绝权，对违章操作有制止权； （2）提出生产过程中有碍职业健康任务的拒绝权； （3）对本岗位突发情况有先行处置权

2. 工艺流程

水泥车（泵工）操作岗工作工艺流程如图17–1所示。

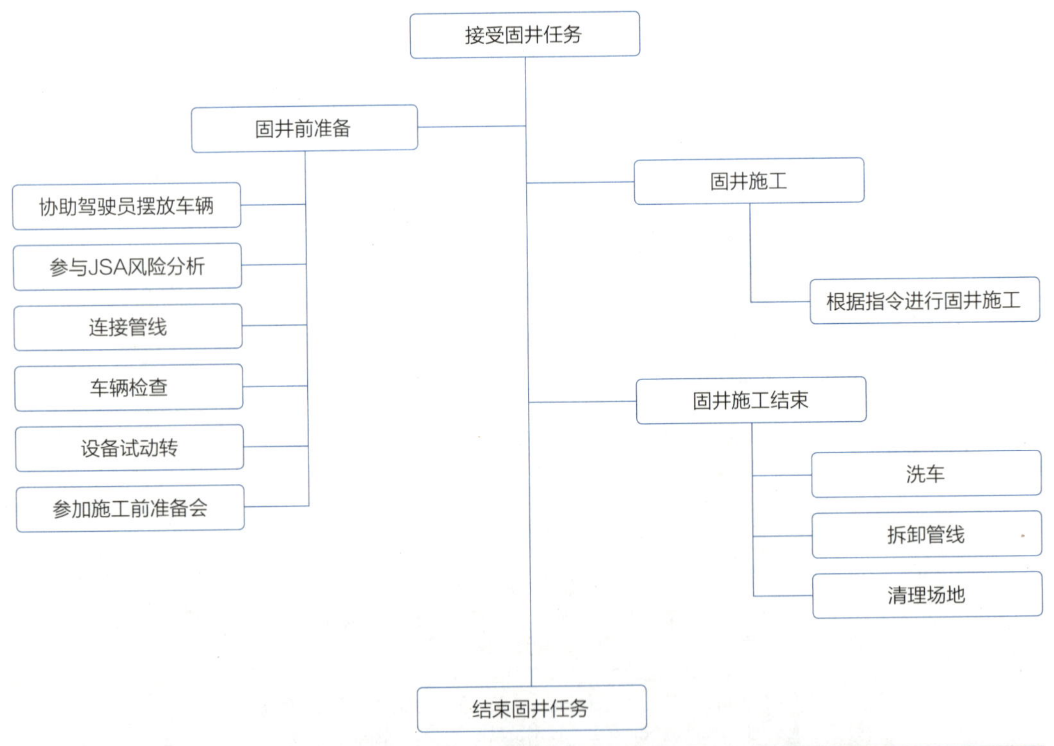

图17–1　水泥车（泵工）操作岗工作工艺流程

第二节 岗位标准化操作规程

1. 施工前准备标准化操作规程

水泥车（泵工）操作岗施工前准备标准化操作规程如表17–2所示。

表17–2 水泥车（泵工）操作岗施工前准备标准化操作规程

工作内容	工作标准	风险提示	风险规避措施
（1）穿戴好劳保用品； （2）协助将车停放在合理位置； （3）按施工要求连接管线； （4）按巡回检查路线逐点认真检查； （5）连接高性能混合器及下灰控制阀（控灰阀），连接高压清洗胶管（洗车管线）； （6）启动设备进行试运转，进行密度校准、干灰计量阀校准、清水计量阀校准、水泥泵压力校准、混浆槽液位校准、清水流量校准； （7）按施工要求输入相应的技术参数； （8）检查泵上水是否良好； （9）按施工要求进行试压，泵及各管线连接处不得刺漏； （10）试压时，发现管线连接处有渗漏时，必须停泵放压后才能检查或紧固，绝对禁止带压检修紧固； （11）参加施工交底会，根据生产任务确认工作安排，明确本岗任务和安全生产注意事项及应急方案，确保生产有条不紊，安全无事故	（1）劳保穿戴齐全； （2）根据井场现状，协助将车辆停驻在注灰、供灰、供水的最合理及车辆停驻最平稳的位置； （3）明确了解本岗位的施工参数要求：试压压力、施工压力、注浆排量、水钻井液密度、干灰总量、配浆总量、替浆量、排污冲洗等；及安全注意事项； （4）按施工要求连接管线，平顺不叠压，与地面、井台接触点不能有卡擦、磨损并捆绑固定； （5）按车辆巡回检查制度，柴油机检查制度，试运转，逐点项检查； （6）按施工要求设定输入施工参数进行各项校准： ①密度校准； ②干灰阀校准； ③比列阀校准； ④清水流量校准； ⑤水泥泵超压压力校准； ⑥排量校准； （7）高性能混合器及下灰控制阀（控灰阀）内干燥、通畅、无异物； （8）清洗高压胶管（洗车管线）检查各接头连接处不刺不漏； （9）参加交底会，参加率100%	（1）对施工交底会任务不明确，对施工安全隐患不清楚，不排除；施工过程易发生混乱和安全事故； （2）连接管线时发生碰伤、砸伤； （3）试压过程中发生刺漏事故，伤及人身； （4）校对数据不准确、输入施工参数错误致使反应数据值发生偏差，影响固井质量甚至造成工程事故； （5）施工时设备运转不正常，施工连续性得不到保障，对固井质量产生不利影响； （6）操作失误造成人身伤害及工程事故； （7）不参加准备会，不了解工作情况，可能导致操作失误、人员伤害	（1）在施工交底会上必须清晰明确本岗位任务及应急方案； （2）连接管线时，劳保必须穿戴齐全，同时注意人员之间的配合，防止碰伤、砸伤； （3）试压时确认人员隔离后再操作，专人指挥，专人看护； （4）施工前，必须确认输入的施工参数正确； （5）随车驾驶员及设备HSSE管理员进行巡查，发现问题立即进行及时处理； （6）提高操作人员的技能水平，操作技能不达标人员不得在操作岗操作； （7）参加准备会，了解该岗位的任务

2. 固井施工标准化操作规程

水泥车（泵工）操作岗固井施工标准化操作规程如表17–3所示。

表17-3　水泥车（泵工）操作岗固井施工标准化操作规程

工作内容	工作标准	风险提示	风险规避措施
（1）在试压过程中应注意人身安全，高压区人员严禁入内； （2）注前置液： ①通知供水、灰罐供灰； ②按施工要求配制合格的水钻井液，开始向井内注入； ③根据施工需求，选定合理挡位，操作符合技术要求； ④施工中注意观察主车、柴油机、变矩器、水泥泵、各液压表压力、气压表压力、各润滑表压力、各离心泵等工作状态； ⑤正常施工注水泥完成后，通知停水、灰罐停止供灰、扫线； ⑥将混浆槽内符合施工要求的水钻井液注完后停泵，向施工指挥示意等待下步指令； ⑦接到冲洗指令后，开始外排清洗液，清洗高性能混合器、混浆槽、分散桶、管汇； ⑧冲洗密度计； ⑨冲洗完毕后倒好流程，向施工指挥示意，等待下步指令	（1）试压时高压区开始通知隔离，并确认有专人负责看管高压警戒区域；如果试压发现压力下降、管线有渗漏点，要先放掉压力再整改，整改完毕后再试压，直至试压合格； （2）把前置液、隔离液循环均匀注入井内；注完前置液、隔离液后要把水柜、管汇、离心泵、水泥泵等冲洗干净； （3）通知供水，水柜够3m^{3}水后，开始配制水钻井液，通知灰罐缓慢上灰，供灰正常后再把清水、上灰阀开大； （4）混浆槽合格的水钻井液液量够2/3后，按照施工设计要求：保持平稳密度和规定的排量向井内注入水钻井液； （5）按施工要求选择合理挡位，柴油机转速在1200～1800r/min之间合理升降，切忌转速急升、急降； （6）严禁在柴油机高转速（1200r/min以上）时加减挡，不得快速频繁加减挡； （7）施工中观察： ①主车（液压动力源）； ②柴油机（水泥泵动力源）； ③变矩器； ④水泥泵； ⑤循环泵、灌注泵（增压泵）、喷射泵（清水泵）； ⑥液压油温度； ⑦动力油压； ⑧补偿油压； ⑨搅拌器油压； ⑩液控路油压； ⑪各柱塞状况； ⑫各离心泵状况； （8）施工注入量完成后，先通知停止供灰扫线并调低清水排量；保证水柜液体足够下步操作后通知停止供水、待令； （9）将混浆槽内残余合格的浆体注入井内（不符合施工要求的浆体不得注入井内）停泵向施工指挥示意，等待下步指令； （10）明确接到施工指挥的冲洗指令后进行管汇及密度计的冲洗； （11）冲洗完毕后倒好流程，向施工指挥示意，等待下步指令	（1）水柜、管汇、离心泵、水泥泵等部位前置液、隔离液如冲洗不干净，残液可能对混浆水产生不良反应，从而影响固井质量； （2）供水可能从水柜溢出污染环境；供灰配合不好发生呛死中断施工等情况造成施工中断、污染环境；影响固井质量； （3）配制的水钻井液密度与施工要求有差距，排量忽大忽小，注入量不准影响固井质量，严重的发生工程事故； （4）挡位选择不合理： ①发动机产生高温损坏，施工中断； ②注入排量达不到设计要求，影响固井质量； （5）在柴油机高转速时（1200r/min以上）加减挡，极易造成变矩器核心部件损坏，是变矩器无法工作，造成设备的巨大损失；快速频繁的加减挡使挡位电元件电信号产生混乱，导致挡位实际与显示不符致使操作失误发生工程事故； （6）冲洗管线头固定不牢，崩开管线发生人身伤亡；冲洗排量过大，污水刺出污水池污染环境； （7）设备冲洗不干净，埋下隐患影响下次施工质量；给维修保养增加了难度；严重的部件失灵、报废，造成重大经济损失	（1）注完前置液、隔离液后，用足量配浆水按注液流程冲洗干净； （2）与供水、供灰联系要随时保持不能中断； （3）不符合施工要求的水钻井液不得注入井内； （4）提高操作人员的技能水平，操作技能不达标人员不得在操作岗操作； （5）冲洗管线时明确各岗位负责人是否在岗再进行作业； （6）每一步作业必须先与固井指挥沟通后再进行作业

3. 施工结束标准化操作规程

水泥车（泵工）操作岗施工结束标准化操作规程如表17-4所示。

表17-4 水泥车（泵工）操作岗施工结束标准化操作规程

工作内容及操作步骤	工作标准及考核	风险提示	风险规避措施
（1）施工完毕，将设备剩余液体排放到指定位置，排放干净后停止运转； （2）将管线拆卸完毕后装车安全固定； （3）清理施工现场	（1）设备内液体排放干净； （2）安全拆卸管线并装车固定； （3）不进行现场场地清理，造成环境污染	（1）排放剩余液体时发生刺伤、砸伤人员，污水溢出排放点污染环境； （2）拆卸管线时发生碰伤、砸伤	（1）拆卸管线时，同时注意人员之间的配合，防止碰伤、砸伤； （2）排放剩余液体时要小排量，排放点要有专人看护保持联系。进行作业环境清理工作

第三节 应急处置

水泥车（泵工）操作岗应急处置程序如表17-5所示。

表17-5 水泥车（泵工）操作岗应急处置程序

事故类型	处置程序		
火灾爆炸	（1）接负责人通知停止作业，水泥车熄火、停泵；按指令有序撤离至安全区域；协助对伤员进行救治； （2）待现场负责人发布应急处置指令； （3）配合服从井队应急处置		
井喷、硫化氢泄漏	（1）接负责人通知停止作业，水泥车熄火、停泵；按指令有序撤离至安全区域； （2）待现场负责人发布应急处置指令		
高空坠落	协助对呼吸、心跳停止的伤员进行现场急救（人工呼吸和心肺复苏），直至医务人员到达现场		
人员触电	协助展开自救，协助专业医护人员进行人员应急抢救，并实时汇报现场值班干部		
机械伤害、物体打击	按现场负责人发布应急救援指令，开展救援		
车辆伤害	（1）按现场负责人发布应急救援指令，开展救援；保护现场； （2）协助现场作业人员及专业医护人员进行人员应急抢救；疏通道路		
高压伤害	（1）压力异常时，立即通知现场负责人； （2）根据实际情况决定是否停止施工，需要停止时立即要求施工指挥发出指令		
岗位主要安全风险	井喷及井喷失控、机械伤害、物体打击、火灾、爆炸、触电、噪声、中毒及其他伤害	岗位主要危险物质	噪声、硫化氢、车辆及电气设备

注意事项：
（1）含硫井施工，随身佩戴便携式硫化氢检测仪，空气中硫化氢浓度超过30ppm时佩戴空气呼吸器；
（2）电气操作必须使用绝缘器具，精力集中、标准操作；
（3）场地行走防止绊倒摔伤，上下梯子抓稳踏牢，扶好护栏，当心孔洞，注意风向；
（4）发现直接危及人身安全的紧急情况时，有权停止作业或在采取可能的应急措施后撤离作业场所

续表

事故类型	处置程序
应急物资装备： （1）正压式空气呼吸器6套，地点：基地仓库； （2）便携式硫化氢测试仪4台，地点：基地仓库； （3）护目镜1副，地点：随身携带； （4）降噪声塞1副，地点：随身携带； （5）防尘口罩1副；地点：随身携带	
应急联络电话： 队长电话；HSSE管理员电话	

第十八章 压风机操作岗岗位操作标准

第一节 岗位描述

1. 岗位说明

压风机操作岗说明如表18-1所示。

表18-1 压风机操作岗岗位说明

项目		主要内容
工作概述		负责现场压风机及灰水罐的正常运行，现场施工负责提供现场所需气源，环境保护作业
上岗条件	学历要求	高中（技校）以上文化程度
	工作经验	2年及以上相关工作经历，具有5年及以上设备操作维护保养经历
	从业资格	HSSE管理培训证、硫化氢防护技术培训证、井控技术培训证
	辅助技能	掌握生产、设备管理、安全等方面的知识
	职业道德要求	爱岗敬业、勇于奉献、团结协作、遵章守纪
	健康要求	身心健康，无影响本岗位工作的生理及心理疾病，能承担本岗位工作所需的脑力及体力劳动；能适应野外连续固井作业的要求
岗位关系	纵向关系	接受本次固井队长的直接领导
	横向关系	内部员工的协作
岗位职责	工作职责	（1）执行固井公司的相关政策及规章制度； （2）负责固井空气压缩操作、维护及保养工作； （3）执行上级岗位及基层领导的工作安排； （4）负责空气压缩机的操作、维修； （5）负责施工前固井灰管线、供气管线、下灰罐及各处闸门的检查工作； （6）参加参与JSA风险分析和施工交底会，明确现场责任； （7）执行固井指挥的现场指令； （8）负责参加现场组织的安全、技术及其他各项的安全检查
	安全职责	（1）执行固井现场HSSE规定和本企业安全工作规程、安全技术操作规程； （2）对本岗位的HSSE工作负直接责任； （3）正确穿戴劳保用品上岗作业，规范、熟练地使用各种安全工器具、防护用品和消防器材；

续表

<table>
<tr><th colspan="2">项　目</th><th>主要内容</th></tr>
<tr><td>岗位职责</td><td>安全职责</td><td>（4）检查安全设施、设备的安全状况，确保安全无事故；
（5）遵守操作规程，操作前认真进行JSA危害辨识和风险分析，落实必要的风险削减措施；
（6）不违章作业、不违反劳动纪律，自觉抵制违章指挥，纠正违章行为</td></tr>
<tr><td colspan="2">工作内容</td><td>（1）负责压风机、固井现场工具、附件及物资的运送回收工作；
（2）负责空气压缩机、灰水罐、的运行及故障排除；
（3）负责确认现场的配浆水、水泥的量，根据泵工指令进行供灰、供水作业；
（4）负责对工作区域的环境保护</td></tr>
<tr><td colspan="2">工作权限</td><td>（1）对违章指挥有拒绝权，对违章操作有制止权；
（2）对本岗位突发情况有先行处置权</td></tr>
</table>

2. 工艺流程

压风机操作岗工作工艺流程如图18–1所示。

图18–1　压风机操作岗工作工艺流程

第二节 岗位标准化操作规程

1. 固井施工准备标准化操作规程

压风机操作岗固井施工准备标准化操作规程如表18–2所示。

表18–2 压风机操作岗固井施工准备标准化操作规程

工作内容	工作标准	风险提示	风险规避措施
(1)到达井场后与带队负责人接洽，接受指令; (2)进行安全辅助设施的检查; (3)随车空气压缩机停放的地面应平整坚实，应与沟渠、基坑保持安全距离；施工时要与水泥泵车保持一定的距离，方便有突发情况时便于处理; (4)设立安全警示区域; (5)参与JSA安全风险分析，了解施工工艺过程和施工任务步骤; (6)检查灰水量及明确供灰、供水程序; (7)参加交底会	(1)严格遵守压风机安全操作规程；进行安全设施检查; (2)参与JSA风险分析和施工准备会，明确任务和施工步骤; (3)操作空气压缩机时不超压，不憋压; (4)夜间使用压风机时，必须要有足够的照明，随时注意供气管线及各连接部位有无漏气等现象; (5)严禁带负荷停车; (6)和现场固井工程师核对灰水量及明确供灰、供水程序; (7)参与施工前交底会，参加率100%	(1)操作压风机时，未设立安全作业区域，供气管线，下灰管线周围有人站立、工作或通行；发生意外时造成人员伤害; (2)工具、附件放在不平坦的地方发生损坏及碰伤装卸人员; (3)不进行安全分析，不参与准备会，造成在现场不明白风险点、施工流程、任务；造成人员伤害和设备损坏，不能正常施工作业; (4)安全设施不进行安全检查造成安全防护设施不起作用，发生事故; (5)供气作业未进行安全检查，压风机供气管线接头松动或灰水罐阀门开闭错误，致使在作业时产生超高压，发生管线爆裂现象，发生人员伤害和设备损伤的事故; (6)不参加交底会，不了解施工任务，易造成操作失误	(1)操作压风机，施工人员注意配合防止碰伤; (2)工具、附件要在平坦的地方平放，以防损坏; (3)参与JSA安全风险分析，和施工准备会明确施工工艺过程和施工任务步骤; (4)检查安全保护设施的工作状况，设备运行时安全保护设施能起到相应的作用; (5)施工作业前认真检查供气，下灰管线的完好性，如有损伤，立即停止使用; (6)参加准备会，了解工作情况

2. 固井施工标准化操作规程

压风机操作岗固井施工标准化操作规程如表18–3所示。

表18–3 压风机操作岗固井施工标准化操作规程

工作内容	工作标准	风险提示	风险规避措施
进行施工作业	(1)操作前必须提醒下灰人员，检查各灰，水罐的各阀门是否关闭; (2)在施工中下灰人员或者泵车人员指示停止供灰必须马上关闭气源 停止供气; (3)严禁作业人员擅离岗位;	(1)供气作业未进行安全检查，压风机供气管线接头松动或灰水罐阀门开闭错误；致使在作业时产生超高压，发生管线爆裂现象，发生人员伤害和设备损伤的事故;	(1)操作压风机，施工人员注意配合防止碰伤; (2)容器(灰、水罐)安全阀要灵敏、准确，开关顺序要正确；压力设定符合要求；施工中专人始终观察容器(灰、水罐)内气压，

下 · 十八

续表

工作内容	工作标准	风险提示	风险规避措施
进行施工作业	（4）工作中禁止用手触摸空气压缩机排气，储气瓶供气管线； （5）作业中无异常情况严禁打开压风机箱门	（2）不按程序进行供灰、供水，造成施工不连续和工程事故	不得高于试运转时气压； （3）按水泥车操作人员进行供灰、供水

3. 施工结束标准化操作规程

压风机操作岗施工结束标准化操作规程如表18–4所示。

表18–4　压风机操作岗施工结束标准化操作规程

工作内容及操作步骤	工作标准	风险提示	风险规避措施
（1）施工完毕，停机关闭送气闸门；放掉气瓶内空气、积水； （2）安全拆卸供气管线、工具、附件、并装车固定； （3）对施工现场进行环境清理	（1）放尽气瓶及管线内的气压后；关闭供气管线球阀，再拆卸供气管线； （2）安全拆卸管线并装车固定； （3）施工现场恢复原貌	（1）管线内有残余气压拆卸管线时发生刺伤人员； （2）施工人员之间配合不当，发生碰伤、砸伤； （3）不进行现场场地清理，造成环境污染	（1）排完余气后，确认各部位供气管线球阀全部关闭，再拆卸供气管线； （2）拆卸管线时，注意人员之间的配合，防止碰伤、砸伤，跌伤； （3）进行作业环境清理工作

第三节　应急处置

压风机操作岗应急处置程序如表18–5所示。

表18–5　压风机操作岗应急处置程序

事故类型	处置程序
火灾爆炸	（1）接现场负责人通知停止作业，柴油机停机；按指令有序撤离至安全区域；协助对伤员进行救治； （2）待现场负责人发布应急处置指令； （3）配合服从井队应急处置
井喷、硫化氢泄漏	（1）接现场负责人通知停止作业，柴油机停机；按指令有序撤离至安全区域； （2）待现场负责人发布应急处置指令
高空坠落	协助对呼吸、心跳停止的伤员进行现场急救（人工呼吸和心肺复苏），直至医务人员到达现场
人员触电	协助展开自救，协助专业医护人员进行人员应急抢救，并实时汇报现场值班干部
机械伤害、物体打击	按现场负责人发布应急救援指令，开展救援
车辆伤害	（1）按现场负责人发布应急救援指令，开展救援；保护现场； （2）协助现场作业人员及专业医护人员进行人员应急抢救；疏通道路

续表

<table>
<tr><th>事故类型</th><th colspan="3">处置程序</th></tr>
<tr><td>岗位主要
安全风险</td><td>井喷及井喷失控、机械伤害、物体打击、火灾、爆炸、触电、噪声、中毒及其他伤害</td><td>岗位主要
危险物质</td><td>噪声、硫化氢、车辆及电气设备</td></tr>
<tr><td colspan="4">注意事项：
（1）含硫井施工，随身佩戴便携式硫化氢检测仪，空气中硫化氢浓度超过30ppm时佩戴空气呼吸器；
（2）电气操作必须使用绝缘器具，精力集中、标准操作；
（3）场地行走防止绊倒摔伤，上下梯子抓稳踏牢，扶好护栏，当心孔洞，注意风向；
（4）发现直接危及人身安全的紧急情况时，有权停止作业或在采取可能的应急措施后撤离作业场所</td></tr>
<tr><td colspan="4">应急物资装备：
（1）正压式空气呼吸器6套，地点：基地仓库；
（2）便携式硫化氢测试仪4台，地点：基地仓库；
（3）护目镜1副，地点：随身携带；
（4）降噪声塞1副，地点：随身携带；
（5）防尘口罩1副；地点：随身携带</td></tr>
<tr><td colspan="4">应急联络电话：
队长电话；HSSE管理员电话</td></tr>
</table>

第十九章　井口操作岗岗位操作标准

第一节　岗位描述

1. 岗位说明

井口操作岗岗位说明如表19-1所示。

表19-1　井口岗操作岗岗位说明

项　目		主要内容
工作概述		负责现场井口工具、流量计、高压附件的安装、检查和故障排除
上岗条件	学历要求	高中（技校）以上文化程度
	工作经验	2年及以上相关工作经历
	从业资格	HSSE管理培训证、硫化氢防护技术培训证、井控技术培训证
	辅助技能	掌握生产、设备管理、安全等方面的知识
	职业道德要求	爱岗敬业、勇于奉献、团结协作、遵章守纪、具有较强责任心
	健康要求	身心健康，无影响本岗位工作的生理及心理疾病，能承担本岗位工作所需的脑力及体力劳动；能适应野外连续固井作业的要求
岗位关系	纵向关系	接受本次固井队长的直接领导
	横向关系	（1）岗位：固井工程师，水泥车操作岗； （2）单位（部门）：现场HSSE管理，设备管理，HSSE监督站
岗位职责	工作职责	（1）执行固井公司的相关政策及规章制度； （2）负责井口工具的检查及核对工作； （3）负责井口的安装； （4）参加JSA风险分析和交底会； （5）执行固井工程师的现场指令； （6）负责落实现场的环境保护工作
	安全职责	（1）对本岗位的HSSE工作负直接责任； （2）执行固井现场HSSE相关的法规和本企业钻井作业安全工作规程、安全技术操作规程； （3）正确穿戴劳保用品上岗作业，规范、熟练地使用各种安全工器具、防护用品和消防器材； （4）工作中穿戴好劳保用品，采取安全措施，定期检查安全设施、设备的安全状况，能熟练操作消防器材，做到本班岗位无隐患，确保安全无事故；

续表

项目		主要内容
岗位职责	安全职责	（5）遵守操作规程，操作前认真进行危害辨识和风险分析，落实必要的风险削减措施； （6）不违章作业、不违反劳动纪律，自觉抵制违章指挥，纠正违章行为
工作内容		（1）参加JSA风险分析，施工交底会； （2）负责井口工具的检查和安装； （3）负责施工井口流程的操作及流量计的操作； （4）负责现场的施工数据采集；
工作权限		（1）对违章指挥有拒绝权，对违章操作有制止权； （2）对本岗位突发情况有先行处置权

2. 工艺流程

井口操作岗工作工艺流程如图19-1所示。

图19-1 井口操作岗岗工作工艺流程

第二节　岗位标准化操作规程

1. 施工前准备标准化操作规程

井口操作岗施工前准备标准化操作规程如表19–2所示。

表19-2　井口操作岗施工前准备标准化操作规程

工作内容	工作标准	风险提示	风险规避措施
（1）劳保穿戴齐全； （2）检查井口工具； （3）把水泥头、高压闸门等工具吊至钻台，并将固井管线捆绑固定在井架滑道口处； （4）在固井工程师的指令下，安装水泥头、闸门、弯头及管线； （5）在固井工程师的指令下，检查胶塞，并将胶塞装入水泥头内； （6）检查流量计及数据传输系统； （7）参加交底会	（1）劳保必须穿戴齐全； （2）井口工具尺寸正确，外观无破损、无裂纹，密封圈完好； （3）将水泥头、高压闸门等工具安全、平稳的卸在滑道上，吊井口工具时，绳索要绑扎牢固，起吊要平稳； （4）开关闸门、挡销必须到位；装胶塞前，检查水泥头内壁，无异物； （5）流量计及数据采集在使用前进行校准； （6）参与施工前交底会，参加率100%	（1）搬运重物和使用榔头时发生碰伤、砸伤； （2）水泥头、高压闸门等工具要在平坦的地方平放，以防检查时碰伤、砸伤； （3）装胶塞时，施工人员注意配合防止碰伤；胶塞漏装或安装不到位，造成固井事故； （4）流量计及数据采集系统，未进行校准，造成施工事故； （5）不参加交底会，不了解施工任务；易造成操作失误	（1）搬运水泥头、闸门等重物及使用榔头时，施工人员之间注意配合，防止碰伤、砸伤； （2）检查水泥头、高压闸门、水泥头挡销、密封圈、水泥头压盖垫子、丝扣、由壬时置平稳、安全后在检查，确保各闸门、弯头灵活好用，并做好记录； （3）在固井工程师的指令下，安装水泥头、闸门、弯头及管线；装胶塞时必须由固井工程师确认无误后再安装； （4）固井检测工具（流量计、数据采集系统）使用前和固井工程师共同进行校准工作，确认无误后再投入使用； （5）参加准备会，了解工作情况

2. 固井施工标准化操作规程

井口操作岗固井施工标准化操作规程如表19–3所示。

表19-3　井口操作岗固井施工标准化操作规程

工作内容及操作步骤	工作标准	风险提示	风险规避措施
（1）洗管线：在固井工程师的指令下，进行水泥车洗管线工作； （2）试压：在固井工程师的指令下，连接水泥车至水泥头管线，关闭所有闸门； （3）注水钻井液：在固井工程师的指令下，确认井口压力卸完后，打开注浆闸门； （4）替浆：在固井工程师的指令下，确认水泥车停泵后，立即关闭注浆闸门，打开挡销，打开替浆闸门，并向固井工程师示意； （5）碰压：在固井工程师的指令下，撤离危险区域，确认碰压完毕后，关闭替浆闸门； （6）检查回流：在固井工程师的指令下，打开注浆闸门，待下一步指令； （7）憋压候凝：如未断流（回压凡儿失灵）在固井工程师的指令下，由水泥车二次碰压达到预定压力、确认停泵后，关闭注浆闸门	听从固井工程师的指令，进行操作，不能脱岗		一切指令以施工指挥为准

3. 施工结束标准化操作规程

井口操作岗施工结束标准化操作规程如表19–4所示。

表19–4 井口操作岗施工结束标准化操作规程

工作内容及操作步骤	工作标准	风险提示	风险规避措施
(1)在固井工程师的指令下，对高压管线、闸门、弯头、流量计等工具附件进行快速、简单的冲洗； (2)根据固井工程师的指令，是否拆卸井口装置； (3)回收钻台井口工具及管线； (4)清点工具、附件及装车； (5)清理现场	(1)劳保必须穿戴齐全； (2)在施工指挥指令进行操作； (3)井口装置的闸门全部打开，确认井口压力释放完毕后，快速安全的拆卸井口装置； (4)安全回收工具、固井管线； (5)固井施工作业完成后进行清理现场工作	(1)卸井口时发生碰伤、砸伤； (2)井内溅出液体在井台，卸井口时发生滑倒、跌伤； (3)不进行现场场地清理，造成环境污染	(1)卸井口时注意人员之间的配合，防止碰伤、砸伤； (2)井内溅出液体清除后再安装或拆卸井口； (3)进行作业环境清理工作

第三节 应急处置

井口操作岗位应急处置程序如表19–5所示。

表19–5 井口操作岗应急处置程序

事故类型	处置程序		
火灾爆炸	(1)接现场负责人通知停止作业，按指令关闭或开启井口阀门；按指令有序撤离至安全区域；协助对伤员进行救治； (2)待现场负责人发布应急处置指令； (3)配合服从井队应急处置		
井喷、硫化氢泄漏	(1)接现场负责人通知停止作业，按指令关闭或开启井口阀门；按指令有序撤离至安全区域； (2)待现场负责人发布应急处置指令		
高空坠落	协助对呼吸、心跳停止的伤员进行现场急救（人工呼吸和心肺复苏），直至医务人员到达现场		
人员触电	协助展开自救，协助专业医护人员进行人员应急抢救，并实时汇报现场值班干部		
机械伤害、物体打击	按现场负责人发布应急救援指令，开展救援		
车辆伤害	(1)按现场负责人发布应急救援指令，开展救援；保护现场； (2)协助现场作业人员及专业医护人员进行人员应急抢救；疏通道路		
岗位主要安全风险	井喷及井喷失控、机械伤害、物体打击、火灾、爆炸、触电、噪声、中毒及其他伤害	岗位主要危险物质	噪声、硫化氢、车辆及电气设备

注意事项：
(1)含硫井施工，随身佩戴便携式硫化氢检测仪，空气中硫化氢浓度超过30ppm时佩戴空气呼吸器；
(2)电气操作必须使用绝缘器具，精力集中、标准操作；
(3)场地行走防止绊倒摔伤，上下梯子抓稳踏牢，扶好护栏，当心孔洞，注意风向；
(4)发现直接危及人身安全的紧急情况时，有权停止作业或在采取可能的应急措施后撤离作业场所

续表

事故类型	处置程序
应急物资装备： （1）正压式空气呼吸器6套，地点：基地仓库； （2）便携式硫化氢测试仪4台，地点：基地仓库； （3）护目镜1副，地点：随身携带； （4）降噪声塞1副，地点：随身携带； （5）防尘口罩1副；地点：随身携带	
应急联络电话： 队长电话；HSSE管理员电话